解析建筑

"《解析建筑》应成为建筑教育的必备范本和建筑设计有效分析方法的有益指南。"

霍华德·雷·劳伦斯（Howard Ray Lawrence）
宾夕法尼亚州立大学

本书以其对建筑设计基本要素和概念引人入胜的介绍，为建筑技法提供了一份独特的"笔记"，通篇贯穿着作者精辟的草图解析，图文并茂、内容翔实，所选实例跨越整部建筑史，从年代久远的原始场所到新近的20世纪现代建筑，用以阐明大量的分析性主题，进而论述如何将图解剖析运用于建筑研究中。

作者西蒙·昂温（Simon Unwin）明确界定了建筑物所包含的基本要素和概念主题，描述了适用于设计过程的积极的构思方法，将建筑技法归结为母题与"范式"。同时还列举了建筑的基本模型，提炼出隐匿于建筑外部特征内的空间组织技巧。

本书试图将建筑视为人与外部环境互动关系的产物，将建筑诠释为"标识性场所"，这是对建筑这一创造性学科的深化理解。本书为读者提高建筑设计水平提供了强大动力。

西蒙·昂温 是英国卡迪夫市威尔士大学威尔士建筑学院的建筑学讲师。

国外高等院校建筑学专业教材

解析建筑

[英] 西蒙·昂温 著
伍 江 谢建军 译

知识产权出版社
全国百佳图书出版单位
中国水利水电出版社
www.waterpub.com.cn

内容提要

本书为建筑技法提供了一份独特的"笔记"，通篇贯穿着精辟的草图解析，所选实例跨越整部建筑史，从年代久远的原始场所到新近的20世纪现代建筑，用以阐明大量的分析性主题，进而论述如何将图解剖析运用于建筑研究中。

本书界定了建筑物所包含的基本要素和概念主题，描述了适用于设计过程的积极的构思方法，将建筑技法归结为母题与"范式"。同时还列举了建筑的基本模型，提炼出隐匿于建筑外部特征内的空间组织技巧。

本书适合于建筑学专业的师生，以及相关专业的人员使用。

责任编辑：段红梅　张　冰

图书在版编目(CIP)数据

解析建筑／（英）昂温（Unwin，S.）著；伍江，谢建军译．—北京：知识产权出版社：中国水利水电出版社，2012.5

书名原文：Analysing Architecture

国外高等院校建筑学专业教材

ISBN 978－7－5130－1260－7

Ⅰ.①解…　Ⅱ.①昂…　②伍…　③谢…　Ⅲ.①建筑设计－高等学校－教材　Ⅳ.①TU201

中国版本图书馆CIP数据核字（2012）第068311号

国外高等院校建筑学专业教材

解析建筑

JIEXI JIANZHU

［英］西蒙·昂温　著　　伍　江　谢建军　译

出版发行：知识产权出版社　中国水利水电出版社

社　　址：北京市海淀区马甸南村1号　　**邮　　编**：100088

网　　址：http://www.ipph.cn　　**邮　　箱**：bjb@cnipr.com

发行电话：010－82000860转8101/8102　　**传　　真**：010－82005070/82000893

责编电话：010－82000860转8024　　**责编邮箱**：zhangbing@cnipr.com

印　　刷：知识产权出版社电子制印中心　　**经　　销**：新华书店及相关销售网点

开　　本：787mm×1092mm　1/16　　**印　　张**：12.75

版　　次：2002年8月第1版　　**字　　数**：279千字

定　　价：35.00元

京权图字：01－2001－3268

ISBN 978－7－5130－1260－7/TU·047（4138）

献给吉尔

目　录

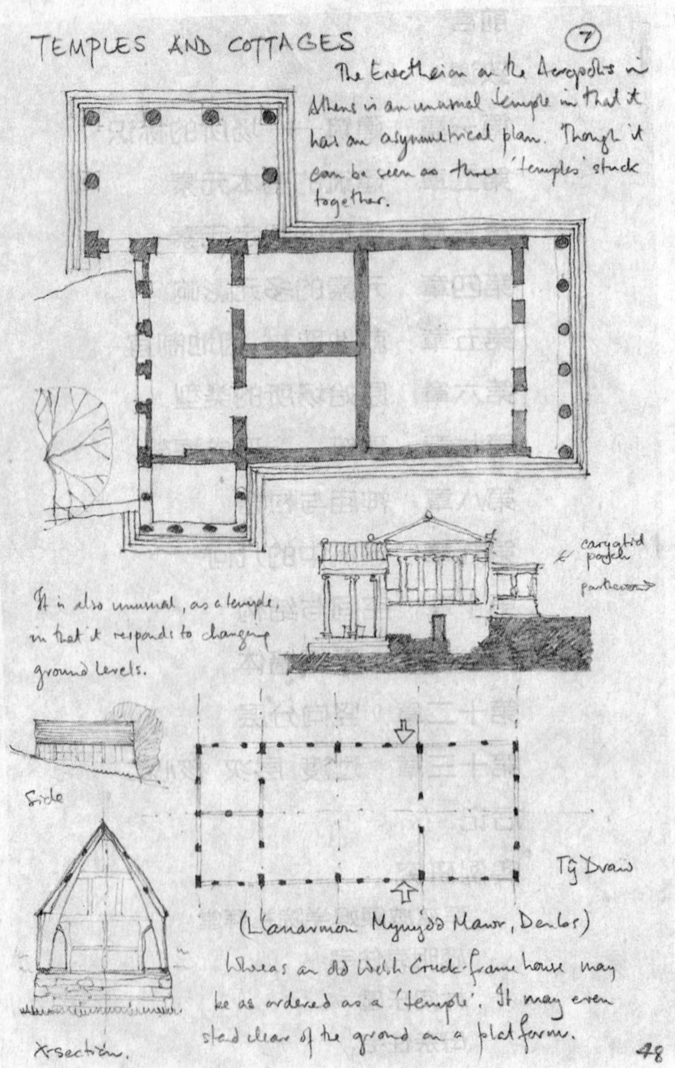
TEMPLES AND COTTAGES
7
The Erectheion on the Acropolis in Athens is an unusual temple in that it has an asymmetrical plan. Though it can be seen as three 'temples' stuck together.
caryatid porch
parthenon
It is also unusual, as a temple, in that it responds to changing ground levels.
Side
Tŷ Draw
(Llanarmon Mynydd Mawr, Denbs)
Whereas an old Welsh Cruck-frame house may be as ordered as a 'temple'. It may even stand clear of the ground on a platform.
X section.
48

前 言

前 言

我通过在笔记本上勾绘草图来分析建筑已有多年的时间。作为建筑师，我认为这种方法行之有效，并能帮助我不断提炼教学的重点。我笃信：通过研究他人的建筑作品可以提高建筑师的设计水平，并由此可发现建筑学的精髓。通过分析其他建筑师对这些技法的运用，最终可明确如何将其运用于自己的设计实践中。

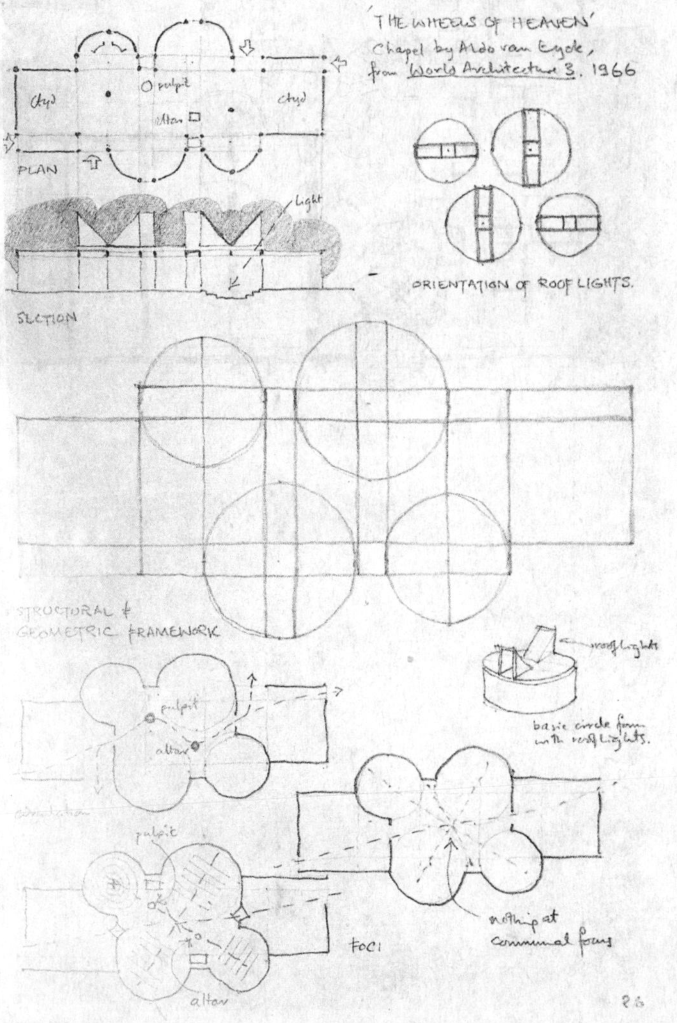

基于教学上的考虑，我拟定出一个理论框架，用于实例分析，并对笔记进行了进一步的编排。本书以下各章节即为该课题综合成果的专述，通篇基于同一视角，即将建筑学视为一门创造性学科，以考察其基本构成元素、环境影响以及设计者可能采取的创作态度。

第一章提出建筑的工作定义：建筑——场所的标识，将之作为建筑学的基本概念，构成其他课题研究的基础。可实现性作为建筑的原本目标，其本身即为对特定场所的标识过程（认知、强化、塑造个性化的场所）。该观点是本书贯穿始终的理论核心。

本书笔墨着重于设计中概念性技法的论述。有些章节侧重分析不同的空间组织手法，有些则重点分析几何学在建筑中的多种作用。

我认定建筑始终明显具有诗化意境与哲理内涵。如果说诗歌是人生体验的浓缩，那么，究其本质，建筑本身即是诗篇。当然，有些建筑作品更优秀一些：其塑造的“诗篇”似乎更为卓越——意境极富内涵与启示，取代了通俗直白的场所描述，使人们在一次次心领神会中领悟出感官体验与生活经历新收获。

有些章节侧重于探讨特定的主题。这些主题犹如分析的“过滤器”或参考框架，分别提炼出复杂建筑体系中的特定内容。它们是：“建筑——形成框架”、“原始场所的类型”、“神庙与村舍”、“建筑中的几何”、“竖向分层”……

各章图文并茂，文字解说与图例分析相得益彰。一些图例用于特定元素及思想的解析，而更多的平面图或剖面图用以研讨相关的主题。

有些建筑实例在不同的章节里被多次引用，以针对不同的主题。当然，任何建筑作品都可作为通例，但因情况各异，其启发性并非都很充分。

本书最后部分为实例研究，以便读者通过对特定作品多层面地考察，进而做出全面分析。

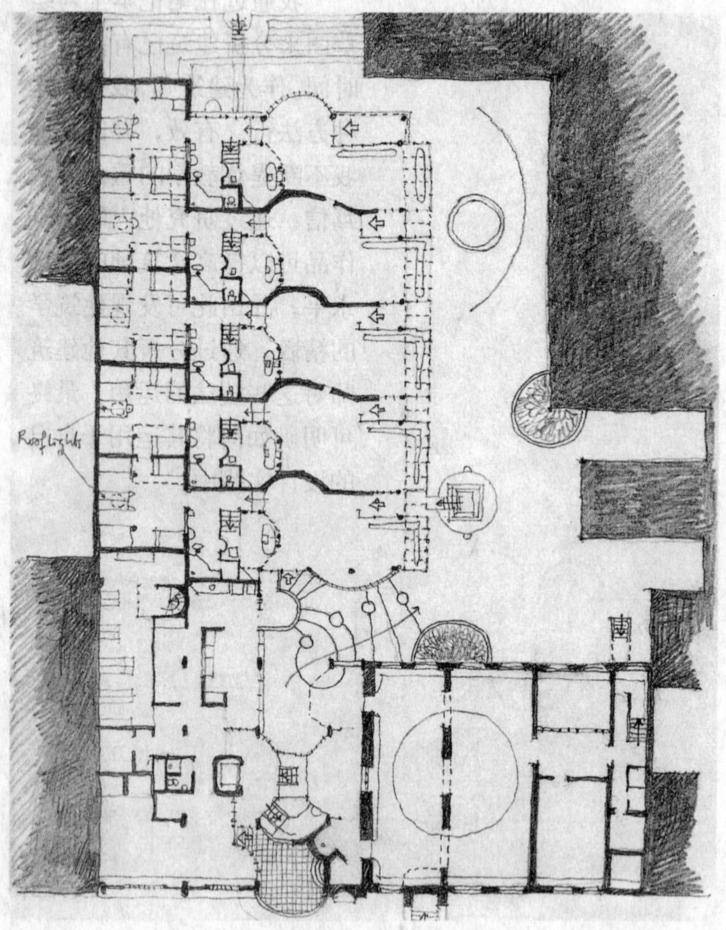

致 谢

不仅是许多建筑系的学生们，众多公开或默默无闻的奉献者亦为本书贡献了智慧。为了完成本书，学生们积极参与形式多样的教学课题，有的进言献策，有的从事具体设计，促成了书中所涉及的思想与理念。

同样，从事建筑教育的同事们，尤其是那些与我一起工作在威尔士建筑学院的伙伴们为本书付出了大量心血。凯尔仁·摩根（Kieren Morgan）、科林·霍克利（Colin Hockley）、罗斯·克莱蒙特（Rose Clements）、约翰·卡特（John Carter）、克莱尔·吉本斯（Claire Gibbons）、杰弗·切尔森（Geoff Cheason）和杰里米·戴恩（Jeremy Dain）为本书提供了不少范例。

与格拉斯哥麦金托什建筑学院院长——查尔斯·麦克卡伦（Charles MacCallum）的讨论，以及该校帕特里克·霍奇金森（Patrick Hodgkinson）先生的热忱鼓励，使我受益匪浅。

同时，感谢威尔士学院建筑系主任——理查德·西尔佛曼，以及到访过威尔士学院的众多学者，他们不吝赐教，有意无意间促进了书中一些思想观点的发展与成熟。尽管某些同仁的观点与本人相左，但同样对该书的创作不无裨益，对这些观点慎思、求证的同时使我的思想不断深化。所以，虽不在此一一列举他们的名字，但要向这些理论对手同时也是我的挚友们深表谢意。

某些思想来自远方的朋友与辩论者。这些人士中有的甚至未曾谋面，我们不时沉浸在互联网的畅谈阔论之中，特别是与霍华德·劳伦斯及其他网友在“Listserv”集团（DESIGN-L@psuvm.psu.edu）的讨论。

衷心感谢威尔士生命博物馆的杰拉尔特·纳什（Gerallt Nash）和尤尔温·威廉（Eurwyn Wiliam），他们热心提供了Llainfadyn村舍的测绘资料，本书“空间与结构”一章的题头插图便据此而来。迪恩·霍克——威尔士学院设计教授，他认真校阅了本书初稿并提出了许多宝贵意见。

最后，向身边过往密切、体谅并支持我完成书稿的挚友们致谢。他们是：吉尔、玛丽、戴维和詹姆斯。

西蒙·昂温 作于卡迪夫市

1996年1

第一章 建筑——场所的标识

建筑——场所的标识

在我们深入研究建筑的一些基本设计方法之前，有必要对涉及建筑目的与本质的一些基本问题扼要地加以论述。在解释“怎样做”(how)之前，首先要明确“是什么”(what)和“为什么”(why)的问题。例如：“什么是建筑学？”“为什么要对建筑进行研究？”

客观地讲，建筑的目的与定义从未有过明确的定论，而且，至今对其内涵仍有很大争议。我们所从事的建筑活动究竟是一件什么样的事情？这样的问题看似简单，真正回答起来却不那么容易。

寻找答案的不同思考似乎使问题变得更加模糊了，有些还涉及到建筑与其他艺术门类的比较。建筑难道仅仅是三维空间中的立体雕塑吗？建筑是一门服务于建造的应用美学吗？建筑是一门实用装饰艺术吗？建筑学是要为房屋注入诗化意境与哲理内涵吗？建筑是为了寻求某种思想流派如：古典主义、功能主义、后现代主义等等来给房屋加以归类的吗？

你对以上问题的回答可能都是：“对！”但似乎又无人能对我们急需澄清的基本问题做出认真的解答。似乎所有人都在回避这一问题：什么是建筑的真正本质，什么是建筑形式之外的意境所在？人们错过的这些关键问题恰恰是解答一切疑虑的根本。本书所选的素材基础性强，适合于建筑的解读和分析，易于读者接近和领会建筑的实质。它是这样一本书：帮助那些致力于潜心研究建筑的人更好地了解他们所从事的这项工作。

最为通俗的建筑定义来自于字典中的解释：建筑学是关于房屋设计的一门科学。这样的概念虽然不会让人置疑，但对我们也没有太多的助益。“房屋设计”这种提法局限了我们对建筑本质的理解，使人们认为“房屋”无外乎只是一件物品，与花瓶和打火机没有什么本质上的区别。而实际上，建筑所包括的内容远比设计一件物品要宽泛得多。

对建筑的深入理解需要点点滴滴的积累，还要与其他艺术形式不断地进行对比和分析，尤其是在各自特定语汇的运用方面加强比较。在与这些艺术门类，尤其是音乐的比较中，可以带给我们诸多的启发。一首乐曲中，旋律与音符结合得浑然一体，乐章的整体逻辑结构十分严密。相比之下，建筑语汇在设计中的运用却相形见绌。作为建筑的音符，各种元

对面页：

在树下嬉戏的孩童，或坐或立，这是再平常不过的事了。但在不经意间，他们无意识的行为在建筑上做出了一次场所的选择。

素在设计过程中能否不断精炼，并更为有机地融合，这一点值得我们深思。

本书所阐述的，是被读者广泛认同的关于建筑的本质定义。书中认为，无论是从单体到群体，还是从城市到园林……建筑都是按照自身的概念组织（conceptual organisation）和智力结构（intellectual structure）不断发展的。从简陋的乡村住宅到正规的都市环境，对于各类建筑，该定义都很适用。

将建筑视作一种活动来加以理解虽是一条有效的途径，但仍没有回答建筑的目的问题，即建筑中的“为什么”。这显然成为一遗留问题，但本书通过实例解析，进一步回答了基础层次的有关问题，为的是使建筑设计明白：他努力追求的究竟是什么？

在寻找答案的过程中，如果将建筑的目的简单化地归结为设计房子，将再次落入似是而非的死胡同。原因之一是建筑的内涵远超出“房屋设计”这一简单论断；原因之二是这种论断仅仅对问题作了字面上的解释，将“建筑”一词转换为“房屋”，这种换汤不换药的做法对建筑真正之目的没有做实质性的回答。

回答的方法在于遗忘。暂时忘掉“房屋”一词，去寻根溯源，看看远古时期建筑是怎样产生的。这无需精密的考古发掘，也不必纠缠于“古时候是否比现在做得更好”这样的无聊问题。

事实上，一个史前家庭是在环境中自然形成的，并不是人为设计的产物。当夜幕降临时，他们决定停下来，于是点燃一堆篝火。不论是打算长期住下，还是短暂逗留一夜，他们都已创建了一处场所。此时此刻，篝火构成了他们生活的中心。为了谋生，他们围绕篝火的其他活动创造出更多的场所：如存放燃料的空间、起居空间、休憩空间，或许还要加建一道篱笆用于防护，或是还要搭设一处由枝叶编成的顶棚来遮蔽风雨。选择好场地后，他们便开始了房屋的营造，开始了环境的组织，不同用途的场所逐渐生成，由此，开始

原始家庭的建房活动与复杂而新潮的现代海滨营地在空间构成上十分相似。在两种不同的场所中，火源既是空间的核心，又是提供餐饮的炉灶；防风用的篷布，既可阻挡寒流的侵袭，同时也可营造出一定的私密性；都安排有储存燃料的空间。旅行车的后备箱可存放食品，营地的四周可供坐卧。如需过夜，可以自备一张旅行床。这些都是一座最简易的住房所必需的空间要素。这些场所的存在要远远早于墙体和屋顶所产生的年代。

威尔士农庄参见：

《格拉摩根郡：村舍和农庄》，威尔士历史事件皇家委员会编著，1998年。

了建设的历程。

场所的标识这一思想，围绕建筑这一核心，可以被不断拓展和阐释。这样一来，我们不能将建筑仅仅视为一种语言，而应把它认作一种在许多方面与人类一样的客观存在。

可以这样说，场所对于建筑而言就如同含义与语言的关系。学习建筑设计就如同学习语言一样。同语言一样，建筑种类众多，组织方式各异。环境条件不同，组织、构成的方式也就不同。显而易见，建筑与日常生活休戚相关，当全新的或是重新演绎的场所标识方法应运而生时，建筑随之发展变化。

最重要的是，将建筑视为对场所的标识，可以适应这样的理念——建筑不是个人而是公众行为的产物。任何建筑，比如一幢大楼，首先是设计者的方案构思，然后才是使用者的采纳与实施（有合适与不合适两种可能）。一幅绘画作品或是一座雕塑，可以是个人的精神财富，而建筑则是社会公众的劳动结晶。“场所的标识”这一建筑理念，阐明了业主与设计师对建筑都负有不可推卸的责任。对于设计者，该理念阐明了建筑设计应服务于使用与功能，即使设计的合理也需要长时间的检验才能显现出来。

所谓“传统”建筑是指通过人们的认知与使用，能与人们所领悟和期待的结果相符的一个整体意义上的空间概念。本页的插图是威尔士农庄的室内布局，图中将楼板剖断以充分显示二层的布置情况。由墙体明确划分出的室内空间与上页中的海滨帐篷的布局可以进行直接对比。

炉膛是整座住宅的核心，同时兼作烹调和餐饮场所，炉膛的侧墙上挖凿出的拱形洞口是另一处窑灶，但它只起一些次要的辅助功能。图中左侧的壁柜实际上

这所威尔士农庄的室内布局可以与前页中的海滨营地相对照。不同的是，原本露天的场地为封闭的房间所取代。尽管画面内容勾起了我们对久远生活的追忆，但就建筑本身而言，在尚未具备稳定的物化形式之前，不论他们是何种模样，肯定都是生活的产物。

是一处墙龛式床铺，二楼之上另设有一张床位，位置恰好在壁炉上部，炉火升腾的热气可使这张床获得源源不断的热量。床下的空间可储藏食品。炉膛后面还有一处专为猫安排的位置，上面铺有垫子。与海滨营地不同的是，该住宅将所有的人居活动安排在一个由墙壁与屋面围合而成的封闭空间中，而且从外观上看，也与前者截然不同。

空间布置方式本身就具有明确的涵义。该住宅中虽然没有人物描写，室内各部分的用途仍然直观易懂。不论是房主还是客人，都可确定无误地在起居室里进行活动，如在灶台上烹调、在炉火旁聊天……这些空间不像其他艺术门类那样抽象，它们是真实世界的组成部分。就空间意义而言，建筑的本质并不抽象，它是生活的真实写照，也就是对场所的标识。

建筑的客观条件

要想理解建筑之精髓，必须先了解建筑所处的外部环境条件。虽然建筑的定义尚未明确，且争议重重，但它肯定不是一种完全从属于精神世界的自由艺术。暂且不说落选方案是否有理念上的问题或其他的争议之处，建筑的实施过程也要受到现实因素的种种制约：如重力与荷载的制约，基地选址与气候条件的限制，结构与空间是否协调，时间因素对材料与结构的影响……

此外，建筑既服务于人，又要受到人的制约。人类有自己的憧憬、信仰与希望，有受冷暖、触觉、味觉、听觉和视觉影响下的审美心理。人们从事不同的工作，对生活有着各种各样的客观要求，对于周围世界的内涵与意义有不同层次的理解。

以上扼要地提出了一些关乎人类生存的客观条件，这是建筑活动必须遵循的外部因素。此外，还有其他一些理论也构成着建筑的基础。就像不同的语言都具有共同的特征一样，如基本词汇、语法规则等等，建筑也包括基本元素、模式和结构（物质结构和逻辑结构）。

虽不像其他艺术那样有着巨大的想象空间，但建筑的限定因素也并不太多。绘画不需要考虑重力的影响，音乐仅仅是听觉艺术，而建筑则既不为形式所限，也不受既定的感觉体验的限制。

另外，音乐、绘画、雕塑等艺术形式相对独立于现实生活之外，而与生活密不可分则正是建筑的卓越之处。

建筑是人类活动的一项基本内容。人绝不仅仅是取悦于建筑的观众，而是其参与者和贡献者。

画家、雕塑家和作曲家可以抱怨人们不按照他们的思维方式来欣赏作品，或抱怨宣传与展示的方式歪曲了原作的风格，因为他们的确可以把握住作品的本质。这种本质的东西可以通过艺术家的创作完全表达在作品中：音乐的乐谱、杂志封面或画面之中。但是，由人的不同需要所决定，建筑的本质却是潜移默化在人类的活动之中，并可以为人类的行为所改变。

与电影拍摄作一番比较，能更好地说明建筑与其他艺术之间的差异。电影是一种融人物、场地、时间与表演于一体的既综合又复杂的艺术门类，即使是在这种复杂的艺术创作中，导演也可以通过把握剧情、场景、相机角度等环节来创造出既定的艺术风格，而建筑则完全不同。

建筑所要面对的客观条件远比其他艺术门类复杂。既有自然界强加的各种物质条件及其作用：空间与实体、时间、重力、气候、光线等，也有更为变化无常的政治条件：人与人之间、人与社会之间所形成的复杂的相互关系。

毫无疑问，建筑也是政治领域的一部分。在此，没有绝对的对错之分。人们可以通过多种方式对周边世界进行概念化地组织。由于存在着众多宗教信仰与政治哲学，建筑的使用也就存在众多不同的方式。场所的组织与安排对于人们的生活方式来说至关重要，因此在历史上，建筑越来越忽视对自由(laissez faire)的追求，更多的表现为政治控制的主题。

人们创造场所是为了满足各种日常生活需要——就餐、休息、购物、礼拜、讨论、演说、学习、储存等等。空间组织方式还与人们的信仰、希望、世界观等紧密相关，世界观改变，建筑形式也随之改变，这种变化贯穿于个人层面、社会与文化层面、不同文化体系的层面。

不同时期流行的建筑风格，取决于当时社会的主流思潮：政治、经济实力及文化方面的相关理念、论调和倡议。如何将建筑与这些思潮完美的融合是一种大胆的尝试，只有那些有勇气的人才敢于冒此风险。

第二章　建筑的基本元素

建筑的基本元素

我们将建筑的定义及目标总结为：通过元素的概念化组织，达成对场所的标识。在此基础上，可以开始探讨建筑可资利用的“材料”了。

这里所说的“材料”，并非指普通意义上建房所用的物质材料，如砖石、水泥、玻璃、木材……而是指建筑的概念性元素。不把它们称为物质元素，是因为正是这些元素的使用方法而不是其本身对场所的标识过程发挥着种种影响。

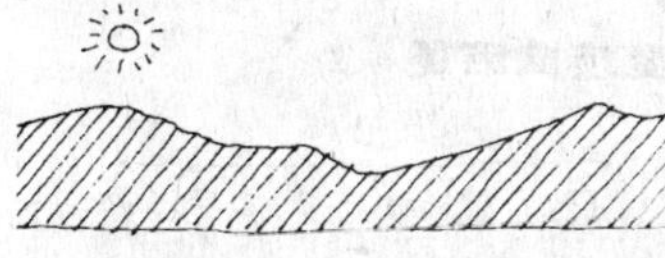

从物质上说，建筑的基本元素是前文已经提及的那些物理条件。大致包括：场地——它几乎是所有建筑赖以建设的基础；场地所限定的立体空间——它是塑造建筑的基本范围；以及重力、光线、时间因素（很少建筑能在瞬间完成，设计过程、建设实施、开发使用、识别与记忆等等都需要相应的时间过程）。

在这些条件影响下，建筑受到一系列概念性元素的限制。下面的列举不能说已十分全面，但基本的内容都已包括其中。

对面页：

可以由一系列基本元素来表示的场所：基地，墙体，平台，柱子，屋顶，门……

基址的界定

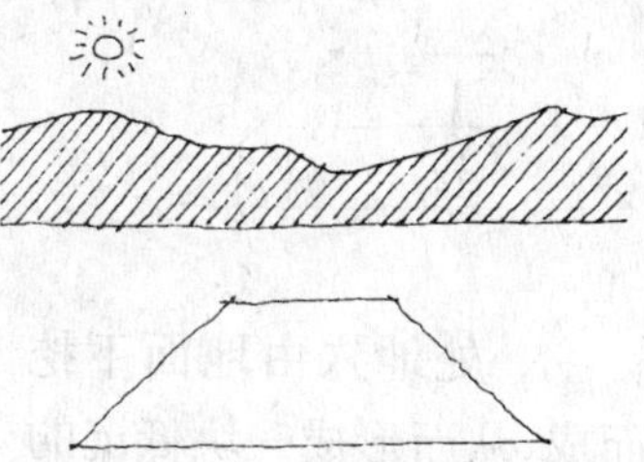

基地选择是各类（严格地讲不是一切）建设的先决条件。基地可以是丛林中的一片空地，可以是一块草坪，也可以是带有屋顶的足球场；它可以很小，也可以大到一望无尽；它不必十分规则，也不必十分平整；它不一定要边界分明，而是要与周围环境自然相融。

抬高的界面或平台

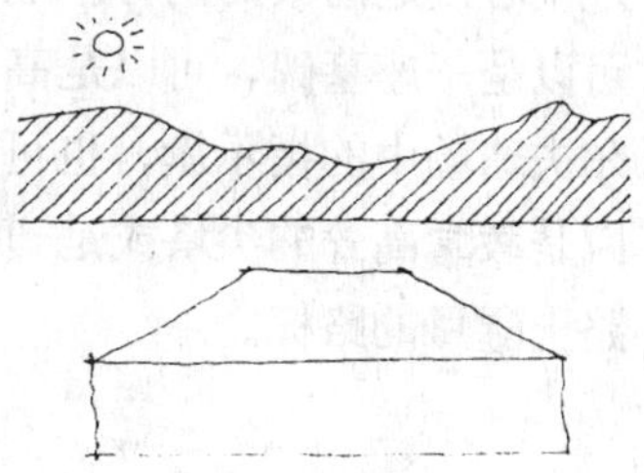

一处升起的平台创造了高出地表的平面。它可高可低，可以大得如同舞台或是坡地一样；也可以尺度适中，如桌面或祭坛；也可以像踏步或支架那样微小。

下沉平面或地穴

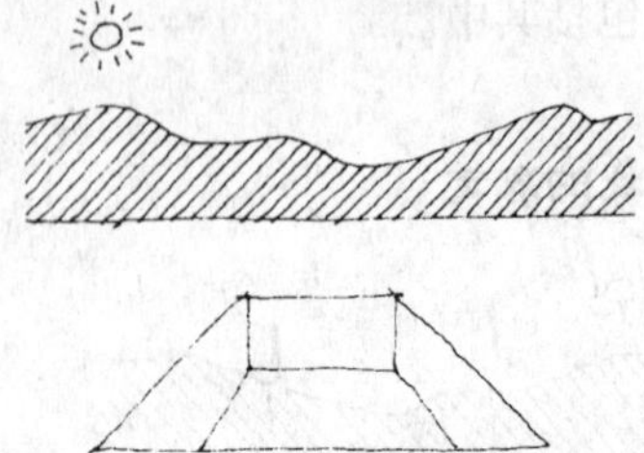

一处地穴由地面下挖而成，从而形成一块低沉的场地。它可以是墓地、陷阱或是地下室，也可以是下沉式广场或游泳池。

标志

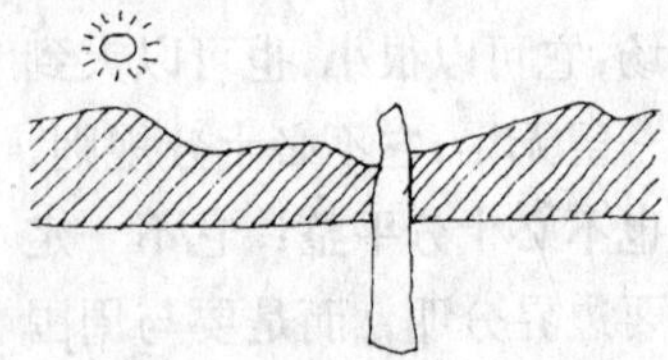

标志是识别特定场所的一种基本手段，常常居于场地中心或是场景的前方。它可以是一座墓碑，可以是高尔夫球场中的指示旗，也可以是教堂高耸的尖塔或是道路上醒目的路标。

核心

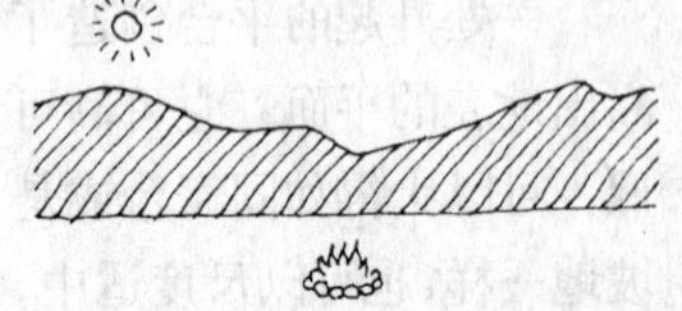

核心一词在拉丁文中是"心脏"的意思，在建筑中是指可以充当空间核心的各种元素。它可以是壁炉、祭坛或王座，也可以是一件艺术品，甚至可以是远处的山峦。

隔断

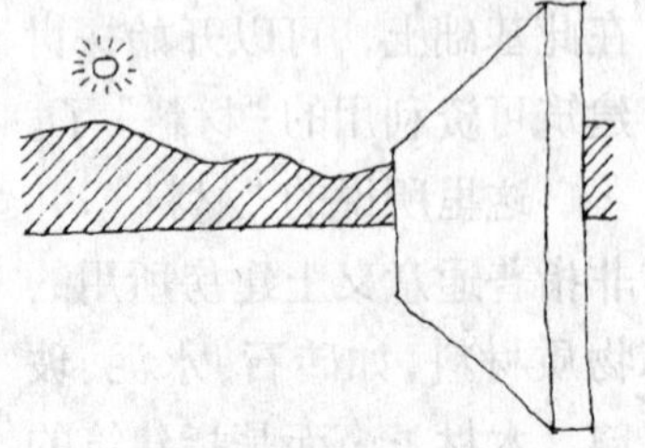

隔断用来划分不同的空间。它可以是一道墙面、一段栏杆，可以是灌木和篱笆，也可以是堤坝和沟壑，或是无形的心理防线。

屋顶或雨篷

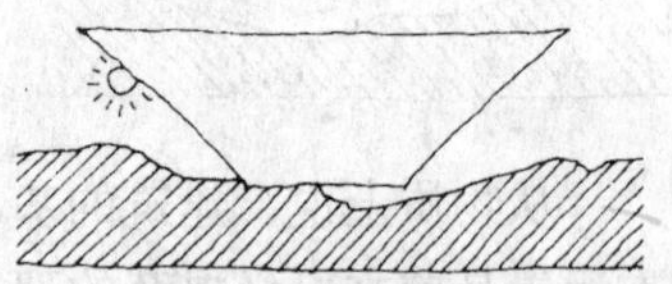

屋顶将室内与天空分隔开来，防范风霜雨雪的侵蚀。因此，一隅屋顶自然暗示出其下的一片空间。屋顶可以很小，它可以是入口之上的一片雨篷，也可以是足球场上的巨型穹顶。

由于受到重力的影响，屋顶需要结构上的支撑，承重构件可以是墙体，也可以是框架和柱列。

支撑物或柱子

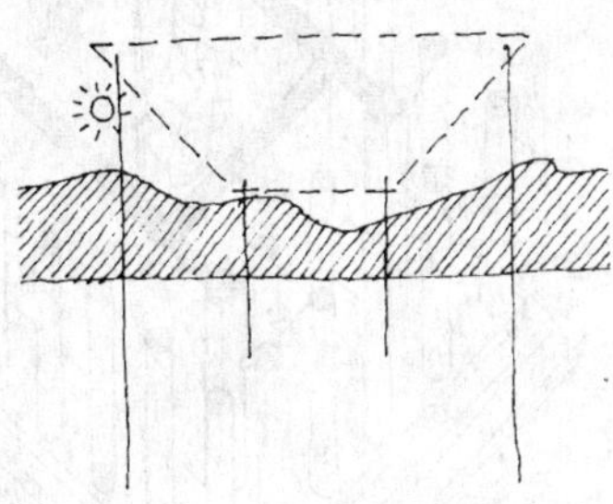

常见的用作场所标识的建筑基本元素主要是通道和开口。

通道

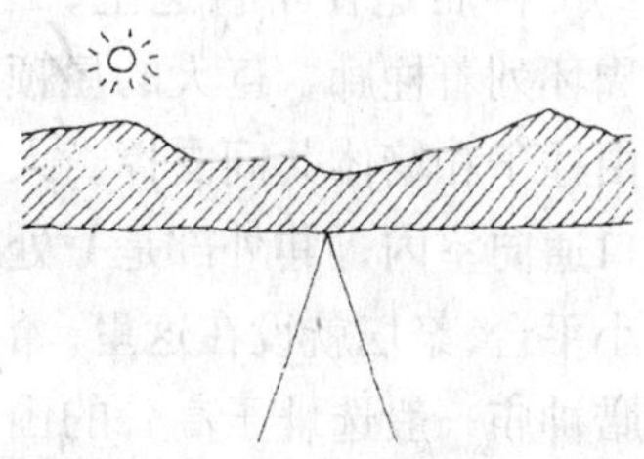

通道是用于行走的一种场所。它可以是笔直的，也可以是顺应地形而蜿蜒曲折的；它可以是暗示性的，如一条坡道、一段台阶甚至是一部爬梯，也可以是在使用中自然形成的，如由于人们频繁的行走而踩出的乡间小路。

开口

洞口是从一个空间进入另一空间的过渡环节，它本

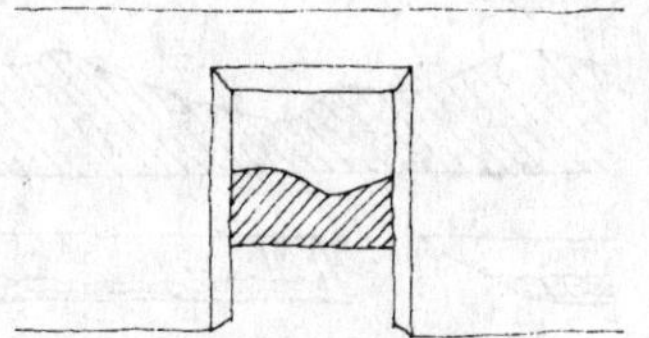

身也是一种场所。人们可以通过窗户来进行观察，它同时也是光线和空气流通的通道。

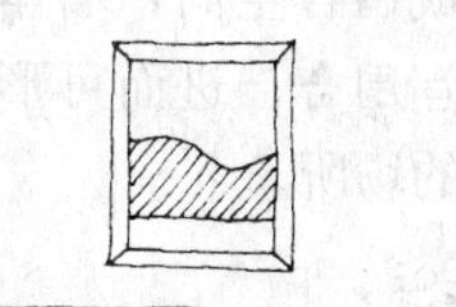

具有历史进步意义的是，玻璃幕墙作为一种现代建筑材料，既可以用来分隔空间，又不会造成视觉障碍。

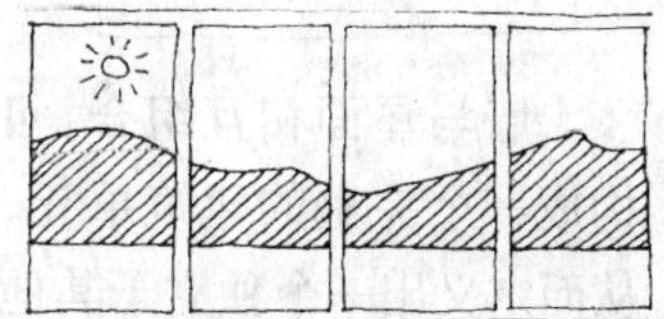

另外还有悬挂结构中的杆件和缆索，他们能支撑平台或屋面，但要依托其他承重构件来增强稳定性。

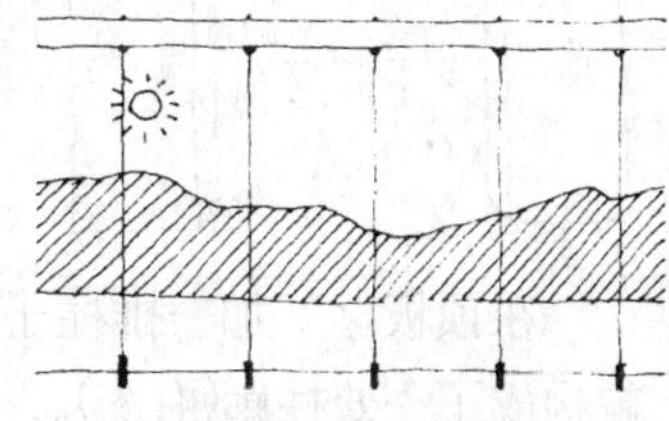

这些元素彼此间可以相互组合，进而创造出我们所需的建筑空间。其中一些常见的空间形式有其自己的固定名称。例如：

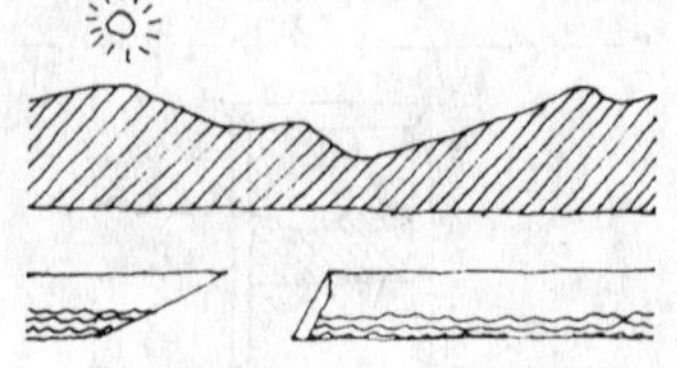

桥梁也是一种道路，可以跨越江河险阻；平台同时可兼作屋顶。

隔断之间相互连接，形成围合空间；墙体之间相互围合，进而可形成不同的场所。

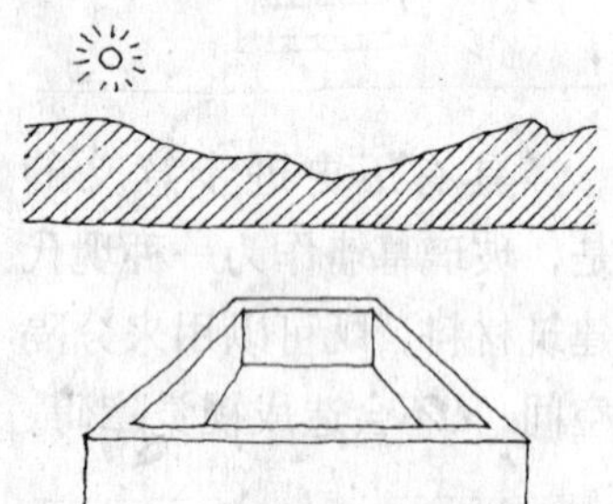

墙与屋面相互组合，可构成一个完整的建筑单元，从而定义出一个独立于其他场所之外的特定空间。

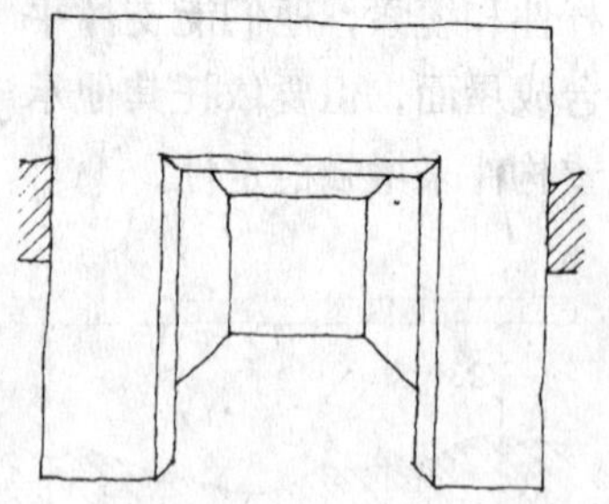

在顶板之下加一排柱子就构成了一处柱廊(右图)。

本书中一再列举这些基本元素及其空间表现形式，因为它们无时无刻不应用于建筑之中。

古希腊神庙运用这些元素，简单直观地标识出神的场所。

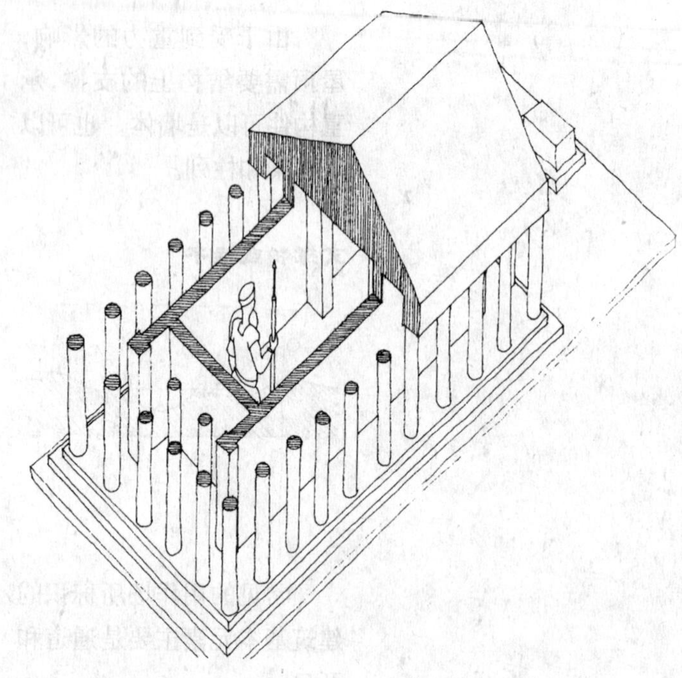

神庙建在平台之上，四周环列着柱廊，巨大的屋顶由柱子和墙体共同支撑。入口通向室内，其外部是一处小平台，祭坛就设在这里。希腊神庙一般选址于高耸的山坡之上，神庙本身就是极具象征性的标志物，其显著的形体在很远的地方都可以眺望到。平台、墙面、柱廊、屋顶和祭坛共同标识出神的场所，而庙宇中屹立着的巨大雕像就是神的化身。

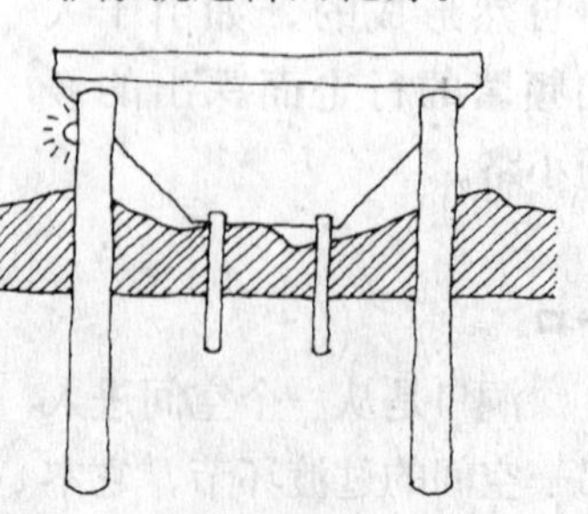

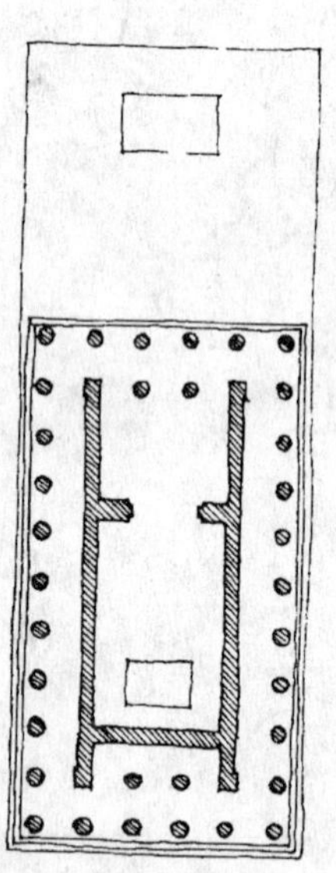

古希腊神庙参见：

《希腊建筑》，A·W·劳伦斯著，1957年。

《希腊和罗马的建筑艺术》，D·S·罗伯特森著，1971年。

麦瑞尔别墅参见:

《建筑细部》一书中的《麦瑞尔别墅》专集，1992年。

《阿尔瓦·阿尔托》，理查德·韦斯特著，1995年。

再复杂精细的建筑作品同样也是由基本元素构成的。这是玛利亚别墅（Villa Mairea）的首层平面，由芬兰著名建筑师阿尔瓦·阿尔托（Alvar Aalto）和妻子爱诺（Aino）共同设计，建于1939年。

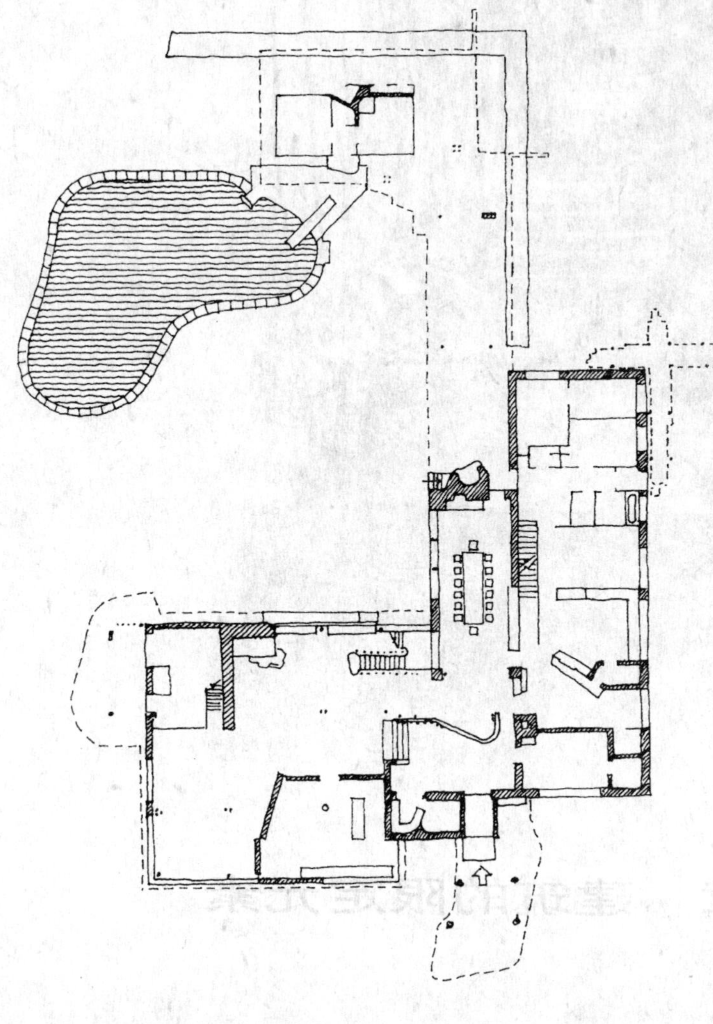

虽然没有画出三维透视图，从平面中仍可清晰地看出别墅是由墙面、楼板、屋顶、柱子、管道井、游泳池（下沉地面）等基本元素构成的。有些空间，如主入口前的通道（图中箭头所示部分）、别墅与院落后部的桑拿浴室之间（图中点划线所示部分）均设有盖着顶板的柱廊。另外一些空间是由特殊的地面铺装、木材、石块、玻璃等材料强化出的。还有一些空间或是由矮墙分隔（图中未填黑的墙体），或是由通高的墙面（图中填黑的墙体）和玻璃幕墙分隔而出。

了解了建筑的基本元素仅仅是工作的第一步，作为一项复杂的创造性活动，空间的具体设计很大程度上取决于对这些基本元素的组合与运用能力。同学习语言一样，记住了字典里的所有词汇并不意味着必然能够成为文学家。当然，只有具备了足够的词汇量才能为语言表达的多样性提供充分的选择余地，也才能提高遣词用句的准确性。对于建筑也是同样的道理，了解建筑的基本元素仅仅是一个开端，只是为设计这一场所的标识过程提供了最基本的适用语汇而已。

第三章　建筑的限定元素

建筑的限定元素

上一章讲的基本元素属于比较抽象的概念范畴，由于多少有些晦涩难懂，所以不再深入地展开更多的陈述。在建房的过程中，这些基本元素被赋以具体的空间形式，设计中更多的连带因素便应运而生了。

在实践中，这些基本元素及其所定义的空间进一步受到其他因素的影响，如光线、色彩、声音、气温、气流、气味甚至还有味觉的影响，还包括建材的质地与肌理、建设的规模、时间的推移以及实际使用情况的变化。我们将以上这些因素称为建筑的限定元素。

限定元素是一般建筑通常都面对的外部条件，也可用来在某些特殊类型的建筑中发挥特殊的作用。

建筑基本元素和限定元素的相互影响是无限多样的。室内空间相应的也会表现出不同的特点：或明或暗，或安静或嘈杂，或潮湿或温暖，或阴冷或干燥，或充满清香或汗臭扑鼻，或是浸润着烹调过程中水果与蔬菜的香味；地面的铺装可以十分粗糙也可以光滑而细腻；花园可以阳光充溢也可以浓荫蔽日；平台和座椅可以是坚固的石制或铁制品，也可以是用坐垫、羽绒等柔性材料做成的；一道柱廊既可以是带有顶棚的，用以遮蔽风雨，也可以是开阔通畅的，便于纳凉通风。如此等等……

基本元素可以完全被设计者所掌握，而作为抽象的建筑概念，限定元素在设计中则往往很难准确把握。我们可以确定柱子、房间或柱廊的精确尺度和比例，而音质、光线、气流及时间等限定元素则变幻无常。在设计中，对限定元素的把握必须能经受得住时间的考验，如：光线过去作为一种自然因素无从把握，而现在在普遍应用人工照明的情况下则可以精确地加以控制。

基本元素的应用，是使空间通过概念化组织后，进而形成特定的场所类型，而限定元素则通过不断的变化对建筑空间产生着具体影响。

光线

可变元素中，我们首先来讨论光线对建筑的影响。

光线是建筑的自然条件，同时也是建筑的设计要素之一。自然光是人们通过视觉来感受建筑的基本媒介。但不论是自然光线还是人工照明，都可以通过设计的具体应用来刻画空间并赋予场所特定的性格。

对面页：

画面中建筑的台阶数量不可能清晰可见，肯定比我们所能看到的要多。该建筑位于西班牙格林纳达（Granada）的阿尔汉布拉（Alhambra）附近。这处场所几乎可以激发我们所有的感官体验：深绿色的繁茂枝叶、色彩斑斓的花卉、光与影的构图吸引着视觉感官；近旁的流泉叮咚作响、蔬菜散发出阵阵清香、桔树和Bougain-Villaea流溢出特殊的芬芳气息、光亮处与背阴处的温差变化；清凉的溪水可以洗浴；鹅卵石铺就的小路肌理细腻，如果摘一颗橘子或葡萄品尝一番，香醇的美味也会增强场所的氛围。

如果认识到建筑是光与影的雕塑，就不难找出对光线恰当的使用方法；如果认定建筑是对场所的标识过程，就会理解空间有明暗之分，有光线均匀、日照强烈、投影清晰之别；有的场所光影斑驳，有的则是对比强烈、变化微妙，如：剧院中灯光的对比就很强烈，为达到满意的观赏效果，演出使用的舞台上灯光明亮，而观众厅的光线则相对减弱。

光线可用来强调场所中的不同行为。不同的光线适合于不同的活动内容。珠宝商的工作台运用强光来集中照明；艺术家的工作室需要均匀持久的光线，以便于作画；而学校则需要提供整体照明，以便于孩子们进行学习与活动。所以，建筑无一例外的都需要光影来进行刻画。

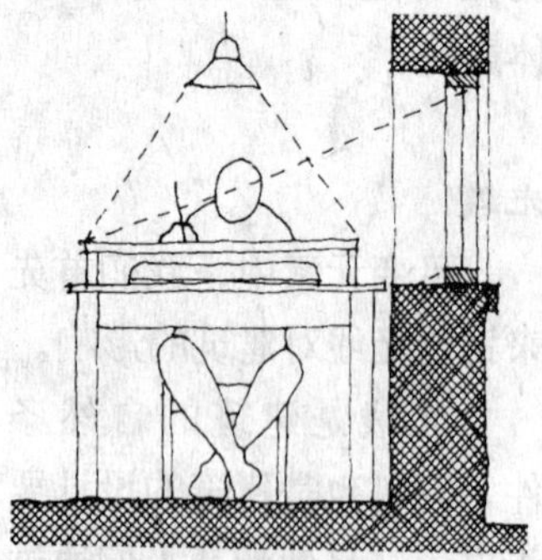

光线可变可调，随着昼夜交替、四季更迭、云层变化，光线随之不断变化，而这些变化都能为我们所模仿。

日照可以开发利用，许多设计手法可以改善日照的品质。

老式房子常带有高耸的

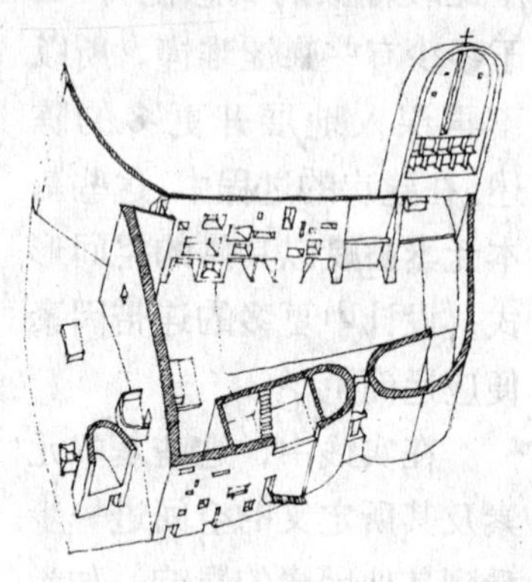

烟囱，炉火熄灭的时候，阳光通过烟道投入炉膛中，幽暗的光线弥漫着浓郁的神秘气氛。现代主义建筑大师勒·柯布西耶（Le Corbusier）在朗香教堂（Notre-Dame du Haut at Ronchamp）的设计中运用了该原理，在教堂侧墙上的采光井中采用裸露的混凝土，使墙面粗糙不平，洒落的光线因而变得十分柔和，强调了紧靠侧墙的祭坛的位置。

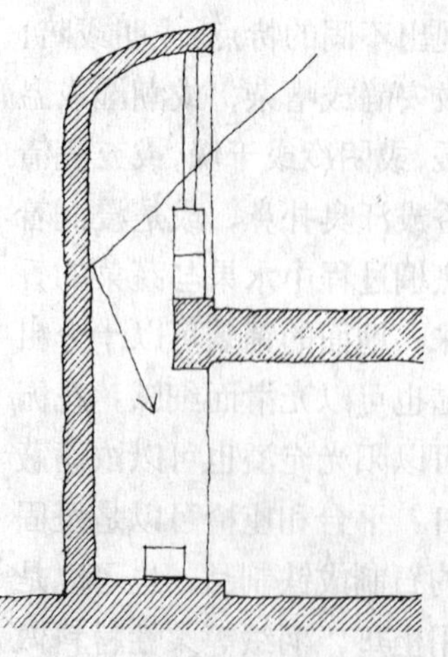

朗香教堂利用建筑侧立面的采光塔引入光线，其效果与光线从高耸的壁炉烟道中斑斑驳驳地洒下很相似。

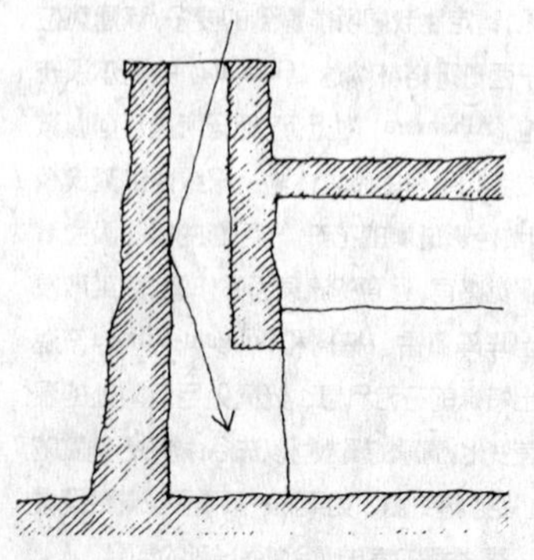

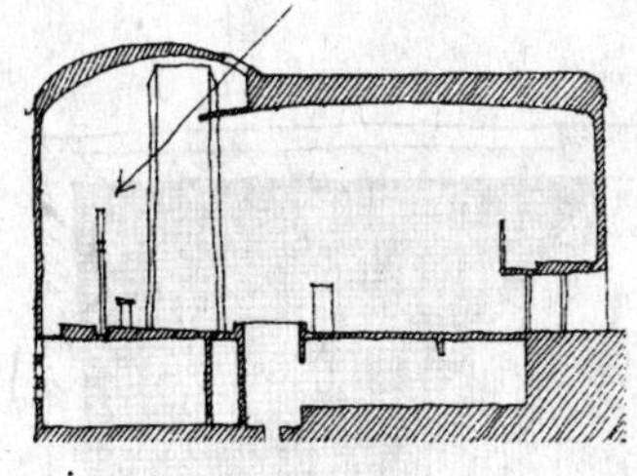

瑞典的波阿斯（boras）火葬场运用了同样的设计手法。设计者是H·埃里克森（Harald Ericson），建于1957年，比朗香教堂晚三年。图例所示为该建筑的纵剖面。

同年，拉尔夫·厄斯金（Ralph Erskine）通过天井采光来强化布置于单层别墅中央的小型四季花园，该别墅位于瑞典的斯托维克。

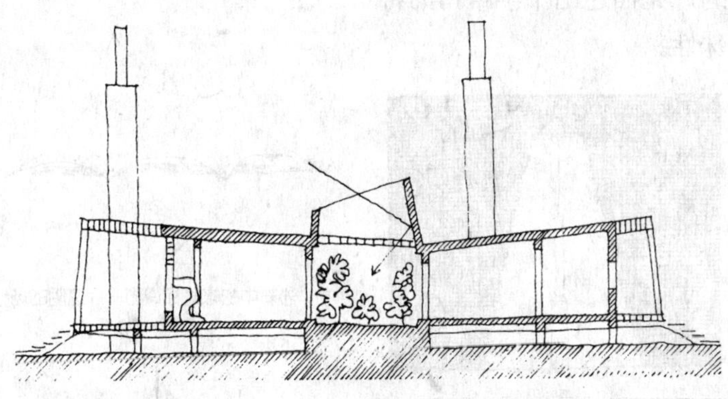

在这座瑞典别墅中，拉尔夫·厄斯金运用在屋顶上开采光天井的手法标识出一处设在建筑中部的尺度小巧的四季庭院。

人造光源较日光更易积聚和可调：可以随时开闭，精确调控其照度、色彩和方向。剧场中的人工照明系统就是这一技术成果的典型运用。对于一般建筑中需要加以刻画的重点细节，都可将之视作"剧场"的变体而给予相应的照明处理。

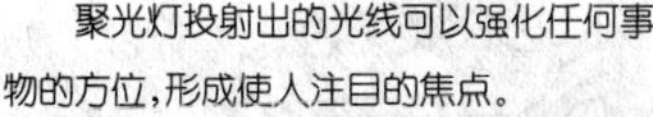

聚光灯投射出的光线可以强化任何事物的方位，形成使人注目的焦点。

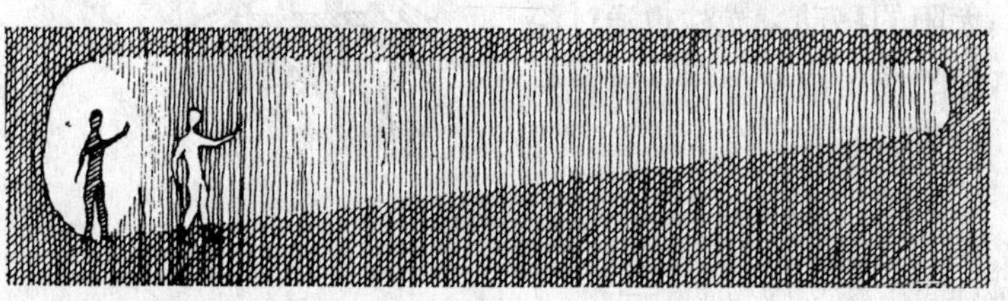

点光源可以用来烘托演员、歌手、绘画作品或是一件物品的形象，任何需要强调之处均可如此处理。

光线有时也有它的副作用，会将人的视线引向光源。

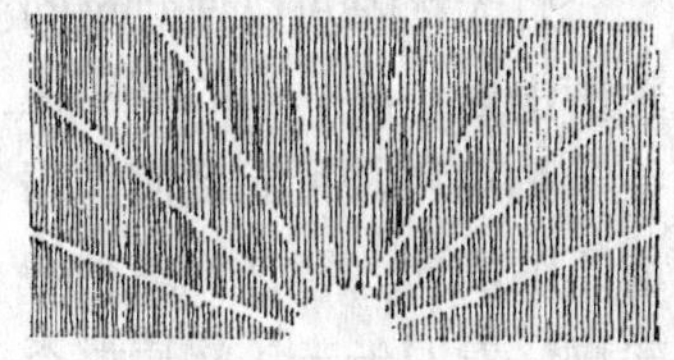

自然光线与人工照明在建筑中的运用方式不胜枚举。

照明设计对空间的刻画如此重要，使它自然而然地成为建筑设计的重要组成部分。它对空间的概念化组织，基本元素的使用方法都有影响的深远。

光线造就了光环境。研习场所、宗教场合的光照要求与篮球场或外科手术室的要求各不相同。

不改变物质外观而变换照明方式，也可随时改变场所的性格。试想，当你用手电筒照向一位朋友的下巴时，其面容会发生怎样的戏剧性变化呢？房间照明方式改变，同样的变化也会自然的产生：光线的强度与方向都会发生改变。夜幕降临，合上窗帘，按下电灯开关，房间的形象顷刻改变：华灯初上，夜色顿消。当然，对生活琐事的习以为常往往让人们对这种戏剧性场面熟视无睹。

当观众厅灯光熄灭时，启动舞台照明设备，剧场的反光装置便成为产生奇幻场景效果的决定性因素。

灯光辉映可以使建筑的轮廓消逝，高品质的照明往往十分柔和，可能会使人们看不清墙面、穹顶等结构的轮廓，看似失去了物质形态而如空气般虚无。光线不足也会造成相似的结果，幽暗深远的哥特式教堂里，远端的凹室若隐若现，神秘莫测。

有些空间的光照恒定，有些则不断变化。有的建筑，如大型百货超市或商业购物中心，不论是九点半的冬夜还是正午十二点的盛夏，电灯都提供着持久的照明。

在森林里开辟一片空地也是一种建筑活动。伐林砍树，移走障碍，开辟出一隅阳光地带；地面像舞池一样平整，完全可以在上面翩翩起舞，暖暖的阳光无遮拦地洒下（光线因素得以强化），如此的环境与其说是森林，倒更像是花园般舒适宜人。

大漠斜阳，搭一座帐篷，引入一抹阴凉。贝多因人的帐篷式住宅（Bedouin tent）就是为了创造一处遮阳的环境。

多数情况下，屋顶既可防雨，又能用来遮阴；在顶板下安装电灯，就像是在森林

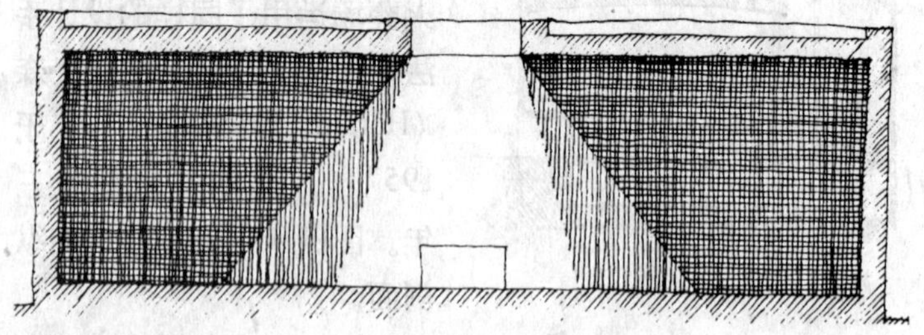

房间中的采光天井标识出一处明亮的空间。

中辟地的做法一样，可以为灰暗的空间带来一抹光明。

昏暗的街心间，一盏孤灯定义出了一处场所，红色的灯光描述出十字路口的特殊性。

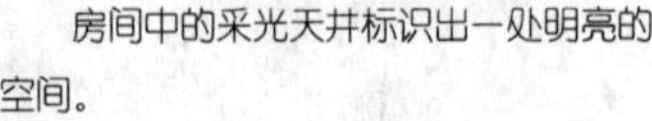

沙漠中的帐篷标识出一片遮阴的场所。

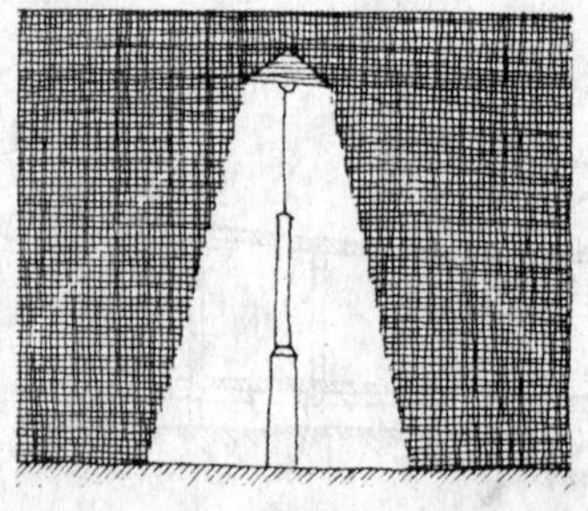

希腊神庙的大门，面向东升的红日开启，晨曦的光辉可以勾勒出庙内耸立着的神像的轮廓。平缓的日光投入神庙里，每天的此时此刻神像都显得熠熠生辉。

建于法国南部的拉图雷特修道院（the Abbey of La tourette）的顶棚上，建筑大师勒·柯布西耶设计了一处相对较小的矩形光槽。随着太阳的移动，光柱也通过深深的洞口内壁游移，就像探照灯一般。

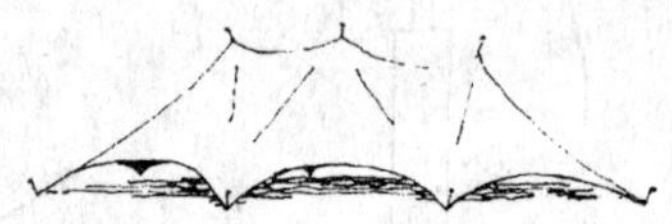

伦敦布鲁克汉普顿（Brockhampton）教堂由威廉姆·理查德设计于1902年。教堂尖塔的窗洞中，窗格的投影如同阳光刻画在白色墙面上一样鲜明。

在这幅图中，强烈的阳光倾泻在神像上，让人难以辨清神的面目。

在弗兰克·劳埃德·赖特设计的古根海姆博物馆中，理查德·迈耶重新设计了阿耶·西蒙(Aye Simon)的专用工作室，它利用三处顶光来强化由左至右的三个不同的场所：布置着座椅的休息区、书桌和迎宾台。

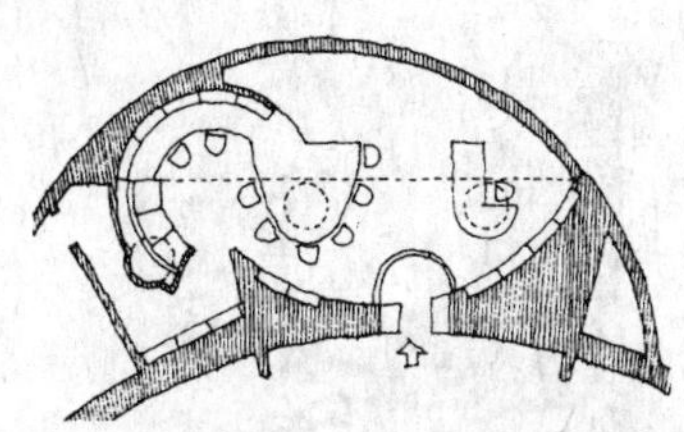

在同一座礼拜堂内，勒·柯布西耶设计了深嵌在顶板中的环状采光天井。在阳光的照射下，采光井的内壁就像发射炮弹过后通红的炮管一样，暖暖的光柱暗示出祭坛的方位。在西班牙南部一座殖民地教堂中，西班牙著名建筑师安东尼·戈地（Antonio Gaudi），设计出光线幽暗的室内空间，柱子和穹顶都隐没于阴暗之中，仅有的一丝光线透过锈迹斑斑的窗棂洒入室内。这座教堂的设计手法就如在林间开辟空地一样，只是斑驳的光线是从石制的“树干”间洒落进来的。

色彩

色彩与光线显然是两回事。光线本身可以是五光十色的，不同色彩的玻璃窗创造了不同色质的光线，对环境光的反射决定了物体的表面色彩。

色彩与光线都可以标识场所。如果室内装饰以绿色为主调，可以形象地称其为“绿屋”；房间使用绿色的照明，会产生特殊的效果，而仅依靠自然采光也会不无特色。不同的色彩与光照质量，会营造出不同的场所氛围。

色彩不仅仅用来装饰或营造特殊的气氛，还有助于场所的识别。它主要起到润饰和强化的作用，通过削弱或模糊色彩差异达成润饰的效果。

色彩也常用作暗示。为帮助他人识别你的住所，可将屋门（或墙、窗、屋顶）漆成红色（蓝色、绿色或其他色彩）。一条色带可能暗示着一处需要短暂停留和等待的场所（如检查您的护照）；混凝土路面或是地毯颜色的改变可能暗示出前方通道的特殊性，这时所用的色彩会因耀眼夺目而格外显著（如铺红色地毯迎接到访的贵宾），或可帮助行人识别通道。

温度

温度对于场所的识别也发挥着重要作用。在北极这样遥远的严寒地区建造圆顶建筑，目的就是最大限度地为室内空间争取温暖。

西班牙科尔多瓦地区的住宅，通常都设有植物茂密的蔽阴天井（内庭院），原因之一是要创造一处在西班牙南部酷热气候中相对清凉的环境。

在创造标识性场所的过程中，温度是需要经常考虑的主要因素之一。

温度并非总与光线相伴而生。在北温带，向阳的南向墙面创造出明媚温暖的场所；相反，空调送风孔并不发光，却能在严冬中营造出温馨的环境。当然，明亮的房间可能会冰冷潮湿，光线暗淡的房间却可以暖意融融。

有些建筑（尤其是现代的艺术展馆）室内各部分温度都保持稳定，这是空调系统和计算机系统精确控制的结果。

在住宅或其他普通建筑中，室内不同部分温差明显：既有设计了壁炉的温暖的房间，也有阴冷的门厅；既有暖和的阁楼，也有冰凉的顶板；既有温暖的起居室，也有阴暗的过道；既有暖和的庭院，也有阴凉的小亭与阳台；既有春意盎然的温室，也有冰冷的食物储藏间，既有灼热的厨房炉灶，也有寒冷的冷冻室……空间不同，冷暖有别，取决于不同的使用目的及功能的差异。

通风

温度包括通风状况和湿度条件，上述因素共同作用，可产生差异有别的空间感受。如：或干或湿，或暖或凉，或潮或阴，或通畅或郁闷等各种不同的情况。

清新的微风可使温暖潮湿的空间更加清爽宜人；而温暖安静的房间吹入阵阵凉风也会使人倍感舒适。

地中海的克里特岛属于干热性气候，在古代的宫殿里，王室的寝宫常常设有开敞的阳台和蔽阴的小院，局部空间的通风与空气对流，可以使整个住所变得凉爽。

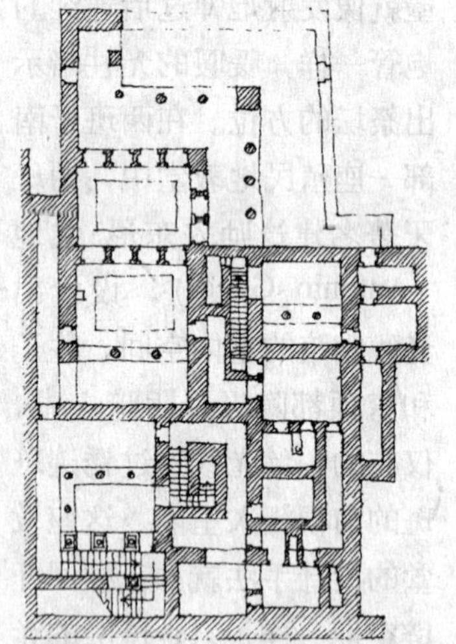

柏林阿尔特博物馆（the Altes Museum）的设计者是德国建筑师辛克尔（Karl Friedrich Schinkel），该建筑建于19世纪初期。正立面设有一处凉廊，向户外直接开敞，两部楼梯由地面直达二层，可以俯瞰前方的花园广场。

西班牙南部住宅常常设有由四壁高大的墙体围合成的小型天井内院，天井顶部常设有凉棚，正午时分，可以减缓烈日的暴晒。庭院内遍植花木，还布置有飞瀑流溪，通过植物和水体的蒸发作用，可产生循环往复的清爽气流，浸润在房间和狭窄的巷道之中。

克里特王宫中的寝宫部分也有很好的遮阳效果。建筑中设置了大量洞口和采光井，不仅促进了室内的空气对流，在炎热的气候下还可为寝室降温。图中所示的是堪萨斯王宫的部分平面。

在严冬中，空调器的排风孔为人们带来一片温暖的天地。

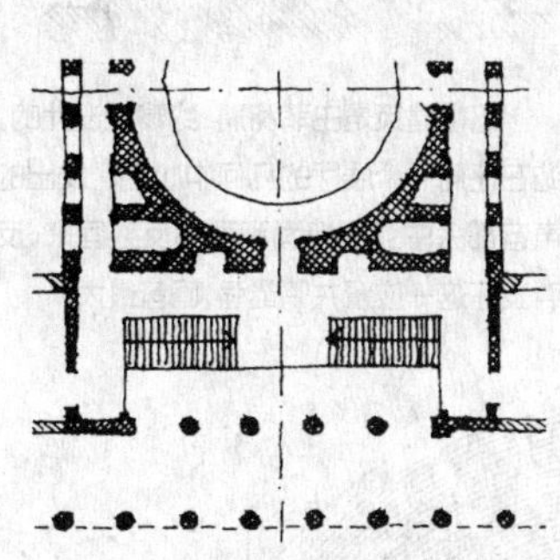

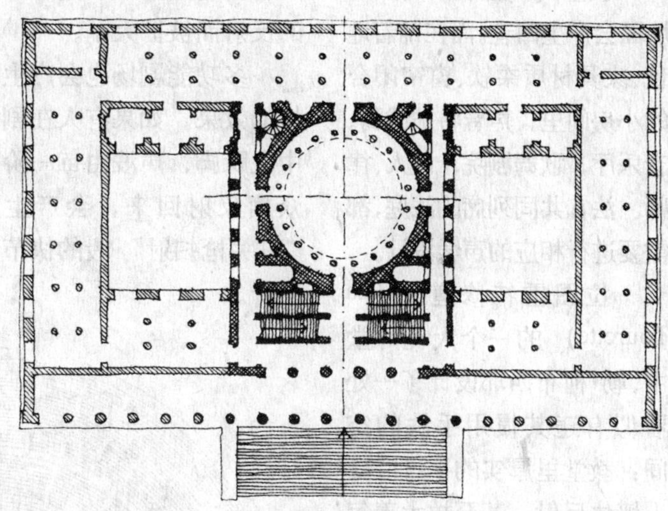

右上图是柏林阿尔特博物馆的首层平面；左上图是二层平面的局部片段，是凉廊所在的位置。下图是从凉廊向外远眺花园广场的场景。原稿收录于辛克尔的作品集中，效果更为真切。这部作品集于1866年首版，并于1989年再次印刷。

在20世纪90年代早期用玻璃幕墙封闭凉廊之前，从博物馆的首层走向二层，即从参观路线的起点到终点，这一处凉廊提供了良好的视野和清新的空气，与封闭后的室内展馆形成鲜明对比。

声音

建筑设计中，声学效果与光学影响同样重要。声音对空间的影响以及空间对声音的反作用可以强化场所的标识功能。

特殊的声学效果也可以运用在宗教场所中：通过钟声、锣鸣、风塔或伊斯兰寺院中的尖塔来召唤信徒们参加礼拜和仪典。

微风吹过树枝发出的声音可以用来辨别场所，流溪、飞瀑亦然。在旅店里住宿，心情可能会因空调的嗡嗡声而破坏，都市里一处风景优美的环境可能因突如其来的街头艺人而大煞风景。一种特定的场合：如考试点、图书馆或是修道院的休息厅可由其安静的气氛而得以识别；而在我们的映象中，街头的大众餐馆总伴随着流行的背景音乐。

一个场所既可由声音或是由其对声音的影响方式而得以识别。

教堂内，坚硬而高大的墙面会产生回音。而在铺着地毯、家具材质柔软、窗帘闭合的小房间里，声音将被减弱。音乐厅，歌舞剧院，证人、律师、法官共同列席的法庭，都需要进行相应的声学设计。

拉图雷特修道院（La Tourette）的一个大礼拜堂中，勒·柯布西耶设计了一处看似有违其惯用手法的空间：教堂里厚实的平行混凝土墙体反射、甚至放大着每一个细小的声音——行人的鞋跟摩擦地板发出的声音，或是有人清嗓子时发出的喉音，亦或是教徒们唱诗时都会产生强烈的共鸣……

有时奇妙的声学效果会在不经意间产生。20世纪60年代早期，美国建筑师菲利普·约翰逊（Philip Johnson）设计了一个由住宅扩建而成的美术馆，平面是由九个圆环规则排列成的矩形，中心的圆环是一处开放的小庭院；其余八个圆环组成展区和入口大厅。每个展厅带有一个扁圆形穹顶，当人们站在展厅中央说话时，声音会通过圆形墙面和穹顶的反射而被扩大了。

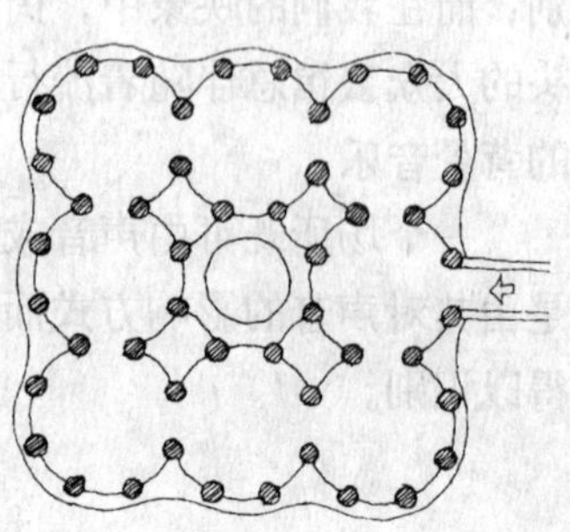

多功能剧场也会产生同样的效果。如果有人在剧场中央跺脚，声波由每一阶观众席反射回来，会产生出“机关枪扫射”般的快节奏回音。

这幢建筑是由菲利蒲·约翰逊设计的。站在任何一个展厅的几何中心上，发出的声音都会由弧形墙面和顶棚反射回来，反射波在这一位置共鸣最强，回音最大。

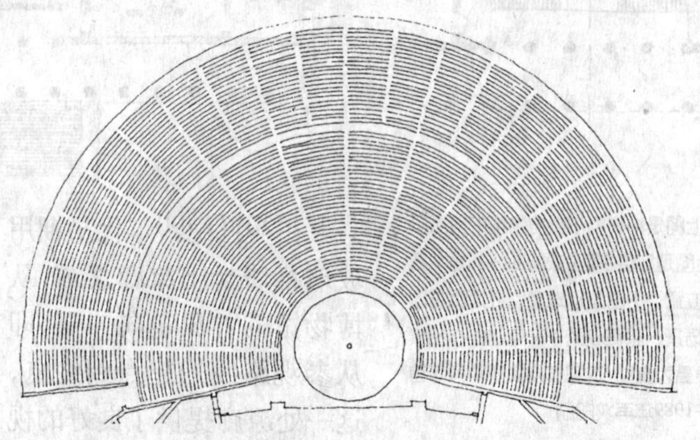

站在希腊半圆形剧场中，声音由每一层台阶依次传回，产生一连串如机关枪扫射般的回声。

有些作曲家根据特定建筑空间的声学效果来谱曲，16世纪作曲家安德鲁·加布里埃尔（Andrea Gabrieli）专为威尼斯的圣马可教堂的演出作曲。他所作的“圣母颂”需要三个唱诗班和一个交响乐团同时在教堂的三处特定位置合作完成，以达到特定的混响效果。

有些情况下，建筑构造本身可被当作“乐器”使用。瑞典格登堡（Gothenberg）大学于20世纪90年代早期建成的一个艺术馆中的走廊就有此功能。该建筑确实达到了建筑师的设计意图，在投入使用后，阳台的栏杆当时还可以当作打击乐器来使用。

气味

场所可由特殊的气味来烘托与强化，气味可以创造出空间。

卫生习惯不好而又酷爱运动的男学生，有时满身散发着汗臭味，所及之处令人闪躲；公共卫生间是一种气味，女士化妆间是另一种香味；而香水店和贩鱼摊点的味道也各不相同。

磨得发光的木制书架散发出的气味与装订书本用的皮革散发的霉气，勾勒出老式图书馆的某种形象特征。弥漫的油画布气味是艺术家工作室的典型写照。

百货商场里食品专柜散发着咖啡、美味乳制品、新鲜烤面包的香味；中国古代神庙里散发着焚香的气息；脏袜子和除臭剂的气味是青春期男孩们卧室的写照；绅士聚会的俱乐部里弥漫着皮质坐椅的气味；公园里不同的角落里飘溢着各种花香：玫瑰，忍冬草，茉莉花，薰衣草……

肌理

材质的纹理具有可视性特征，当然要借助于光线和视觉来加以感受。肌理同时还具有可触摸的特征，这依赖于人的触觉体验。材质肌理的以上特征也有助于场所的标识。对材质进行表面加工可以产生纹理，如油漆、打磨、雕凿等人为方式。当然，肌理更主要是依赖材料的天然质地和建造使用方法。我们通过改变建筑肌理来标识出特定的空间，有些是在不经意间完成的。如在乡间或院落中周而复始地走着同一条线路，一条平整的道路应运而生。当用砂子、鹅卵石，或柏油沥青铺设路面时，是对其肌理有意的改变。这种做法对视觉的影响十分显著，也适于行走，同时使路面比裸露的情况更为耐久。

一些道路铺有表面凹凸不平的白色边石，如果车辆偏离正常路线，车胎与边石摩擦会产生噪声，车体也会颠簸起伏，可以及时提请司机调整方向。所以，识别车道不仅要依靠视觉观察，振动与声音同样起着重要的作用。

对于许多老式房子，铺装耐久材料在当时是一项艰苦的体力活。最坚固的材料往往铺在入口附近，用常见的大块片石或鹅卵石来保护和标识。

地板和楼面图案是讨论最为广泛的问题之一，其材质的肌理对建筑空间的识别十分重要。人的双脚与之接触最为频繁，地毯不仅改变了地板的肌理，也使之更温暖舒适，使人可以在上面赤脚而行。

在一些特殊的场所中，赤脚而行问题重重。游泳池四周地面的硬化就存在这种矛盾：既要使人能舒适地行走，又要求使用纹理凹凸的材料来进行防滑处理。

在人体经常接触的范围内，材料的选择很重要。如果打算利用矮墙兼作座椅，建筑师应将墙顶坚硬的石材或砖头、混凝土改为柔质耐久的复合建材或天然木料，与休憩场所的舒适性要求相适应。选材还应具有明显的标识性，并能满足身体其他部位的感官要求。

在人的双手和上部躯体易于接触的空间范围中，材质的肌理同样很重要：门把手、柜台、休息厅等等。床铺对材料的肌理要求较高，这样才能创造出躺着靠着都很舒适的空间。

尺度

这幅画中，我们看到的是一个人站在尺度非常局促的舞台之上。

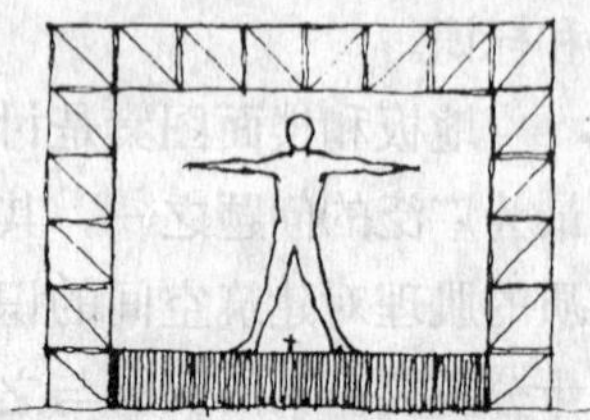

但是如果告诉你此人不过是舞台布景，而真正的人是布景下的那个小点时，我们对舞台尺度的认识会发生戏剧性的变化。

比例涉及相对尺寸。地图或图纸的比例表明画面尺度与真实尺度的关系，在一份1:100的图中，实际为1m宽的入口，图面尺寸为0.01m。建筑比例还有其他意义，就尺度的相对性而言，意在说明空间与人的相对关系。

人们对空间的感受上，很大程度受尺度的影响。足球场的草坪，宅后花园中的草地，二者都是草地，不同的尺度，人的感受截然不同（尺度问题还将在“建筑与几何”一章“量度”一节中详尽讨论）。

时间

我们讨论的建筑的首要限定元素是光线，现在讨论最后一个元素——时间。光线的影响瞬息万变，而时间对建筑的影响则相当持久。

它对于建筑的作用是多方面的，建筑作为一种十分耐久的产品，无一例外都要受到时间的影响：建筑材料在长期使用中不断腐蚀和老化；建筑功能不断深化利用或是向新功能转化；人们不断完善新功能或使之转向新的用途。

时间的影响时而积极，时而消极，它自然而然地发生着，不为人所左右。但这并不意味着我们不能预测和利

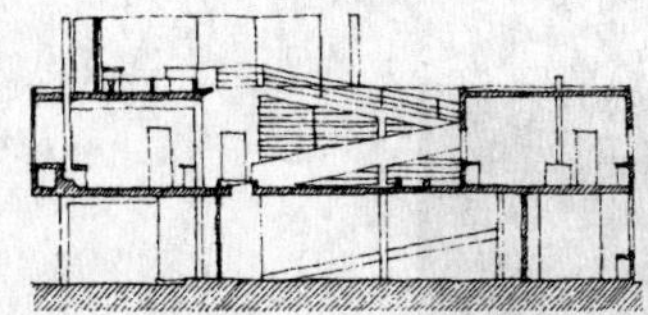

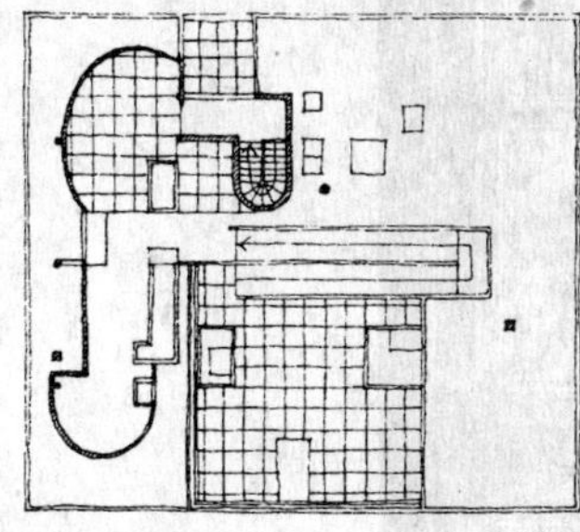

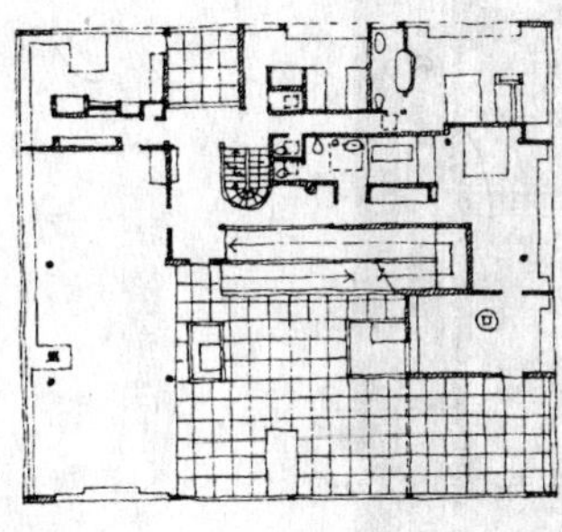

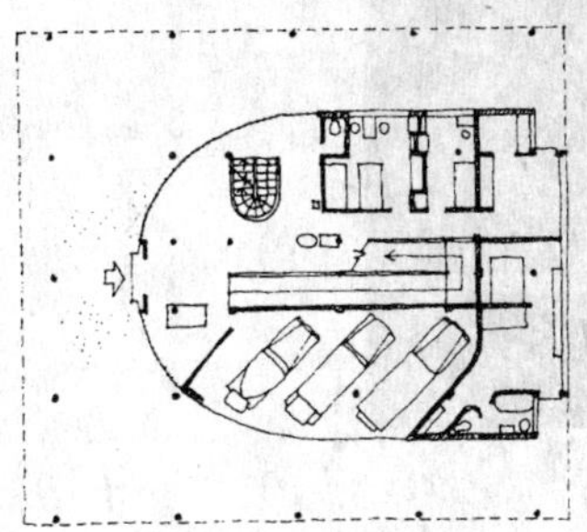

用这些影响，使材料选择和总体设计较之以前更为成熟,这一点是可以做到的。

时间作为限定元素还有另外一层意义——易于把握（虽然总的来讲不是如此）。虽然领悟一幅名画需要时日,但第一印象瞬间可察:对于歌曲来说，获得第一印象需要稍长时间，反复聆听才能耳熟能详。

同样，建筑作品需要较长时间才能有印象。我们虽可翻阅期刊杂志，通过看图片、读说明来了解建筑,但无法替代亲身实感。

亲历和体验建筑一般都有几个阶段:先是整体感受，然后是外观认知，接着是接近，进入，最后是空间感受（此阶段耗时最多）。

很多建筑师注重步移景换的即时空间感受。

所有的集会建筑都凝聚着时间的因素。古希腊的市民集会队伍从市民广场（the Agora）出发,登上雅典卫城（the Acropolis），最终到达帕提农神庙（the Parthenon）。走完这样的游行路线需要时间。伟大的神庙就是时间的凝聚:经过卫城的山门,沿着神庙中部到达祭坛，如同婚礼仪式一般。汽车制造厂的生产线通过流水作业传递着加工中的车辆，同样也需要时间。

在1929年建成的萨伏伊别墅（the Villa Savoye）中，勒·柯布西耶巧妙地运用了时间这一限定元素。三层平面如左图所示。从抵达到进入到最终对空间的使用,坡道创造了一条建筑上有如“闲庭信步”似的自由路线。

入口道路十分宽敞,很适于步行或车行。前入口在首层平面的左侧如左下图所示,但人往往由后入口进出。车辆从架空层驶入，沿着入口大厅的玻璃幕墙前行。

进入住宅，一条坡道缓缓升向二层，通往主要起居空间。坡道剖面图如左上图所示。

平面中示意出了厅室和屋顶平台的位置。

到达屋顶花园之后,坡道继续攀升,直至另一处更高的屋顶花园。该处设有日光浴室，入口是一道落地玻璃门,它同时也是坡道的端头。

第四章　元素的多元影响

对面页：

窗口在建筑中发挥着多重作用。第一，可以使光线自由出入；第二，可以使视线自由移动；第三，可以建立一种轴线关系。窗棂的分格形式可用来摆放书本或花卉，还可用作陈列场所……，此外，还可起到建筑的竖向构图作用。

元素的多元影响

元素往往在建筑中发挥着多元作用。

以双坡屋顶住宅的山墙为例，它既是内部空间的围

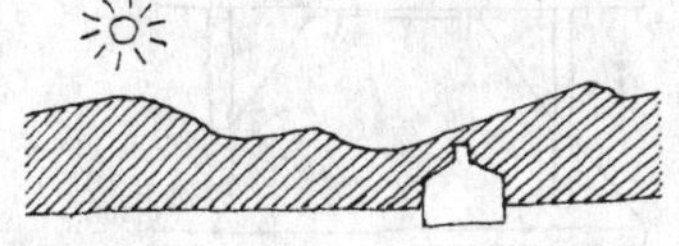

护墙，往往又成为居住建筑的一种标志。

墙顶可以成为猫一类的小动物爬行的便道，而在码头里、城墙上，宽大的墙顶就用作人与车通行的道路。

在影剧院或艺术馆里，内墙面可用作展示空间；而对于所有的建筑来说，外墙

面又是其面对外部世界的“面孔”。

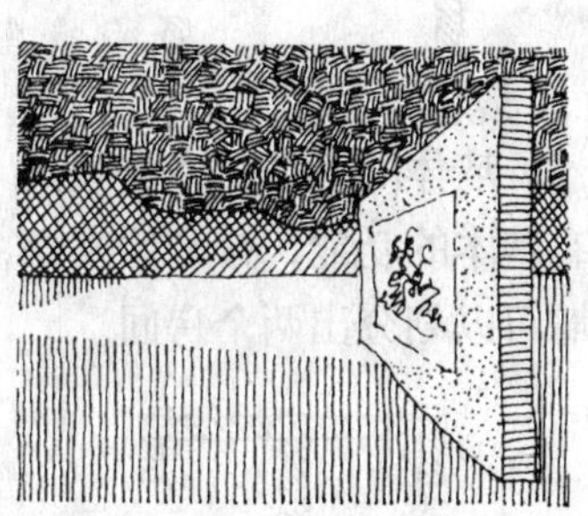

元素对建筑的多元影响是一项基本特征。在建筑的设计阶段，包括认识和创造这两种思维过程，二者体现出一种辩证的互动关系：创造此部分可认知彼部分，进而认知整体。新的认知不断扩展，层出不穷。书中大量的实例解析，就是为了达到这一目的。

此外，元素多元影响的重要性，还在于建筑不能在封闭状态下自我完善，建筑功能往往必须在与周边环境的互动中才能最终臻于完美。

建于Toledo的Alcazar是一处16世纪的宫廷建筑，其正立面的风格反映出西班牙查尔斯五世国王的建筑爱好和追求。

墙面不论以何种方式建于何处，都会产生两种朝向：阴面与阳面。

围合的墙体会产生独立于外界的内部空间，并通过墙面与外界既对立又统一。

墙体的存在，本身就具有基本的功能，分户墙或隔墙可以划分出两个房间。

平坦的屋面也可用作露台。

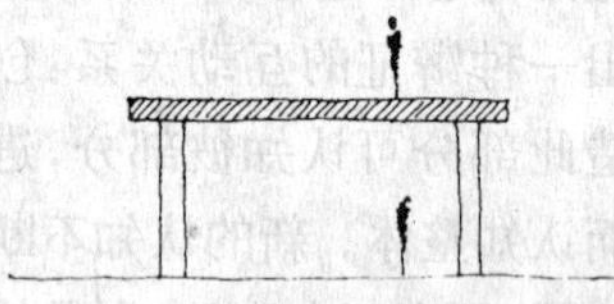

一组竖向排列的屋面（即楼板），可形成多层建筑。

墙体大都用作承重构件，用来支撑上部屋顶，但其最主要的功能是用来围合空间并形成边界。当然，其他构件也有围合的功能。如：一排柱子也可构成一条通道或边界。

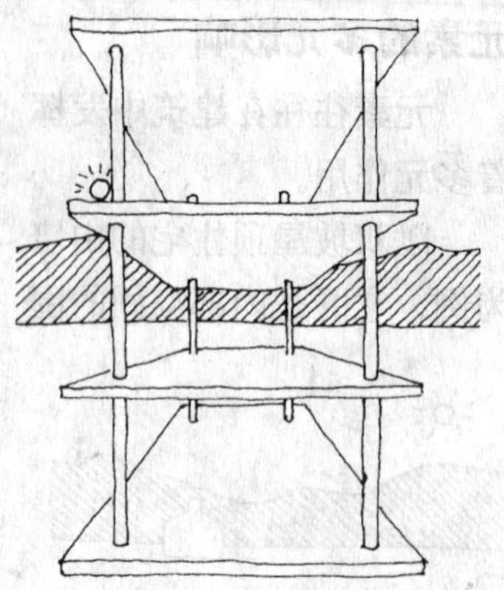

这是一种再简单不过的房间平面布置形式。类似实例在古罗马的城市广场、中世纪的修道院、马来西亚的传统商铺中均可见到，利用很少的几种建筑元素就能产生变化多样的空间，如封闭

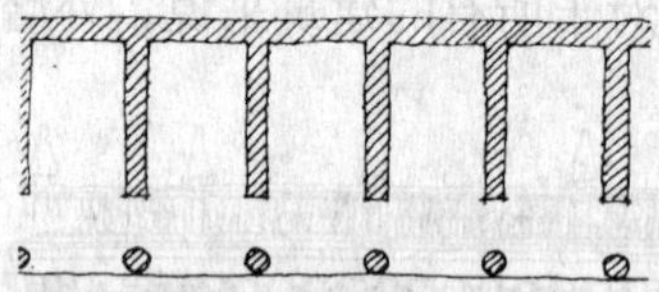

的小室、带顶的廊道。廊道同时又是内外空间的一种过渡形式。

注：过渡空间将在“过渡、层次、核心”一章中进行讨论。

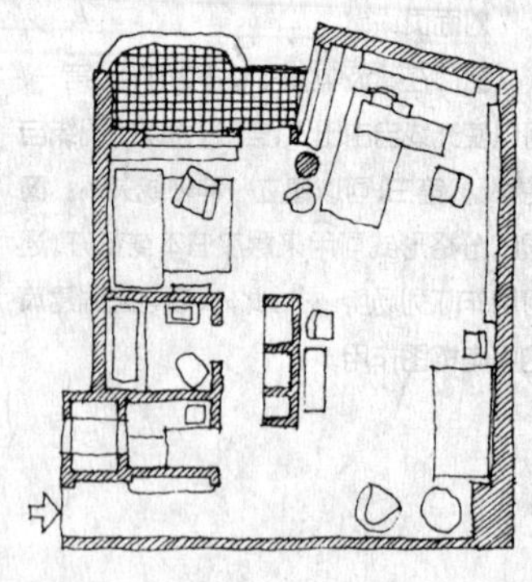

这是瑞典建筑师斯文·马克柳斯(Sven Markelius)设计的一所小型公寓，建筑所采用的大量元素都同时兼有多种功能。如：阳台边上的一根立柱，除结构作用之外，还被用来在开敞的空间中形成建筑细节；而浴室和厨房设计为一个组团，将入口过厅和公寓内部空间分隔开来。

在伦敦的皇家节日大厅里，将观众厅斜伸的楼板之下的空间设计为休息大厅。设计者是罗伯特·马修 (Robert Matthew)、莱斯利·马丁 (Leslie Martin) 等人，建于1951年。

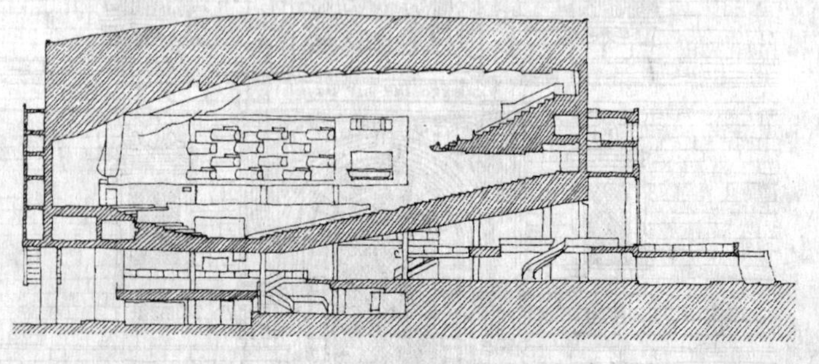

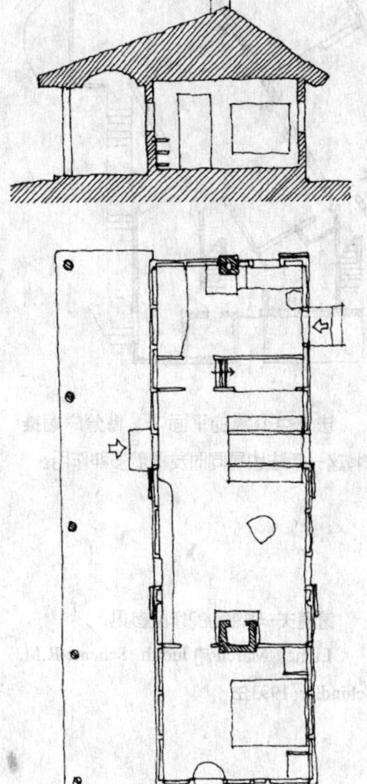

图中所示的是一处小型夏日住宅的剖面和平面。平面图中，四根立柱不仅用来支撑屋面，还界定出阳台的范围，人们坐在阳台之上，可以远眺芬兰Muuratsalo的风景。这栋建筑称为Flora别墅，由阿尔瓦和爱诺·阿尔托设计于1926年。

建筑师的一项必修技能是掌握空间序列的元素及其构成规律，并了解它们在空间中的多元作用。有些空间是在建筑师有意识的设计下形成的。如：在窗户的设计中，通过对窗棂分格形式的划分处理，可以使窗洞同时兼作书架或摆放饰品的博古架之用。通过早期的规划，两排建成的住宅之间，同时可以产生一条宽敞的道路。

有些空间则是被动形成的：两幢房子建得很近却似

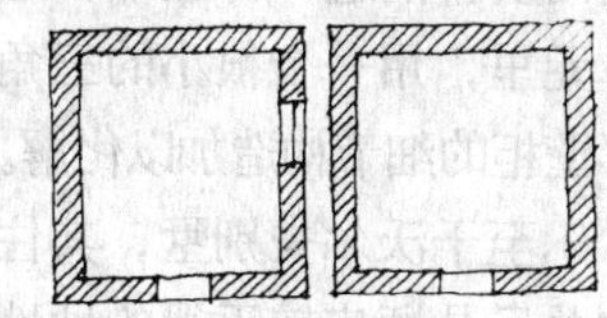

连非连，其角落既不美观也不能被很好地利用。一道悬挂展品的墙面，背后可能形成无用空间。

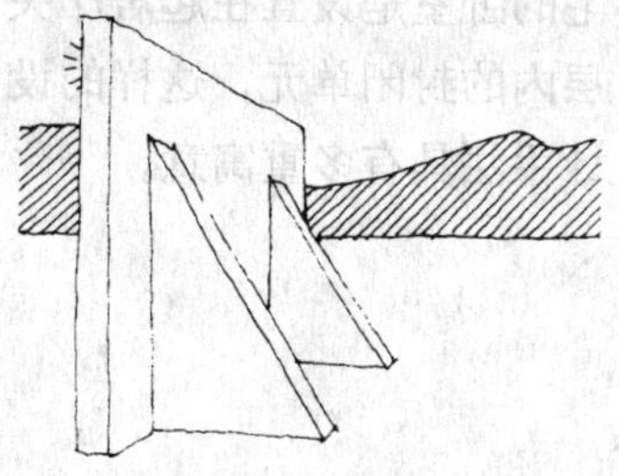

作为设计中最重要的一个方面，墙体是细部推敲的重点，但如果处置不当，也最易滋生问题之处。

这是一幢英国20世纪早期住宅的平面。

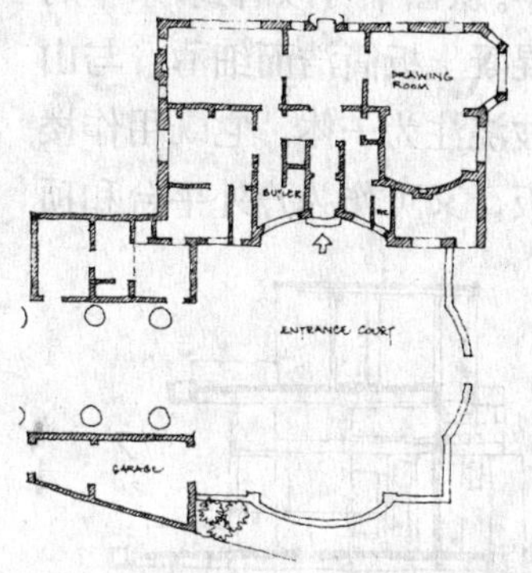

前院是由三道树叶形状的扁弧形墙面围合成的，另一侧是入口通道。凹入住宅平面的弧形墙面一方面强化了住宅的主入口，但同时也给内部空间的安排造成了一些困难。门厅两侧的不规则空间中，左侧安排了餐具间，右侧布置了盥洗室和洗手间。为了强调客厅里壁炉的位置，其背后墙面也设计为弧形。住宅左下角产生的不规则空间安排为花房。

元素在功能上往往身兼多职（事实上很少见到功能单一的建筑元素），大都具有多元影响，这可能是建筑艺术的魅力所在。

这是沃尔夫别墅（Wolfe House）的剖面图，设计者是德国建筑师鲁道夫·辛德勒（Rudolf Schindler），建于1928年。从图中可以看到，水平的混凝土板简洁而细薄，与山坡浇注为一体。它既用作楼板，又可作为户外平台和顶

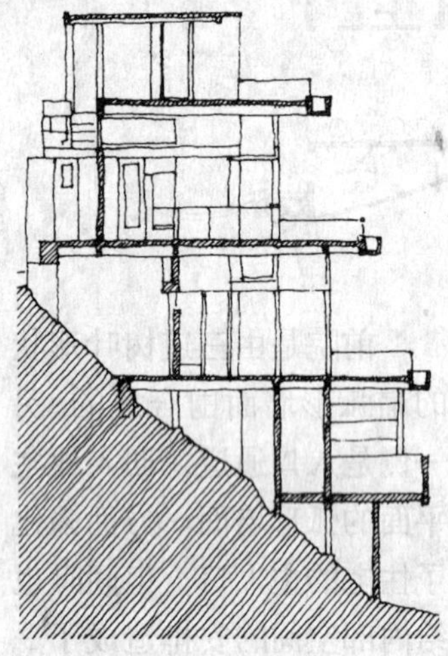

棚之用。平台外侧的栏板还可兼作花池。

同为辛德勒设计的法尔克公寓（Falk Apartments）建于1943年，平面如右上图所示。在该住宅中，并不是元素本身，而是其构成方式发挥着多元影响。

将分户墙斜置，意在使起居室朝向风景秀丽的湖面，同时使室外凹阳台的面积有所增加，居室私密程度随之提高。平面中向下斜伸的墙体使楼梯间的面积有所扩大，以免过于拥堵。非直角正交的不规则几何平面使住宅边单元的面积得以增加，平面布置也与中间单元有别。辛德勒合理设计了墙体的偏斜角度，以免产生过于蹩脚难用的不规则空间。不规则的平面所带来的一系列空间安排问题，都压缩在边单元里，用一个很小的三角形壁柜的细节构造加以化解。

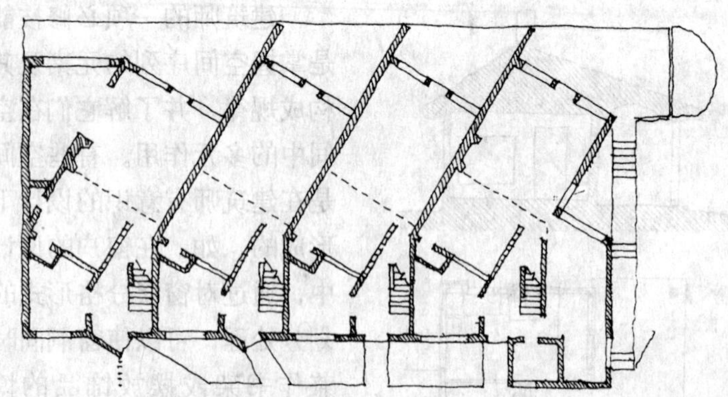

法尔克公寓的平面中，将分户墙推斜，这一手法也是同时发挥着多种作用。

鲁道夫·辛德勒的作品参见：

Lionel March和Judith Scheine-R.M. Schindler，1993年。

至于沃尔夫别墅，其住宅单元是顺应较平缓的坡地而建的，建筑剖面为退台式结构。因此，通过上下层之间的相互因借，多处屋面都可用作阳台。由剖面可知，该住宅的卧室是设置在起居厅夹层内的封闭单元，这样的设计手法具有多重寓意。

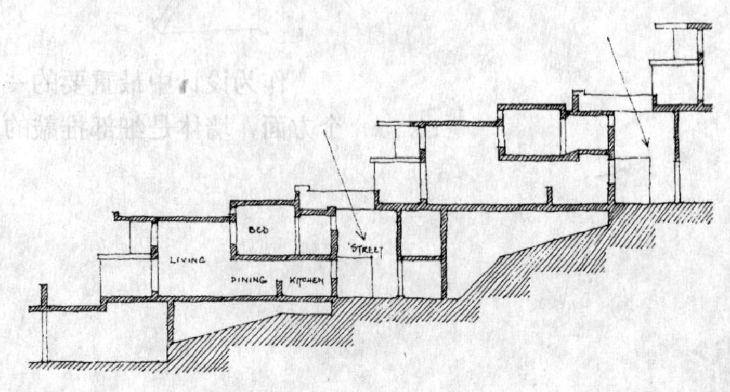

瑞士村庄参见：

The Rock is My Home, WEMA, Zurich, 1976年。

从卧室可以俯瞰起居厅，因此，与通常作法相比，卧室安排在夹层中并不显得封闭。而且，这样的设计处理创造出了竖向标高不同的两个楼板，板底则对应地划分出两个特定空间：较高的顶板之下是起居厅，其空间因而显得开阔宽敞；较低的顶板之下是玄关和厨房，连接这两处顶板的竖向断面分隔出起居厅与餐饮空间，空间较低的部分用作餐厅。

退台式做法的缺陷之一是靠近山坡一侧的室内空间比较阴暗。为解决该问题，辛德勒为法尔克公寓的每一层设计了一处“巷道”，这些“巷道”至少起到三方面的作用：即为进出公寓提供便道；为后部较暗的空间（厨房、门厅、浴室）引入光线；为公寓引来穿堂风。

元素的多元影响在建筑实例中随处可见，恕不在此一一列举，它是各种规模、类型、不同时期建筑都具有的共同特征。当古希腊人将其盾牌挂在中央大厅（megaron）的承重柱上时，它利用了该建筑元素的两个作用，如果柱子恰好立于他的床边，则该柱子同时具有三方面的作用。

特定元素除了在空间中起着特定的作用外，并不断扩展着其他方面的功能。这种元素功能的不断扩展就是建筑“有机”生长的模式：从孤立的居所聚合成乡村，又从乡村逐渐演化为城镇，永无休止地穿于历史之中。

这是瑞典提奇诺（Ticino）地区的一座村庄的平面图。加粗的部分显示出整个村落是由一组组小型房间，以及毗邻房间的墙体和平台构成的。很难找到一处不是身兼多重功能的建筑元素，这些元素主要用来界定私密、半私密以及如便道和小广场等类的公共空间。

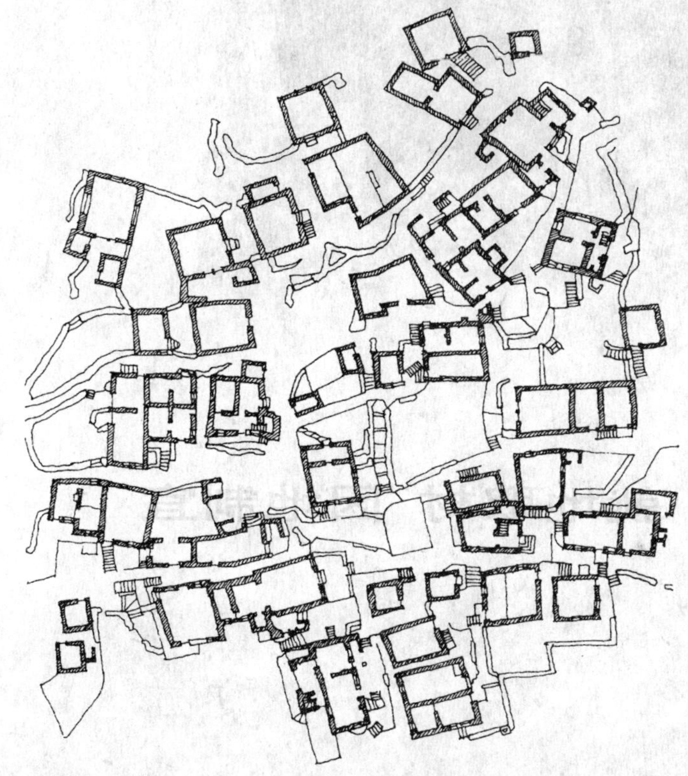

注：megaron为古希腊和小亚细亚建筑的中央部分，由敞廊、门厅和大厅三部分组成，中间有火炉及王座，周围设有4根木柱。

第五章　就地取材 因地制宜

就地取材 因地制宜

在澳大利亚昆士兰的卡纳文（Carnarvon）峡谷中，巨大岩石上有一处小缝隙，一个土著家庭在此安葬了一具幼婴尸体，尸体用树皮紧紧包着。土著人将涂上颜色的手印刻在岩石上当作标记。同吉萨金字塔一样，这座坟墓也是一种建筑，而且从原本意义上讲更为典型。

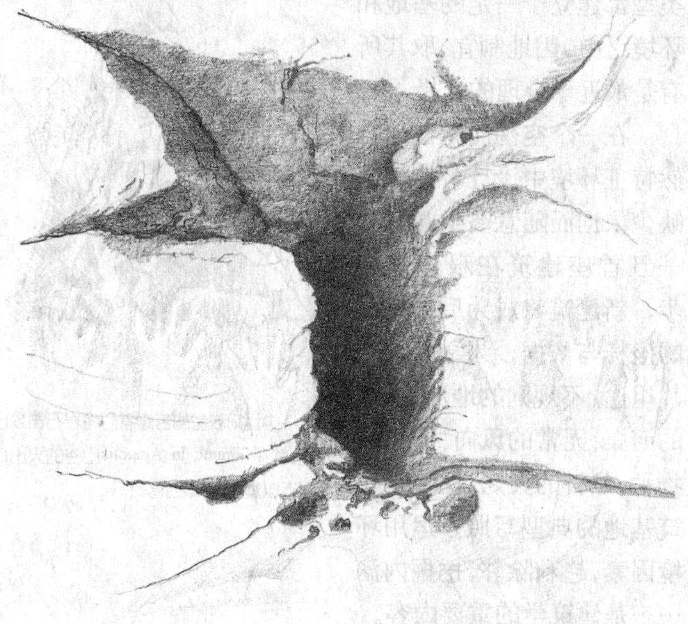

建筑是一项自发的精神活动，这并不表明建筑必须要经过物质化建造才能成立。

作为场所的标识，建筑学无非是如何组织空间的问题，使一处独特的“场所”具有排他的标识性。如：一片树阴、一处藏身的洞穴、一道山脊，甚至森林里的幽深之处都可以如此……

对面页：

藏身所用的洞穴，也是一种建筑。它同一般意义的房间没有任何区别，原因很简单，洞穴本身就可作为一处安身的场所。

日常生活中建筑无处不在，对人们来讲再熟悉不过了。它使得一个人知道自己在哪儿，并且正在往哪里去。由于活动所限，人所不知的场所还有千千万万，它们默默存在着，在岁月里转瞬即逝而难于被认知。

有些场所对人印象深刻，这些记忆无不来自它们的独特之处：美好的景致、遮风避雨、阳光充溢……或是因为与特别的事件相联系：曾经在此从自行车上摔倒、与朋友并肩战斗、与恋人谈情说爱、或是见证过奇迹、赢得过一场艰苦的战斗……

人与场所密切相关之处在于“为我所用”——艰辛漫长的旅途中曾小憩其下的那片树阴、曾用以藏身的那处洞穴、曾翘首远眺原野风光的那座山岗、曾举行过宗教仪典的那片浓荫深处……

也许是在社会活动中认知了某个场所，对其记忆和相关用途变成了一种社会化活动。

场所以此方式获得了多种含义——现实的、社会的、历史的、神话的、宗教的……

世界上有许多特定的场所。如：位于克里特岛迪克提（Dikti）山上的洞穴，据说是希腊神宙斯的诞生地；伊斯兰教徒——哈吉（hajj）的朝圣线路位于麦加城附近；基督曾经在此布道的圣山；得克萨斯州的达拉斯大街，肯尼迪总统在此遇刺；澳大利亚的内地，曾飘满土著文化的歌声……

认知、记忆、选择、参与、达意，这些情感体验和理性创造推动着建筑的发展进程。

当然，这一进程也包括着永无休止的建设以及人类改造客观世界、创造美好家园的永恒理想。认知、记忆、选择、分享……是场所标识的基本手段。以此为出发点，从设计实施到具体建成，产生了千差万别的建筑形式。

建筑总是尽可能的因地制宜，就地取材；同时不断地挖掘着材料的潜力，了解所面临的问题；也许还要掌握材料的组合类型及其特性；还包括地点的选择，与环境协调的深刻见解。

总之，几乎所有的建筑类型都建立于一定的基地和环境之中。因地制宜，取其所有是最近于合理的选择。

历史上，城堡的建设者们往往选址于山岗上，不仅因为可达到显而易见的建设效果，更主要是出于防御的需要。如果选址在其他一些地方，仍然会失去城堡原有的功能。

在一个空荡而无任何自然特征环境中设计，建筑因缺少依据而随意蔓生；然而，一旦首座建筑在艰难中起步，新建筑将成为后续建设的坐标与依据，为之开辟一片坦途。不规则的地形、纵横的河渠、无常的风向、遍布的物种、烈日的炙烤，往往是建筑基地的典型写照。运用环境因素，趋利除弊，挖掘内涵……是建筑学的重要内容。

中世纪教堂的苦修者们将岩石凿成山洞，就在Gōreme In Anatolia山谷的火山口附近以洞为家，艰苦修行。

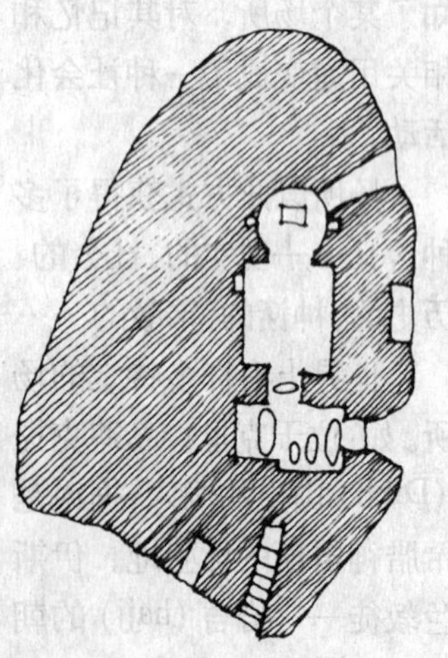

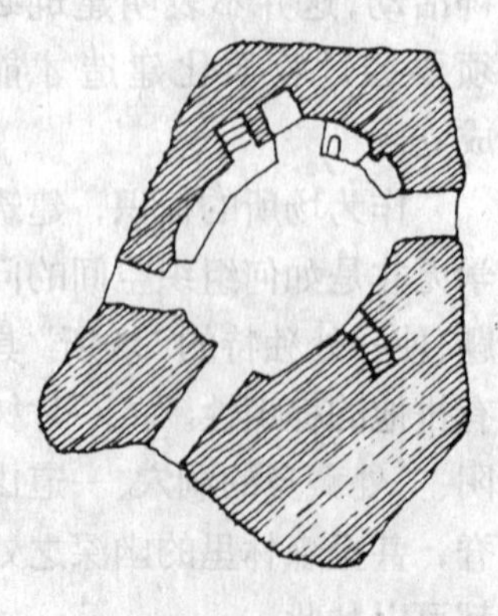

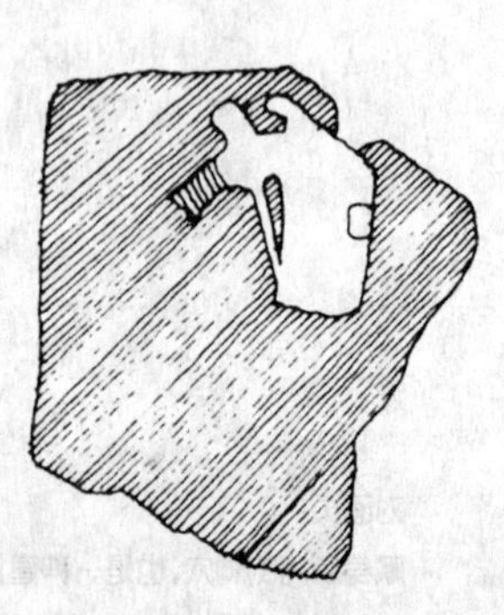

建筑对自然形式的利用手法参见：《没有建筑师的建筑》,1964年;《伟大的建设者》,1977年，均由伯那德·卢道夫斯基 (Bernard Rudofsky) 著。

对于尚未开发的原始环境，建筑可以利用山岗、树林、河道、洞穴、峡谷 海风：一切“自然赐予”的创作素材为我所用。

自然特征和先天元素推动建筑发展的例子举不胜举，这些事例间接表征出的人（及其他生物）与赖以生存的自然界之间的共生关系，可以进一步结合美学与逻辑而加以运用。

人类早在尚无历史记载的时代便开始了穴居生活，他们不断改善居住条件：整平地面、扩大洞穴空间、设立入口、向外扩张……使居住空间一步步走向舒适。据说原始人由丛林里的巢居生活迁移到平川，仍然沿袭着在树上建房的习惯。也是从远古时期，人类开始利用洞穴的四壁、岩石表面进行绘画和雕刻。通过长期经验积累，逐渐总结出利用自然通风为住所降温、风干，利用阳光为居室取暖的实践经验。统治阶层和弱势群体往往选择山峦和峭壁建造坚固的城堡与农庄。对饮水和食品的持久需求驱使人们毗邻江河、沃野建设家园，等等。

雅典卫城的主要建筑，标识了早已存在的场所：帕提农神庙标识出了雅典城方圆左近的制高点；伊瑞克提翁神庙 (the Erectheion) 的基址是一处古代圣地；卫城山门 (the Propylon) 是通达顶峰的捷径；山脚下的各个半圆形的剧场平面均采用下沉的盆形坡地，在正式舞台和台阶式观众席创造出来之前，这些露天剧场就是最为宏伟的观演场所。

非洲的一种巨型树木，枝干坚固，木质柔软，人们在树干中开凿洞穴，用于居住。

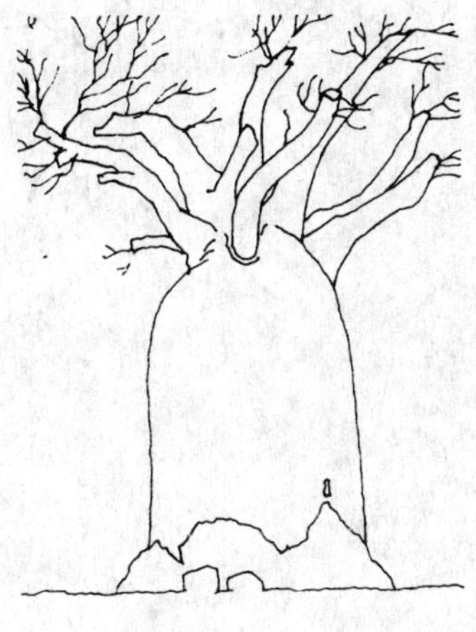

圣城耶路撒冷的穹顶建筑建在一块巨石之上，这块巨石被犹太人、基督教和穆斯林崇为圣迹。

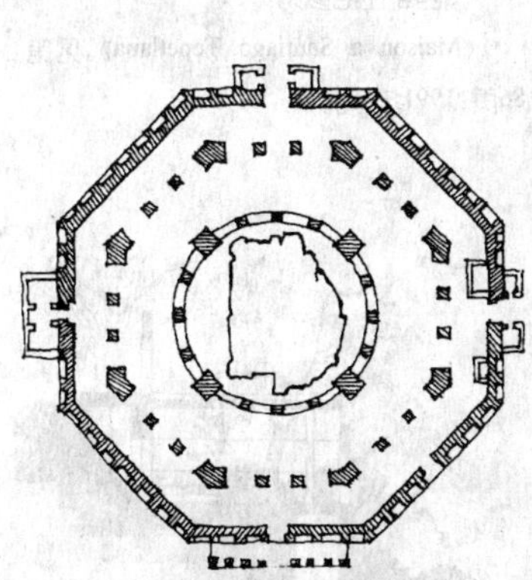

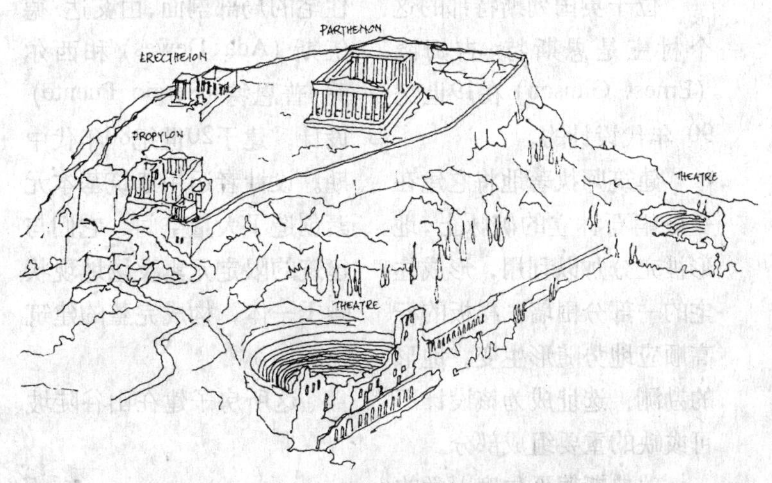

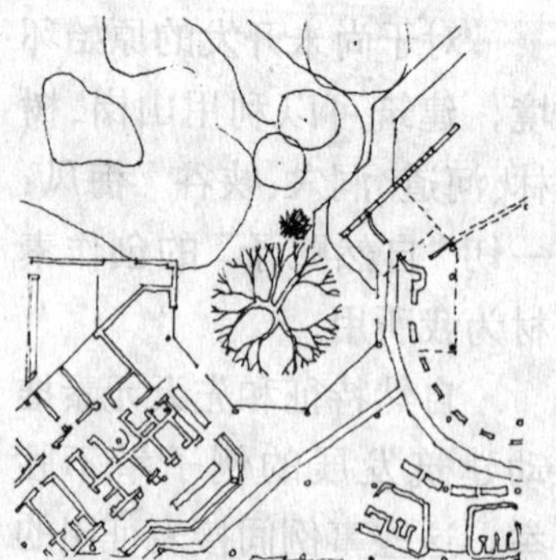

澳大利亚中部岩溶地貌阿耶尔山古 (Ayer's Rock) 的底部自然凹穴纵横密布，这显然是长期风化剥蚀形成的。这些洞穴可用以遮蔽风雨，洞中的岩石是天造地设的“座椅”，松软的岩壁可以作画。从现在发现的遗迹来看，显然其中一些洞穴曾用作古人的教室。

位于英国列斯特郡的这个村庄是恩斯特·吉姆森 (Ernest Gimson) 在19世纪90 年代设计的。

建筑师执著地将它建在一处峭石林立的矿脉上，地形被充分加以利用，形成住宅的一部分围墙，楼板的标高顺应地势随形生变。地形的勘测、选址成为该设计不可或缺的重要组成部分。

瑞典斯德哥尔摩大学的学生会会馆 (the Students' Union Building at Stockholm University) 建于20世纪70年代后期，设计者拉尔夫·厄斯金利用了场地原有的一棵美丽的树，在此处打开一个豁口，引入外部景色。树与自然地形及人工环境相交融，在楼内也可以尽情地享受优美的景致。

右下图是墨西哥一个小住宅的局部剖面，由艾达·德伍斯 (Ada Dewes) 和西尔乔·普恩特 (Sergio Puente) 设计，建于20世纪80年代中期。设计者运用建筑基本元素创造了大量空间，它们与建筑的限定元素及场地现状融于一体，构成完整的建筑空间。

这所房子建在山谷陡坡

石井村参见：

《恩斯特·吉姆森的一生及作品》，W. R.Lethaby等著，1924年。

拉尔夫·厄斯金设计的学生中心参见：

《拉尔夫·厄斯金建筑作品集》，Peter Collymore著，1985年。

墨西哥住宅参见：

《Maison a Santiago Tepetlapa》，见第86页，1991年6月。

"建筑的永恒之道"参见：

《建筑的永恒之道》，克里斯托弗·亚历山大著，1979年。

BBC广播中心参见：

《建筑设计》1986年第8期，见第20~27页的 "福斯特事务所，BBC广播中心设计"。

的树林里，其下是奔流不息的河水。房屋主要建筑构件是从斜坡上水平伸挑的平台，顺坡而下的台阶与之相连；平台悬挑出的一侧伸出几级台阶，沿坡地而下，直至水面。在上坡一侧的平台边上立着一道屏墙，屏墙中部设有入口。上部的屋顶由屏墙和两棵柱子共同支撑。平台上的空间就是卧室，除屏墙之外，卧室的另三个面并无墙体，而是由悬挂的蚊帐围合而成，这种布置既可驱走蚊蝇，又丝毫没有声学障碍，能清晰地聆听到林间悦耳的鸟鸣。平台中间有一处梯段通向下面的浴室。卧室的顶板正好是楼上起居室的地面，这个"房间"只有一道墙面，是从下面的屏墙垂直延伸上来的，屏墙中部同样设有一处门洞；其余的"墙体"和"屋顶"完全由四周环抱的绿树浓荫来充当。

因地制宜，就地取材是克里斯托弗·亚历山大(Christopher Alexander) 所说的"建筑永恒之道"的精髓所在。它也是一条亘古不变的设计原则，尽管许多世纪以来世界各地的建筑师们运用自然特征及元素进行设计的机会越来越少，更多的是转而借助现成的建筑产品。但因地制宜，就地取材的原则永远不会成为苍白的说教。

在人群拥挤的沙滩上，如果纷繁飘舞的浴巾之间还留有一处空地，风平浪静，摆着烧烤台架、甲板椅、遮阳伞等舒适的休闲设施，你会决定留下来，尽情享受和风丽日及海潮带来的那一份惬意。

与上述场景一样，在现有环境中从事建筑设计也是同样的道理。不论是在村落、集镇还是在大城市里进行设计，新建筑无不受到环境现状的限制，同时也要表达出对环境应有的关照。

新的建筑必须学会与环境现状对话、协调、相融、共生。在城市里，新的建设任务往往在密集的楼群夹缝中进行，必将与已有建筑产生各种联系。

当福斯特事务所 (Foster Associates) 为BBC电台设计一个新的广播中心时，他们尽量使新建筑适应地形，并且与周围环境相协调（如左图所示，该建筑尚未落成）。

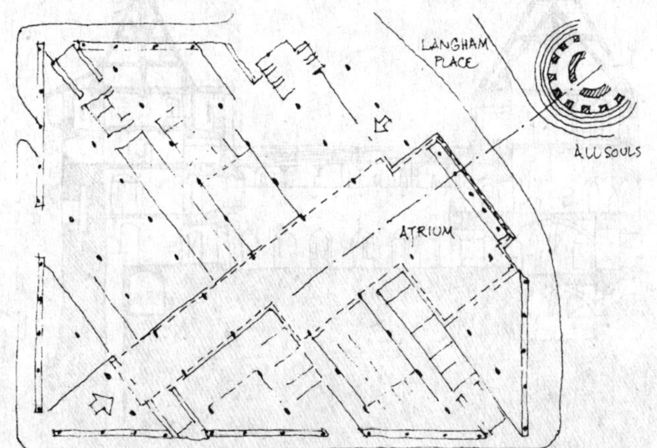

筹建中的伦敦BBC广播中心的演播大厅正对着圣心教堂，教堂成为这一特定场所的视觉中心。

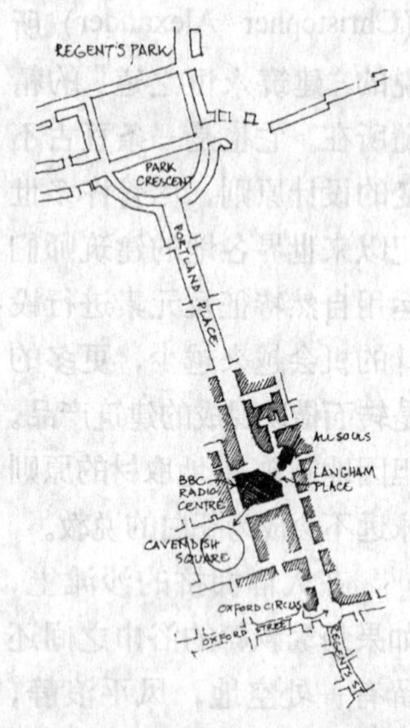

新建筑位于伦敦兰哈姆广场（Langham Place），它是摄政王大街（Regent Street）和波特兰广场（Portland Place）之间的结合部，恰好也在摄政王（Regent's Park）和19世纪早期由约翰·纳什（John Nash）设计的皮卡迪利马戏场（Piccadilly Circus）之间的城市干道上，不仅大楼设计成锯齿形平面以适应地段，以使墙体与原有建筑围出邻近的道路，同时设计了一条贯穿建筑的便捷通道，将卡文迪许广场与兰哈姆广场连接起来。大楼中央设有一处6层高的内院，其方位与道路对面纳什设计的万灵教堂（All Souls Church）相对应，并且透过外立面高大的玻璃幕墙可以看到内院中的场景。

有时新建筑会利用原有建筑扩建而成，或是利用其遗址进行更新。

当维多利亚时代的建筑师威廉·伯格斯（William Burges）接受委托，为标得岛（苏格兰西南）的公爵设计一座距卡迪夫以北几英里的狩猎客栈时，基地中一处具有诺曼式风格的城堡遗址成为新设计的起点。威廉·伯盖斯的设计确切地说很接近于环境整治，所用主要建材仍是石材。

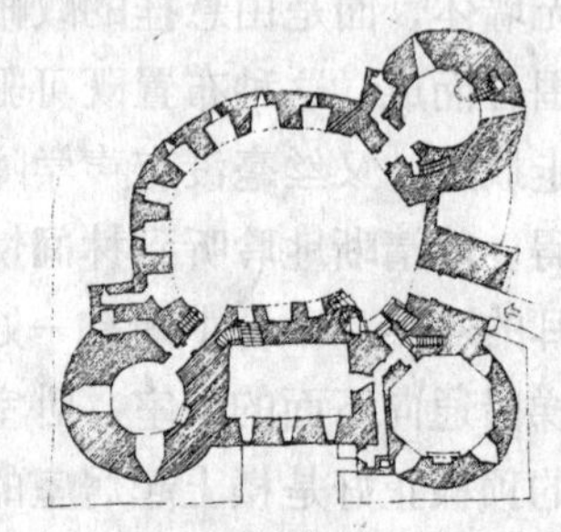

注：诺曼式风格——早期的罗马建筑风格。

Castell Coch红堡参见：

《威廉·伯格斯及维多利亚时代上流社会的梦想》，约翰·莫当特·克鲁克（John Mordaunt Crook）著，1981年。

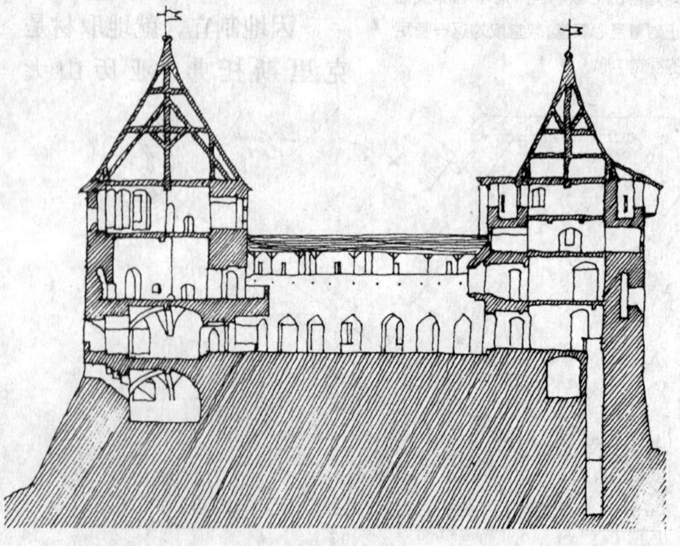

利用原有遗址作为基地，伯盖斯为这座中世纪城堡做出了既客观又富有创见的设计诠释。新的建筑——红色城堡 (The Red Castle) 是新与旧的融合，而不是原有城堡的简单复制。当于19世纪70年代建成时，除了基础之外，它完全是一座全新的建筑，是对原有建筑风格的继承和提高。其设计创意得益于对基址现状及历史背景的深刻洞察，尤其是遗址内一处源自公元7世纪的古迹触发了他的创作灵感。站在此处，从卡迪夫向北延伸而来的整个Taff山谷尽收眼底，大有“一览众山小”之感。整座建筑的创作倾向是对中世纪建筑的浪漫主义再现，在为人们带来使用上的欢愉的同时，又构成一处人文主义与自然环境交织一体的双重景观。

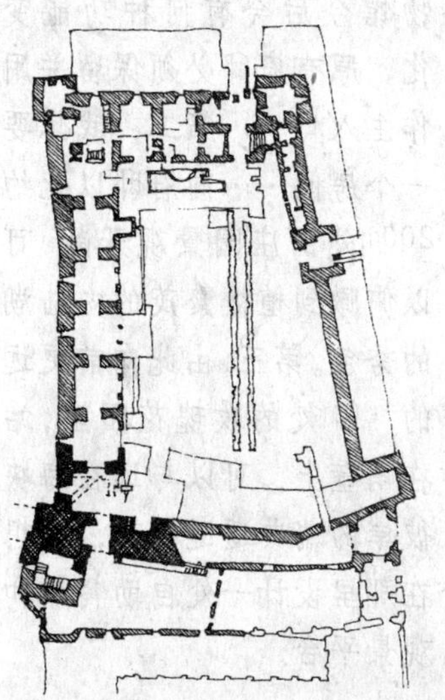

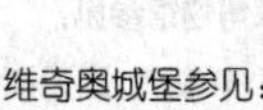

维奇奥城堡参见：

《卡罗·斯卡帕和维奇奥城堡》，理查德·墨菲(Richard Murphy)著，1990年。

20世纪50年代末至60年代初期，意大利的建筑师卡罗·斯卡帕 (Carlo Scarpa) 同样接受了一项历史建筑保护与更新的设计委托。基地是意大利北部城市维罗纳的一处14世纪的古堡——维奇奥城堡 (the Castlevecchio)，其古迹遗存要比伯盖斯设计的红色城堡更为丰富。

斯卡帕对待历史及如何开发建筑遗迹的态度与伯盖斯有所不同。他的创作倾向不是浪漫主义的古典回归，而是发掘历史内涵、开创新的审美情趣。

斯卡帕在设计中重塑了古堡，但他既没有简单复制也没有表象地描摹，而是创造了属于当代的全新作品，同时也充实着从历史图式中提炼出的情节与冲突、近似与关联、表征与内蕴。斯卡帕凭着自己对一幢已经饱含并见证了不同历史变迁的古典建筑的精辟见解，在时空的限定下进一步丰富和发展

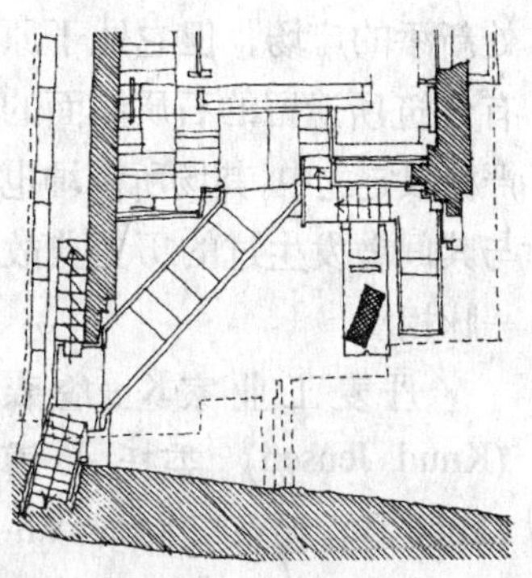

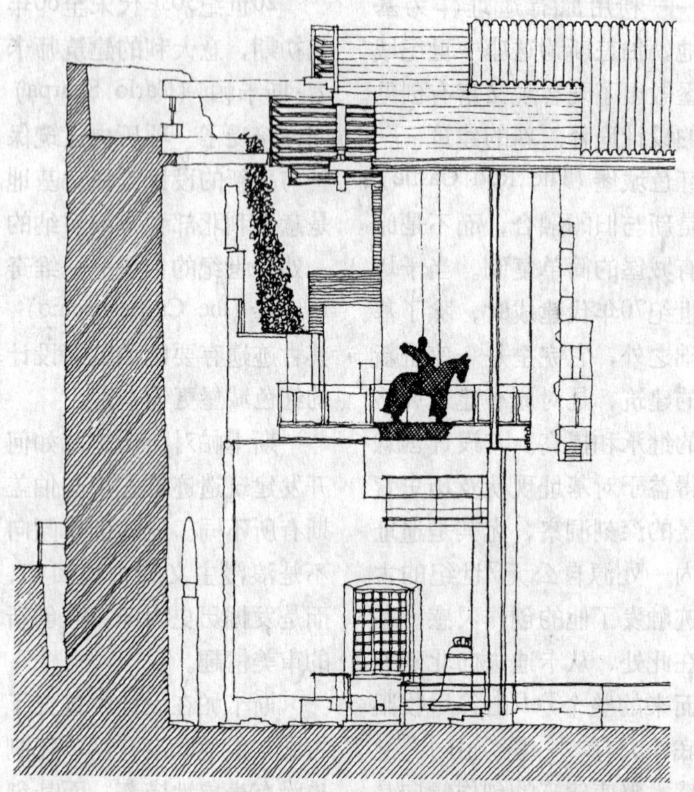

意大利维罗纳的"Cangrande"原是古城的一角，后经卡罗·斯卡帕重建，重点刻画了骑士雕像所在空间的氛围。

了历史空间。更为成功之处在于——它是一座真正属于20世纪中叶这一时代的建筑作品。

在斯卡帕所演绎的古堡更新中，点睛之笔可能要数"坎格兰德广场"(Cangrande Space)了，该广场以其间兀立的骑士像而得名。虽是一处新添的广场，但它处于原有建筑所遗留的石质墙面的严格限定之中，其场所精神也与其间曾发生过的历史典故一脉相承。

丹麦工业家K·詹森(Knud Jensen)委托J·博(Jrgen Bo)和V·沃尔特(Vilhelm Wohlert)设计位于哥本哈根以北的路易斯安那艺术博物馆时，他要求建筑师们利用场地中的各种自然要素：

"第一，不论新建的博物馆今后会有何种功能变化，原有府邸必须保留并用作主入口……第二，我想要一个房间……向府邸以北约200m处的庄园景观开敞，可以俯瞰到植被繁茂的内陆湖的秀色。第三，由此向前更远的100m处的玫瑰花园里，站在峭壁上，可以与远在海峡彼岸的瑞典遥遥相望，我想在那里设计一处自助餐厅和观景平台。"

路易斯安娜艺术博物馆参见：

《约根·博，威廉·沃勒特，路易斯安娜博物馆，Humlebaek》，迈克尔·布朗埃(Michael Brawne)著，1993年。

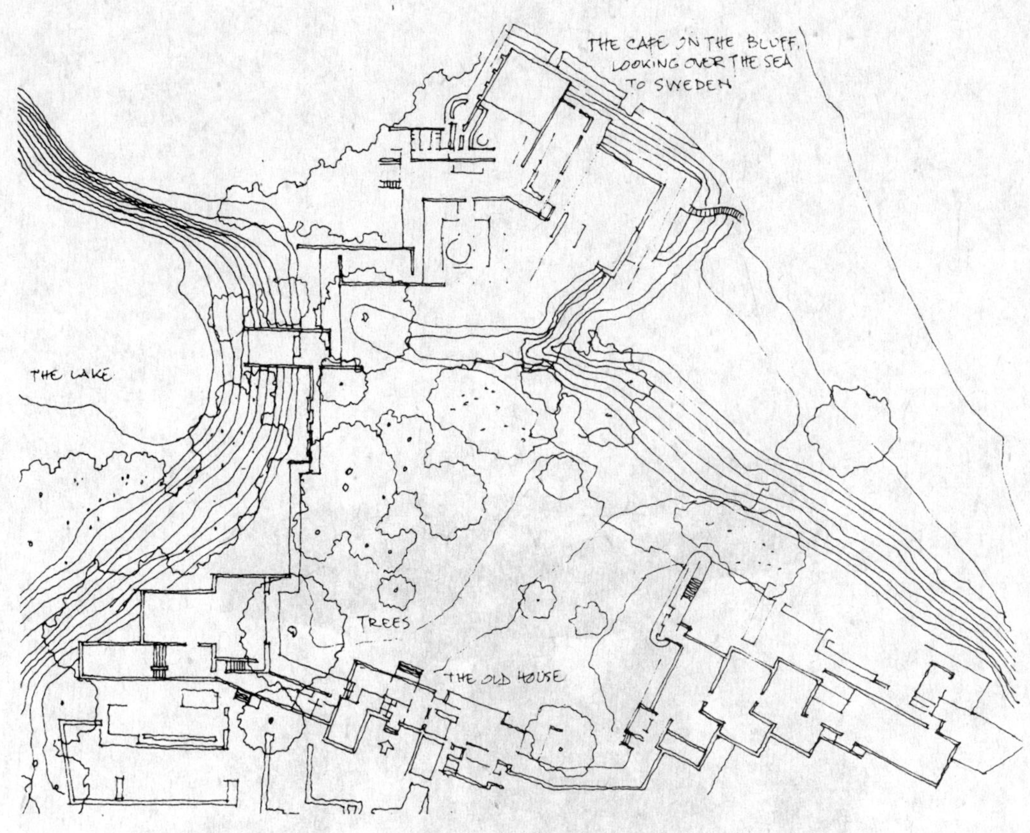

路易斯安娜艺术博物馆建于丹麦，这是其首层平面图，设计者是约根·博和威廉·沃勒特。新建筑里将一处旧式住宅保留下来，并用作主入口；而展厅和餐饮空间利用了其他一些地形现状。

艺术博物馆一期工程占整个项目的三分之二，充分利用了场地的自然特征，完全按照詹森的要求设计而成。旧的宅邸位于平面的中下方，是新建筑主要的入口。进入博物馆，参观线路经过一些展厅之后，沿着台阶式人行步道向北通往临水而建的特藏展厅，湖光水色透过展厅的大片玻璃幕墙映入眼帘。之后，参观线路又穿过更多的展厅继续蜿蜒向前，直达最后的海边岩壁，设计于此的自助餐厅可远眺烟波浩渺的大海和远方的彼岸。建筑师还运用了场地中的一些其他特征，尤其是对树林的保留以及地形高差变化的借用都充分地体现在空间组织之中。

这幢建筑的设计手法是顺应自然地形和特有的景点来引导来宾们进行参观的，空间组织自如流畅，匠心独运。

第六章　原始场所的类型

原始场所的类型

随着历史的发展，建筑类型在人类的使用中不断发展,逐渐多样化、复杂化和深入化。这里,既有沿袭下来的古老场所类型：如生火用的炉膛、摆放贡品用的祭坛、安葬死者的墓地……也有产生于近期的新型场所：如航空港、高速公路、加油站和自动取款机……

古老的场所类型往往着眼于解决那些最基本的生活需要。例如,保持室内的温暖和干燥、便于场所间的行走、获取并保存食物与饮水、原料与财产、烹调食品、就餐安排、公共交往、污物排放、休养生息、外敌防御、商品交换、颂经与表演、教育与学习、军事、政治展示、经济实力、演讲与雄辩、战斗与竞争、生儿育女、经受“洗礼”、死亡……

场所的概念将建筑与生活紧密地联系起来，场所的用途与人类的生活息息相关。真实的生活中必然包含着对客观世界在物质形态与精神形态上的组织与改造，如工作与休息场所、表演与观赏场所、私有与公共场所、愉快与难过的场所、温暖与寒冷的场所、敬畏与厌烦的场所、保护与开放场所等等，都具有物质与精神上的双重意义。

同语言一样，建筑从不是停滞不前的。二者都是在使用中不断发展，都是历史变迁、文明演进的载体。随着社会制度的变迁，对于生活特定方面重要性的信仰不同，则对于相关场所的需求也就不同。人类的需求和渴望或多或少地变得更加精微复杂了，一些传统场所变得过时了，对新型场所的需求明显增加，建筑风格不断推陈出新，场所之间的传统联系在电子时代体现出更多的信息化特征，无疑是更加复杂和多元了。

语言中，一种特定的思想可以有多种表达方式，只是所用的修辞手法和词汇不同而已。当然,遣词用句必须与想要表达的意思一致,否则就将陷于荒谬论调或会产生出人预料的歧义。多种多样的表达方法仅仅是形式有别，遣词用句的变化能使语义更加细腻微妙、主次分明、措词委婉、富于审美意趣。建筑设计同样如此。功能类似的建筑,其设计手法、风格形式可以各有千秋。

不同场所的标识取决于对建筑元素的不同运用。表演空间就可以由多种不同方法标识出来：它可以是一处平台、一盏聚光灯、一圈石头，或是众多标志旗杆围出

对面页：

史前墓室的石砌结构似乎是以洞穴形式存在的一种建筑，是用来安葬死者的场所。

的一片场地；监禁用地可以是一间狭小的暗室、一座孤岛、一道深坑，或教室的一隅角落。

场所的识别还取决于人们对其固有的空间特征的认同力。每个人必须具有非此即彼（排他性）的空间辨别能力；否则，人们就会对传统场所类型做出误判，闹出指鹿为马的笑话，或者干脆认为该种空间“并不存在”。

特定空间可以有多种可能的演绎方式。一道矮墙，有人把它看作是路障；有人把它视为座椅；有人可能把它当成可以行走的一条通道；还有的人则可能同时看到了矮墙的这三种功能。

特定的空间也可以彼此重叠、包容、穿插和覆盖。

卧室里包含有睡眠用的场所——床，也包含有上下床所需的辅助空间，还有读书空间、更衣空间、梳妆空间，也有可以抚窗远眺的停留空间，还可能含有进行晨练的健身空间；这些空间彼此没有明显界限，而是在房间内相互融合，有时在功能上还会彼此转化。小空间如此，尺度宏观的大空间同样如此。例如，城市广场既可用作集贸市场，也可当成公共停车场、演出场地、美食广场、集会场所或是聊天散步的城市公园……同时集多种功能于一身。

原始场所的类型

在这些复杂的空间组合体中，很多场所类型由于频繁的使用而固定下来，并被人们赋予了专有名称。如：炉膛、剧场、墓地、祭坛、堡垒、王座——这些称谓可以追溯到久远的年代。这些名称无疑在说明，由于这些空间同人类生活密不可分，通过其长期演变，逐渐形成日常生活中随处可见的传统场所类型。

这些场所的古老名称往往就是其功能特征的直观表达。炉膛用来生火，剧场用来演出，墓地用来安葬，祭坛用来崇拜，堡垒用来防御，王座象征统治特权……由于它们的建筑形式是由基本元素和限定元素的不同应用所决定的，场所的功能虽然相对稳定，但表现形式却随着历史的沿革、人类文明的进程显著地变化着。特定的功能并非必然决定场所相应具有的建筑形式；许多功能，甚至是那些最原始的功能，在建筑上都曾有过十分不同的空间表达方式。

其实，许多古老的场所类型，其建筑形式和名称之间的关系混淆不清。“墓地”一词可能在头脑中对应着特定的概念，但坟墓的建筑形

炉膛参见：

《建筑四要素》，散帕尔（Gottfried Semper）著，1851年。在书中，散帕尔将炉膛归结为建筑四要素之一，其他三要素是土石方工程、屋顶和隔墙。

相对于建筑四要素，炉膛是“基本场所类型”，土石方工程和隔墙是“基本元素”，而屋面板是屋顶的“基本元素”。

式在历史中却变化显著。

建筑上，场所类型的名称看似直观，实则含糊。如果有人形容一处场所“像是剧院”，人们所能想象出的不过是它含有两个空间：一处用来表演，一处用来观看。但是在建筑上却有很大的不同：它可能是一座多功能剧场，也可能是一处室外庭院，一条开阔平坦的街道或是舞台前部的巨大装饰性拱顶。

建筑及其相关名词的关系往往很笼统，概括性很强。上文中的专有名词可能在另外一篇文章中不能用作确切的指代，尚可继续分类。例如炉膛、剧场、墓地、祭坛、堡垒、王座等词所指的建筑形式就并非一成不变。

炉膛——生火空间

炉膛在不同文化体系中均是最为传统的空间，它作为居室的核心和生活的源起——提供热源，用来做饭。它既是生活的支点，又成为全部生活的代名词。

炉膛的基本构成就是火源本身；而它的建筑表现形式却多种多样。

人们对于火的认知再直观不过了，它散发出半球状的光芒和热能，产生烟雾，迸发火花，使地表留下一圈烧焦的黑土。火源的构造方式多种多样：可由一圈石头围成；可背倚一块巨石，以限制

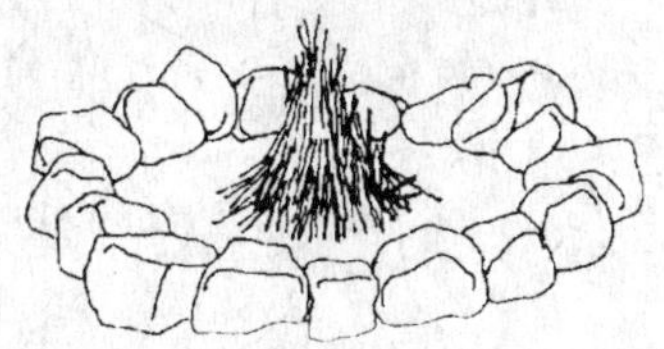

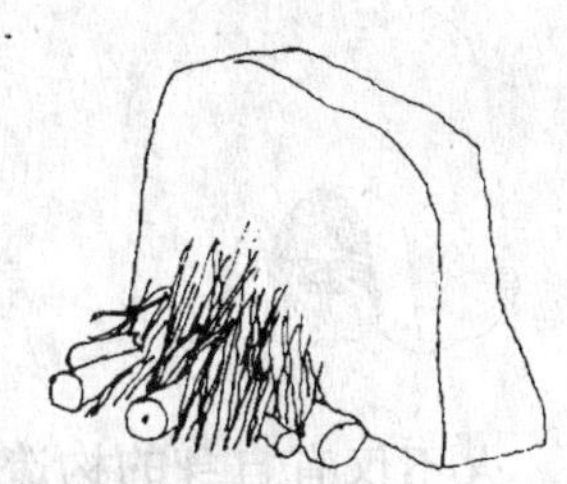

散热范围；也可以在两块平行的石墙之间生火，既可导流热源又能构成灶台。还有其他较为复杂的构筑方法：在炉膛之上架设三脚架，其下可以挂水壶，这种简易构造突出了火源所在。

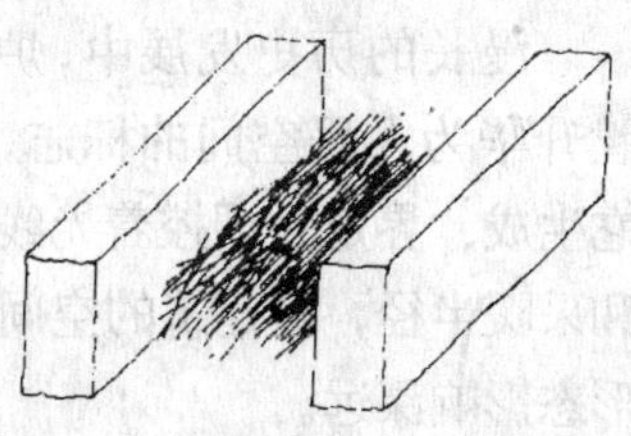

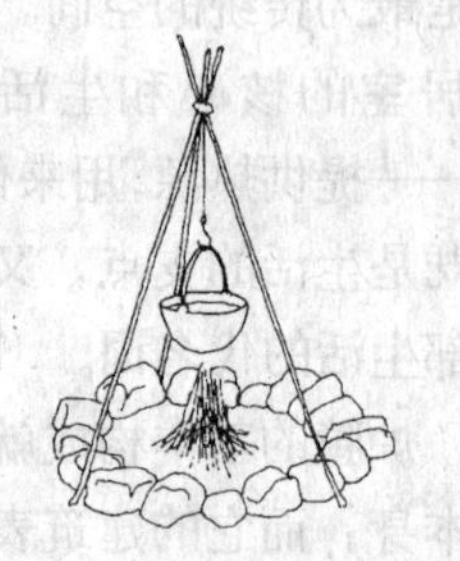

有的火塘构造像椅子或桌子一样将火源抬离地面，使用上更加简便；或者干脆为其构建一处专用的封闭炉膛。

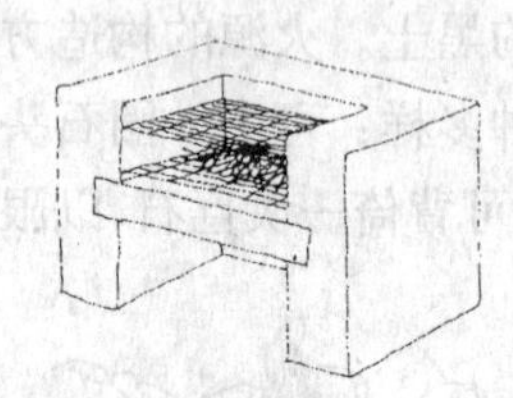

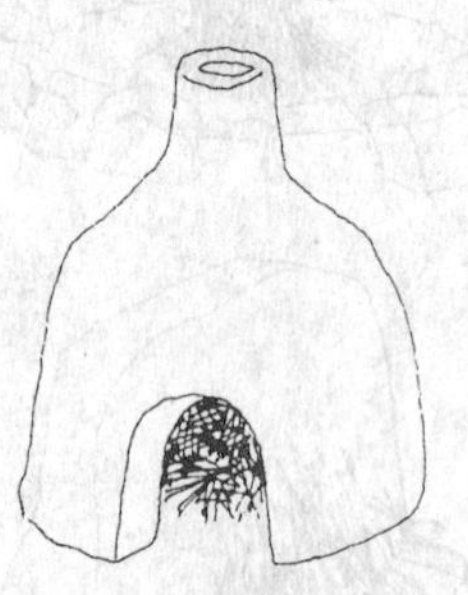

火不仅有自身的构造，而且为人们创造出温暖与明亮的场所，辐射范围也可以调整。冬夜里，人们紧紧环抱在篝火四周，围聚成圆形场所。它也可以远如山巅上的烽火，泛射出圆形的光华，在旷野中清晰可见。

漫长的历史发展中，炉膛升华为人居空间的标志，它生成、界定并调控着光线和采暖半径，对建筑的空间形态影响深远。

不论是在荒野中搭建住所的原始人，还是现代露营者，火源散播的光芒与温暖为其定义出特定的场所。但是当一个人想点燃一团篝火前，必须首先为它选择一处场所，这就需要考虑到与火相关的各种因素。

一条小山谷，起伏的地势可以遮风，散落的岩石可以入座，在夏日的黄昏搭起炉灶，点燃篝火，围坐在一起边吃边聊，一处炉膛空间便这样形成了。小山谷自然地界定出火光与温暖的散发范围，宛若为友人们聚餐专设的“厅堂”。

在大自然中燃起一堆篝火，周围环境便自然而然形成一个房间。四周的岩石，头顶的树阴共同构成一处温暖明亮的场所。

这幢石材建筑是古代迈锡尼的国王大殿，图中的四根柱子既支撑着屋顶结构，又形成摆放炉膛的空间。从更大的范围来看，平面的四道外墙也构成了对炉火的限定。

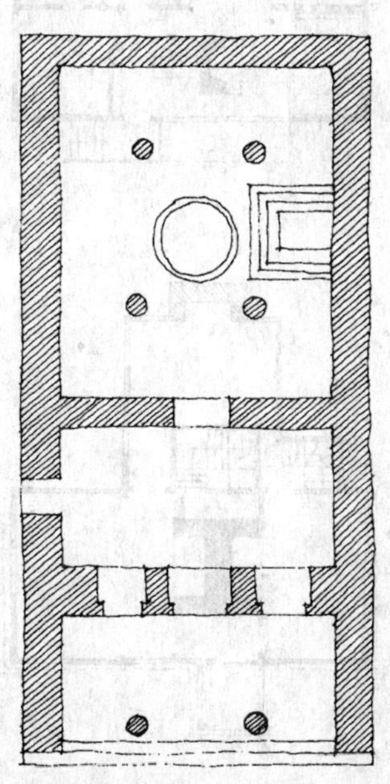

在不同的文化中，特别是在的阴凉与寒冷的地区，室内形态备受关注，空间一般都十分封闭，以免光线与温度流失。对此，圆顶建筑是一种合理的解答。

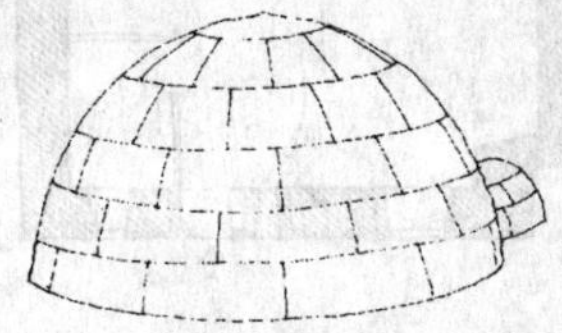

当室内地面点起炉火，圆形屋顶就限定出严格的球状、半球状光热散播空间。建筑与火场的形态在此“圆满”，这种朴素的匠意与古人“惜金”般的节源思想绝不仅仅是一种巧合吧？

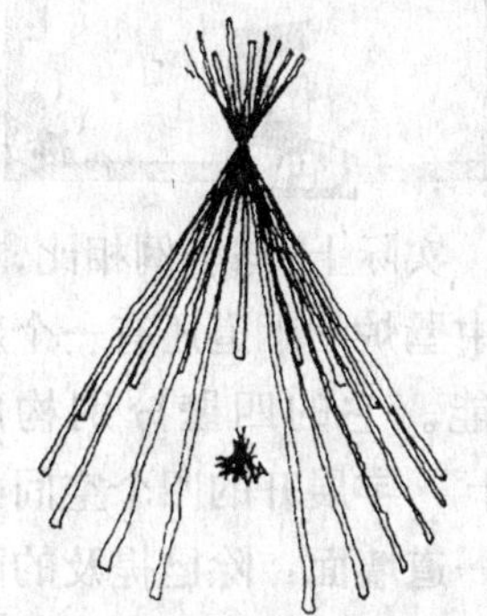

圆顶建筑的穹顶构造在当时是一道难题。用砖石这样刚度大的建材搭建穹顶十分困难，因此北美印第安人搭建圆锥形帐篷用来取暖和居住……

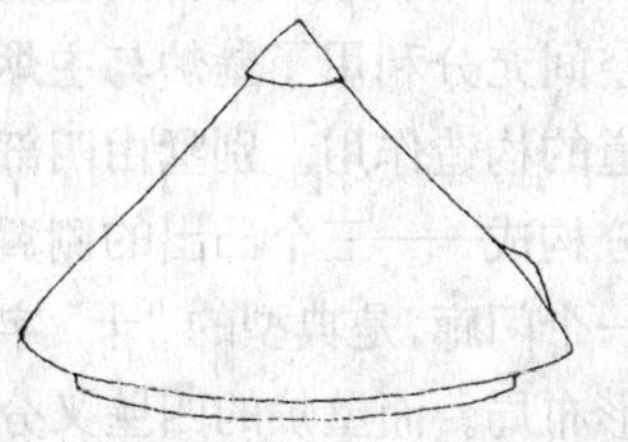

早期人类的圆形住宅体现出类似的原理。

一个直棱直角，墙面与屋顶垂直正交的房间改变了火源的半球状辐射区域，将其限定在矩形空间内。

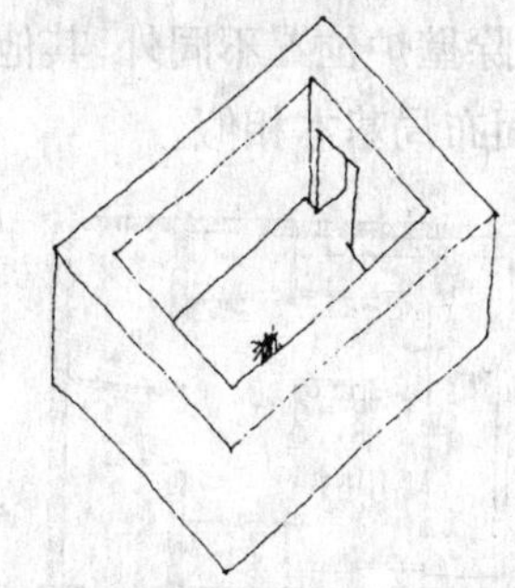

在房间中，服从整体环境的需要，壁炉被当作附属空间而加以安排。作为热源和光源，它是生活空间的核心，但在使用上有时也可能成为障碍。

在考古发现的早期住宅遗址中，可以看到炉膛的摆放十分随意，它与整体空间的相互关系尚不明确。

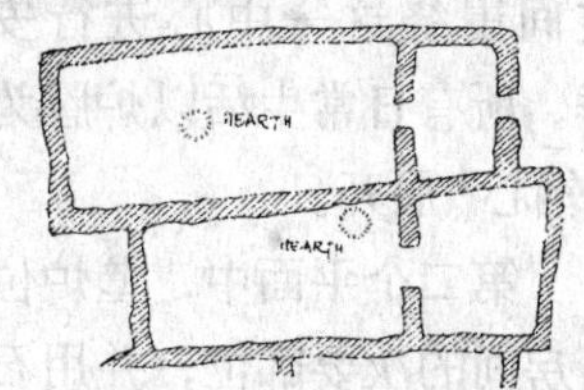

在其他一些古代遗址中，炉膛则有较正规的位置。在希腊南部古城迈锡尼（Mycenae）王宫的中央大厅里，炉膛与王座、入口、建筑结构之间有清楚的空间关系（建于公元前1500年左右，如最左图所示）。古迈锡尼国王阿伽门农就正襟危坐于此，与他的“壁炉”一道接受朝拜。

下图是两栋挪威传统木结构房屋的平面，其布局形式有所不同：一个是壁炉位于中央，另一个壁炉位于一侧。除壁炉位置不同外，其他平面布局基本相似。

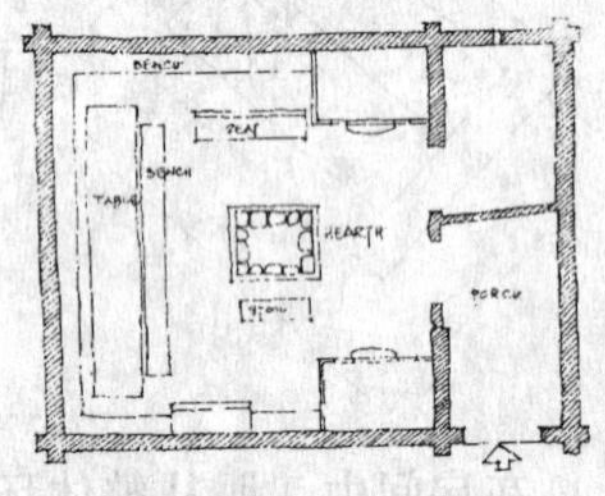

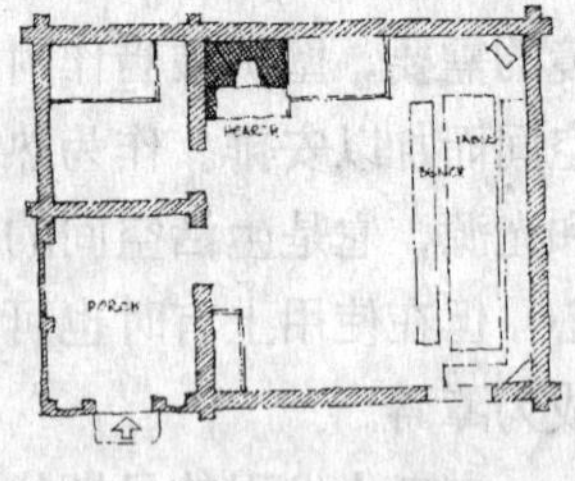

第一个平面中，设于中央的炉膛主导着整个客厅空间，就餐与储存都作为辅助空间围绕这一中心进行安排，所有日常生活以炉膛为“轴心”展开。

第二个平面中，壁炉位于房间的次要部位，并用石材建成专用凹室，作为非易燃体，石材可以保护木制外墙免于被烧。这样一来，炉膛不再占据象征色彩浓重的中央位置，减轻了空间的使用限制，地面因而变得更加开敞，平坦得像舞池一样可以“轻歌曼舞”了。

分散式壁炉也不必总是布置在房间的拐角处。在威尔士的这幢小别墅平面中，几乎所有墙面都设有壁炉。

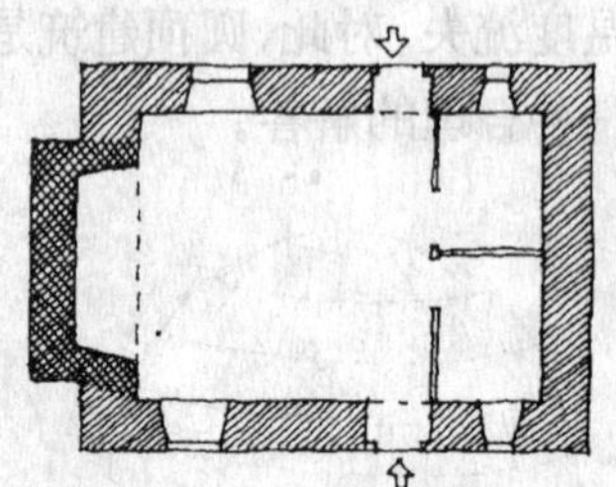

壁炉，包括烟囱的井道构造，也可与墙体相结合，共同组成承重体系。这样，它兼有了墙体的功能。在威尔士另一处别墅的平面里，壁炉还用作隔墙，将房间一分为二。

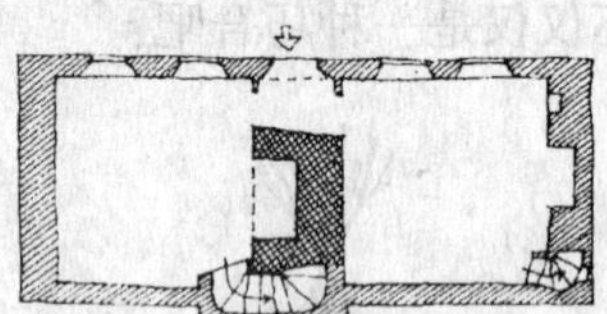

实际上，与上例相比，本例中壁炉的烟道还有一个新功能。它的四壁分别构成“十”字展开的四个空间中的一道墙面：除已提及的两个房间外，还有门厅以及通往二层的楼梯间。壁炉的烟道同样也用作隔墙，将楼梯间一分为二。

这是威尔士另一处别墅的例子（如右图所示），建筑空间充分利用了壁炉与主烟道的构造作用。别墅由四部分构成——三个凸出的侧翼一个门廊，是典型的“十”字形布局。而壁炉的四壁又分

威尔士农庄参见：

《威尔士农庄》，彼得·史密斯（Peter Smith）著，1975年。

这所夏日住宅建于1940年，设计者是格罗皮乌斯（Walter Gropius）和马赛尔·布鲁尔(Marcel Breuer)，他们利用高大的壁炉烟道将起居厅和餐厅分隔开来。

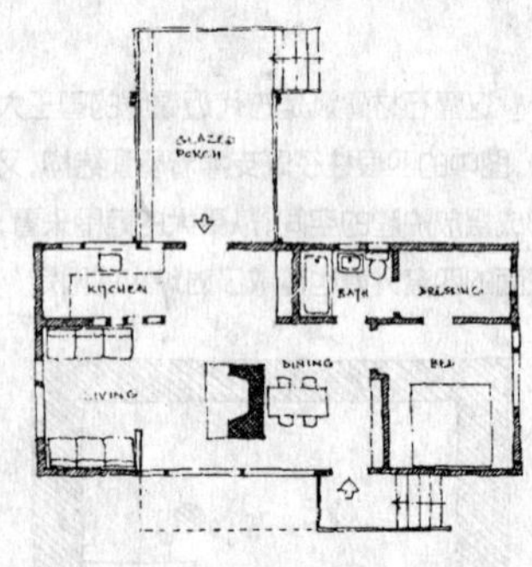

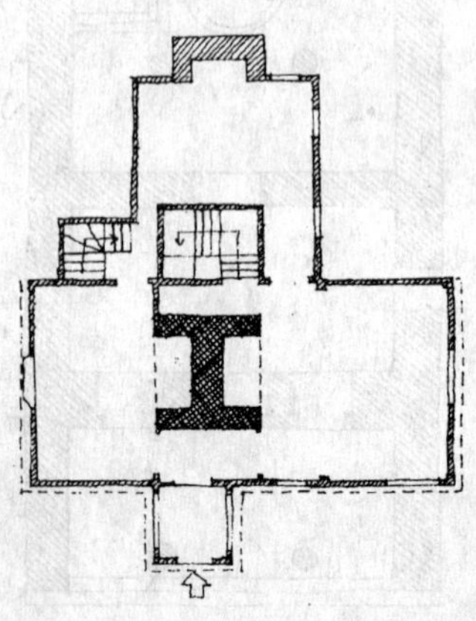

别是这四个部分的结构与空间划分要素，中心地位更加突出。与将敞开的炉膛摆放于房间中央，不同墙体发生构造联系的做法不同，其构造作用就如轮轴上放射出的辐条一样，中央主烟道从结构上支撑着四向伸出的空间。

将壁炉融进结构中的建筑理念在下面的例子里进一步加以发展。与上例的“十字形”平面不同，该方案在平面的四角安排了房间，进而发展为方形平面。四角的房间不设壁炉，房间相互穿套，形成环形线路。新交通流线的建立，解决了壁炉设置于空间中央所带来的平面组织问题。

下面的住宅是鲁道夫·辛德勒跟随美国建筑大师弗兰克·劳埃德·赖特 (Frank Lloyd Wright) 当学徒时的另一作品（一直没有建成），他为这所住宅设计的壁炉发挥了上文所述的许多作用。第一，它是建筑的核心，同时也是主体结构的依托点；第二，壁炉将起居室与工作室分隔开；第三，它的一道墙面构成了建筑的门厅；第四，炉火并不是生于主烟道之下，而是生在它与另一道外墙之间搭起的低矮平台上，试图同时为两个房间取暖。

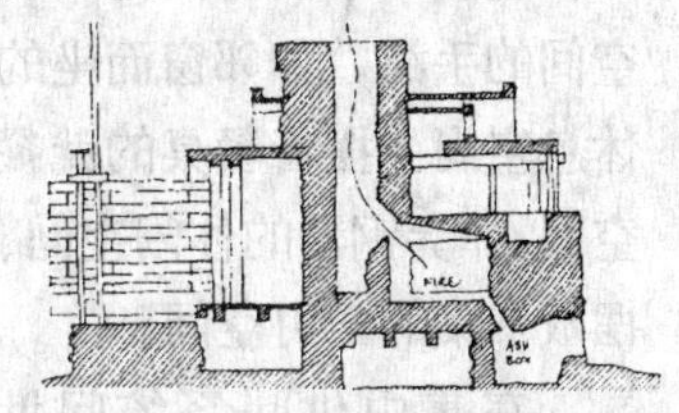

较大的房间中，一处炉火仅仅可使局部空间得到采暖，散热半径一般达不到外墙。在这种情况下，炉火就像室外的壁炉一样，在更大空间内只能温暖周围的局部范围。

有时这一点可通过建筑手段加以解决。这是一组

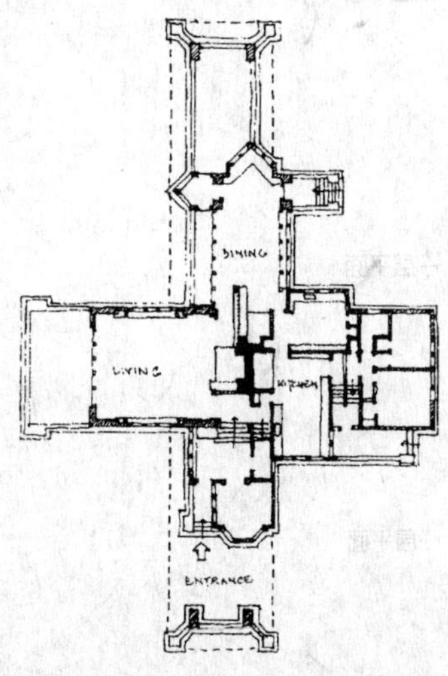

威立茨住宅由弗兰克·劳埃德·赖特设计于1901年。设在居室中央的大型烟道对于空间组织起着结构中枢的作用，以它为核心，起居空间呈“十”字形向四周伸展。

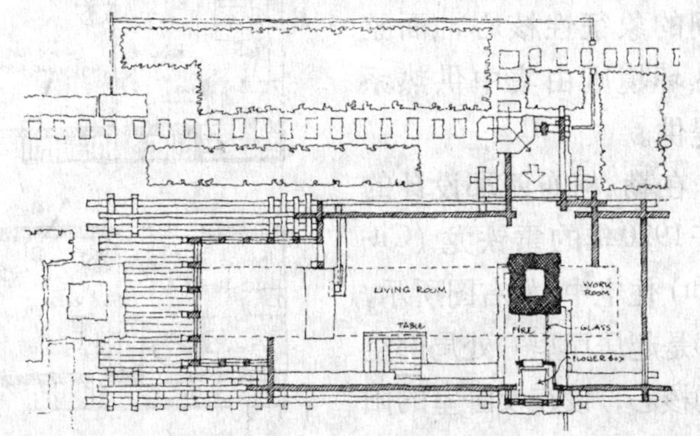

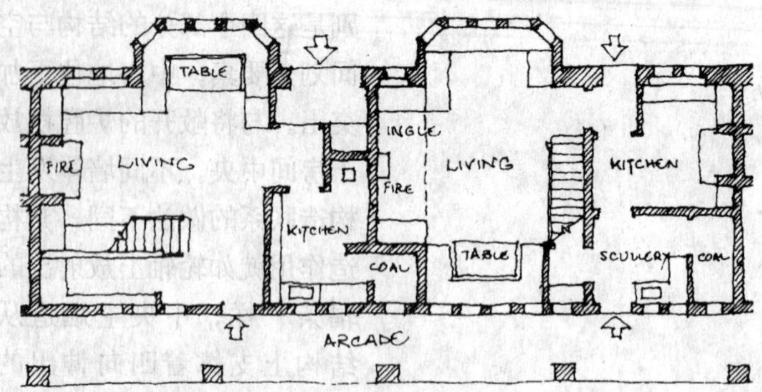

“连排别墅”中的两套住宅平面。该建筑是由巴里·帕克（Barry Parker）和雷蒙德·昂温（Raymond Unwin）大约在1902年设计的，如右上图所示。

如果能得以建成，它们将成为一组相似的四边形住宅的组成部分，并能为公共活动提供普通房间。右图中可以看到，壁炉附近的空间在建筑上以“壁炉凹角”的形式生成。

也请注意一下帕克和昂温在起居厅中设计其他从属空间的手法，如邻窗而坐的休息空间、摆着餐桌的就餐空间、弹奏钢琴的休闲空间、摆放书桌的学习空间。

在集中供暖系统问世后，原本提供热源的壁炉不再像以往那样重要，但仍可作为核心来烘托特定空间。如：学习的空间、做针线活的空间、聊天的空间，或是休息空间。由于不再需要充分的散热半径来维持室内的温度，壁炉有时仅仅用来加热食品，更多的是充当局部空间的象征性核心，而整体热环境则由集中供热系统提供。

在勒·柯布西耶设计的建于1920年的雪铁龙（Citrohan）住宅中，如右图所示，壁炉是起居厅里一处局部空间的核心，设在女卧室的阳台下面，像是简化了的“壁炉凹角”。其余的房间都由暖气供热，锅炉安放在直通屋顶的室外楼梯下面。由于锅炉外置，因此对室内空间的有机组织没有影响。

引入集中供热系统后，炉膛实际上已有些多余，至少是没有必要再充当整个空间的热源了。在这种情况下，炉膛在空间组织中的角色有所转变。

这所房子是德国建筑师哈林（Hugo Häring）于1946年设计的，如右图所示。壁炉

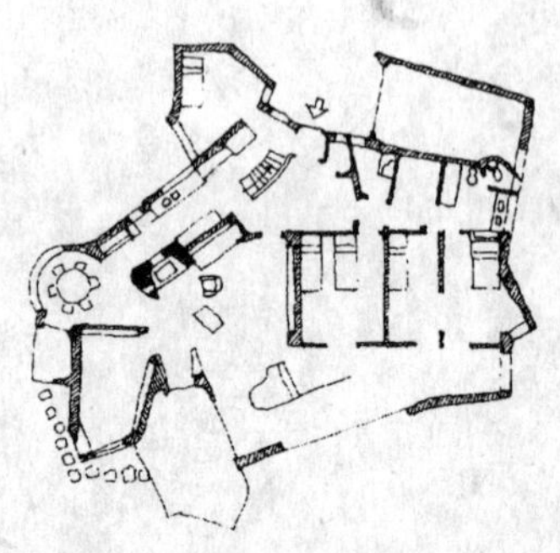

这所房子由哈林设计，平面是极不规则的几何体，炉膛与墙体分开设置，造型也都很不规则。

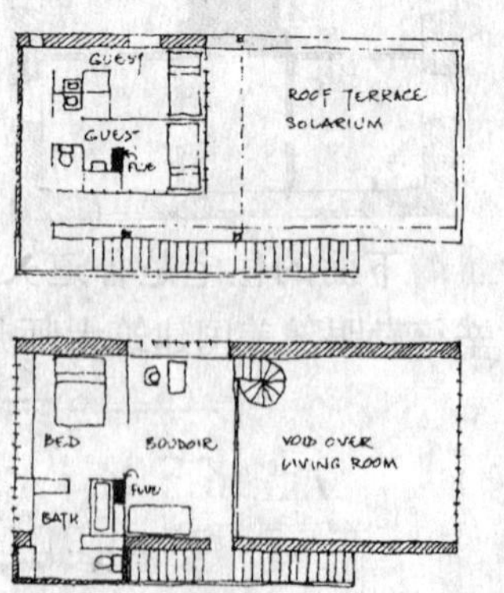

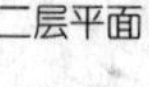

二层平面

一层平面

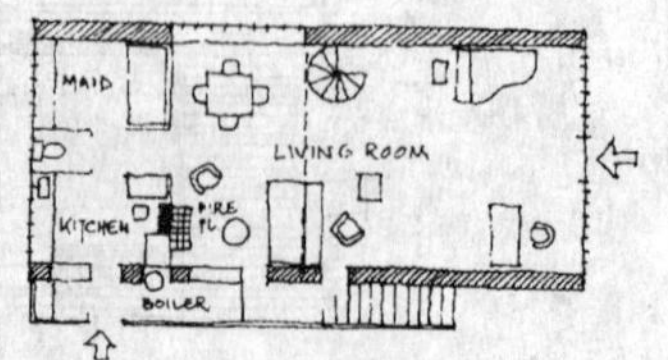

底层平面

几乎完全与结构体系脱离。远离中心位置的其他空间，根据使用要求可自由设置，并与自然环境结合，呈不规则的放射状布局。

这是一对并联住宅，是鲁道夫·辛德勒于1922年为自己和妻子及另外一对夫妇设计的私人住所。它建在气候十分宜人的加利福尼亚州南部，花园用树篱取代厚重的实墙围合而成，并视作房间在户外的延伸加以设计。这些室外“房间”和一些室内局部空间都带有壁炉。该住宅设计了包括一处主烟道在内的三处烟道，并将它们安置于带有顶棚和“不带顶棚”的房屋之间。

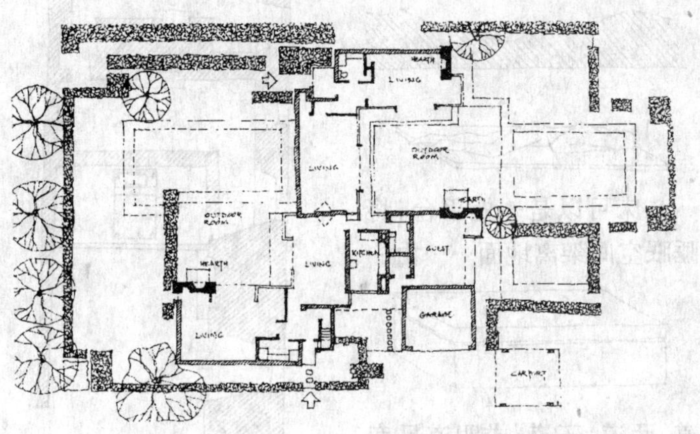

下图是流水别墅 (Fallingwater) 的平面，是弗兰克·劳埃德·赖特于1935年设计的一座著名建筑。这幢房子建造在一条瀑布之上。它的地面平台、平屋顶与水平划分的自然岩层相呼应。炉膛的象征作用突出体现在赖特的许多住宅作品中。尽管它不再提供所有的热源，却是外观的亮点和房间的核心。炉膛依托着瀑布里丛生的岩石，烟囱高高地兀立其上，好像要挣脱房间的抑制而回归于自然风景之中。

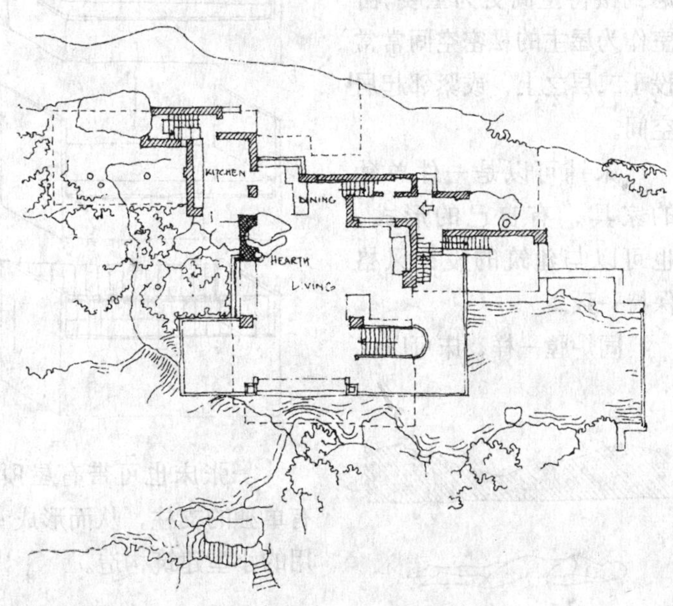

床——休养生息的场所

床不仅是一件家具，概念上它更是一个场所。房子的根本目的就是为睡觉提供一处安全的场所，这种观点可能还有争议之处。卧室是房屋中最靠里、最私密、最安全的部分，它必须具有充分的安全感，使人们安然地休息。

最早的房子，即住宅的原型，无非是一间简陋的卧室，仅此而已。其余相关的居住活动均在户外展开。

经过漫长的历史发展，先是完整意义的床被发明出来，然后为了争取更大的私密性和安全感，独立的卧室也随之从其他生活空间中革命式地分离而出。

随着“卧室”发展为完整独立的概念，其在住宅中的空间布局也逐步成熟。考虑到接待空间更为重要，卧室作为屋主的私密空间常常设于二层之上，或紧邻起居空间。

床铺可以是一件单独的家具，有自己的形式，也可以与建筑的设计风格保持一致。

同炉膛一样，床可以仅仅是任何生物睡眠所需的一小块地面。

床位也可以是设计出来的一块场地，由物质材料构成，如树叶、杂草、一张铺于地面的床单、一个泡沫床垫、一条毛巾，或是一块地毯……从而使之更加舒适。

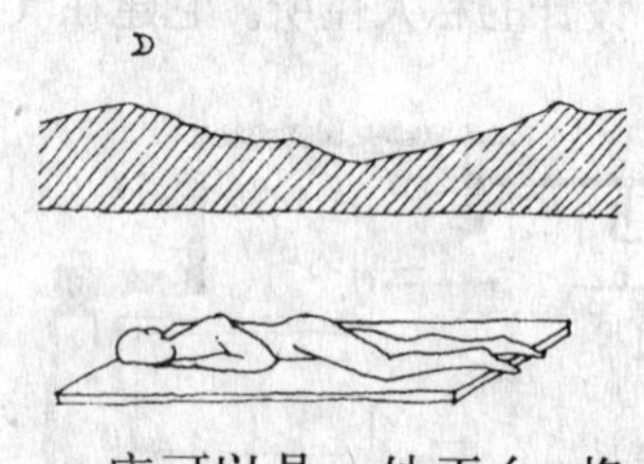

床可以是一处平台，将睡眠空间架离地面……由一

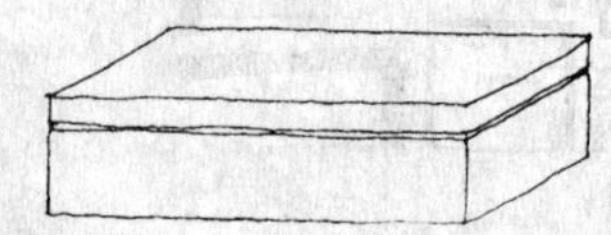

道、两道、三道，或四道尺度适宜的墙构成。

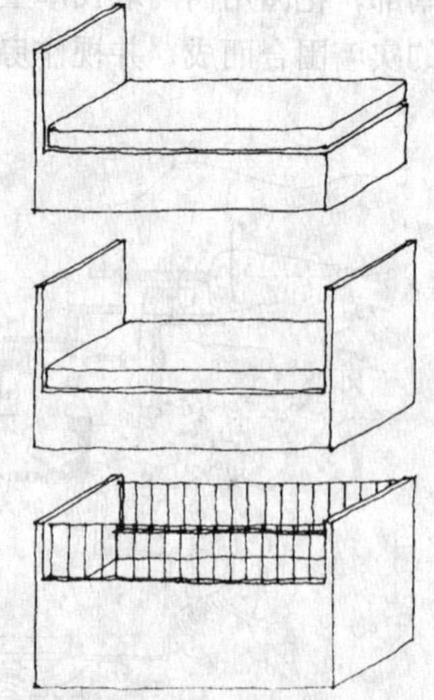

一张床也可带有屋顶，有单独的支柱，从而形成专用的小型建筑构造。

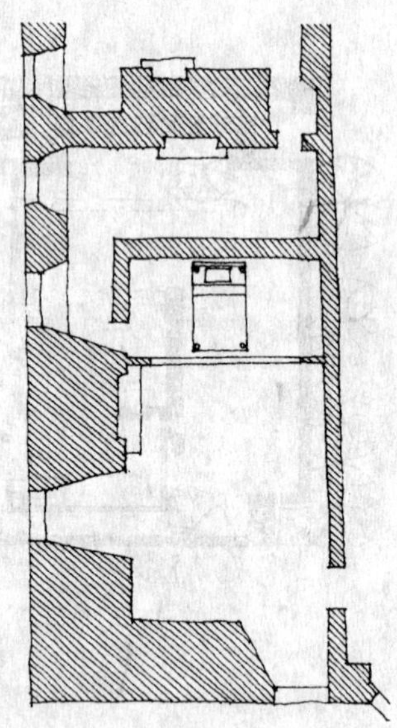

威尔士的Powis城堡里有一处豪华卧室，其空间布局犹如剧场中舞台的拱形台唇一样：床好比是舞台，安置在由巨型拱饰构造出的凹室中，而外部空间就如观众厅一般宽敞明亮。

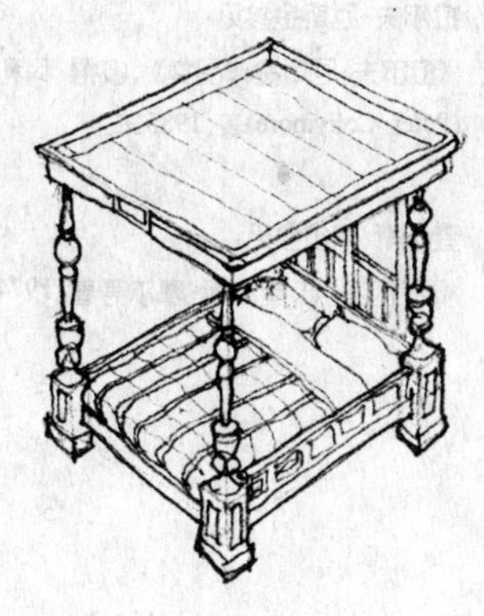

一张床本身就可以是一个小型的建筑构造，带有自己的四根立柱、顶棚和墙壁。

床也可以是完全封闭式的，形成一处独立而完整的“壁柜”。

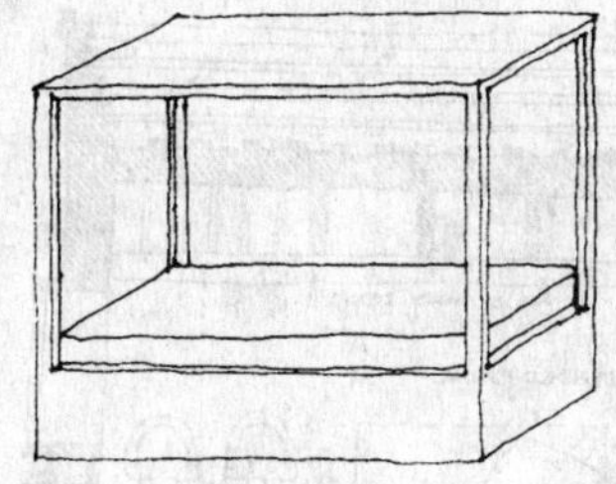

床也可以是一个完整的房间——睡眠的专用小室。

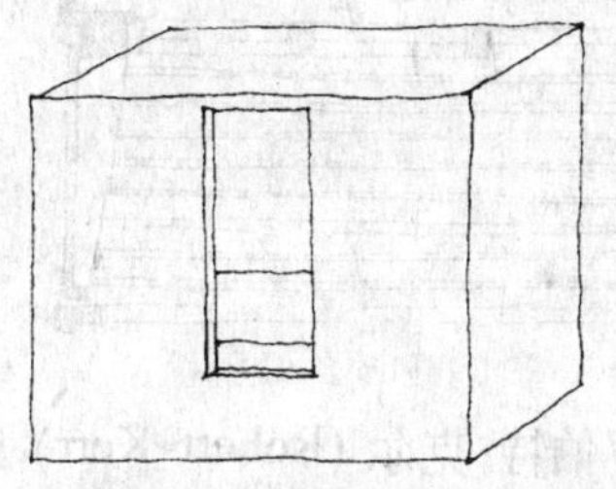

床不仅可以有自己独立的建筑式样，也可以是大型建筑空间的有机组成部分。

像是用枝条与树叶搭建出的原始棚屋一样，一顶旅游帐篷就是一幢由床铺及屋顶构成的微型建筑。

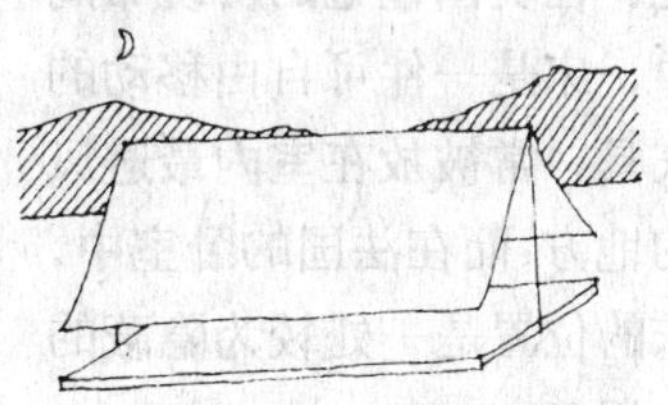

在更复杂的建筑中，床只是整体空间的一部分，但它的存在促成了散漫空间向特定居所的转化。

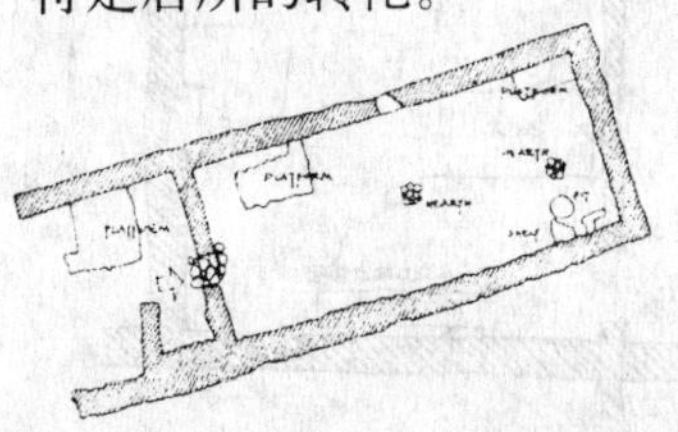

据荷马史诗记载：大约3000年前，古希腊国王们就住在皇宫的中央大厅里，其他宾客住在门廊中，就如现在炎热的夏夜里有人会睡在阳台上一样。

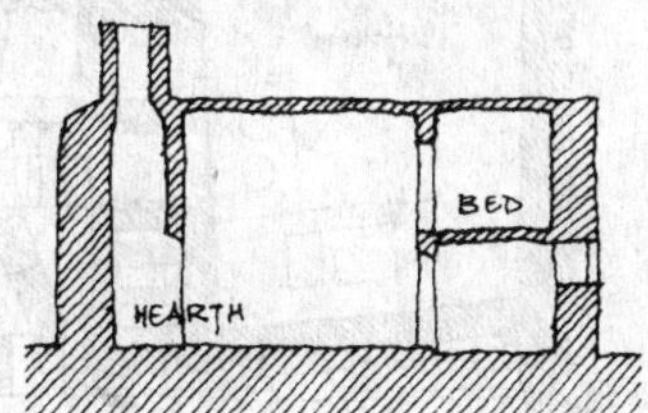

一些小型的古式住宅里，在开敞大厅的侧墙上搭建床板，将床铺抬至半空中，可以获取上部空间中更多的温暖，同时尽量使下部空间解放出来，如这所威尔士小型村舍的横剖面图所示。

有些住宅则设有箱式床铺，就像沿着壁炉一侧建起

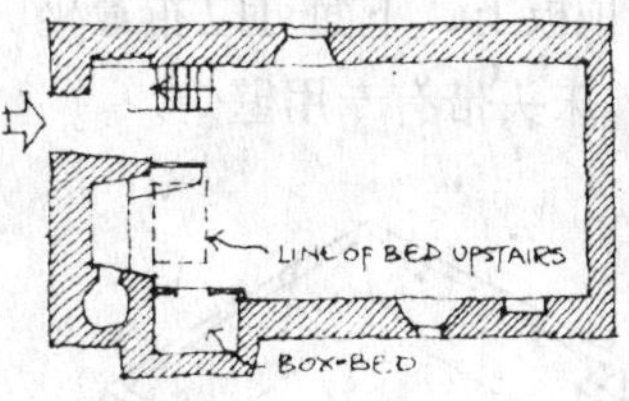

的壁柜一般。下面的住宅平面曾在前文中引用过（见“建筑——场所的标识”一章），它将床铺设在阁楼中，与屋顶构成箱式空间，并通过梯段与地面相连。下部空间用作储藏间和厨房，阁楼上的两张床都邻近壁炉摆放，以便于取暖。

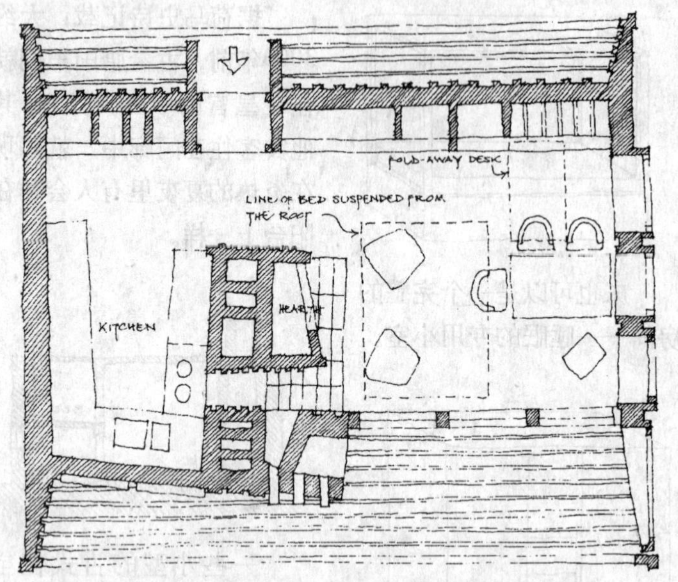

拉尔夫·厄斯金参见：

《拉尔夫·厄斯金作品集》，彼得·科利莫尔(Peter Collymore)著，1985年。

查尔斯·摩尔参见：

《居住空间》，查尔斯·摩尔等著，1974年。

这是厄斯金为自己设计的在瑞典的小住宅，家具是可移动式的，床可以拉伸到顶棚上，既经济实用又节省空间。

这是拉尔夫·厄斯金为自己建造的林间住宅，是二战期间他迁居瑞典时建造的。白天，床可以拉向顶棚，节省出更多的活动空间。

查尔斯·摩尔（Charles Moore）设计的一些房子里，床常常安排在一种亭式构造的顶板上，下面可以布置坐椅，床头带有专用壁炉。

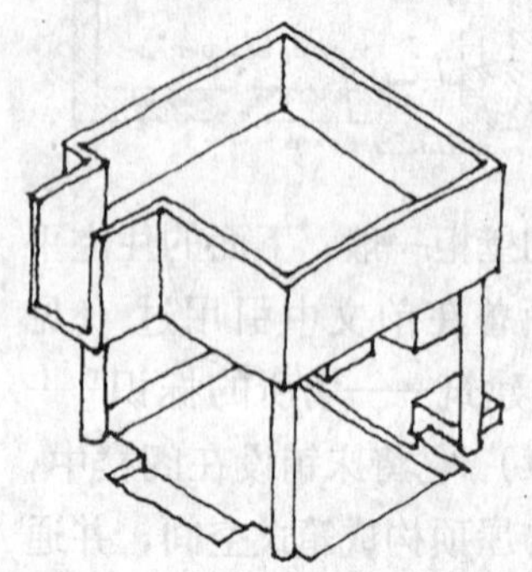

即便是最常见的床铺——一件可移动的家具，对于卧室的设计也影响深远。维多利亚时代的建筑师罗伯特·克尔（Robert Kerr）在他于1865年出版的著作《英国绅士住宅》（The English Gentleman's House）一书中，用四页半的篇幅探讨了卧室里窗户、门洞、壁炉与床铺的空间关系。并将英国与法国的传统布局进行了对比：在英国住宅的传统布局中，床是一件可自由移动的家具，常被放在室内最避风的地方；而在法国的卧室中，床的位置是一处较为隐蔽的专用凹室。

按照维多利亚时代建筑师罗伯特·克尔的观点，在豪华住宅中，摆放床的位置应尽量避免直接的风吹；从卧室门到壁炉的视线要保持畅通，不能被床所遮挡。他还认为，法国住宅中，卧室往往设计成专用凹龛，也是为了避免直接的风吹。

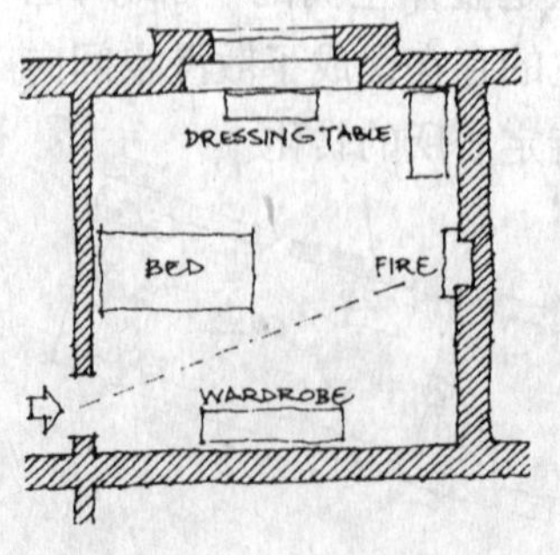

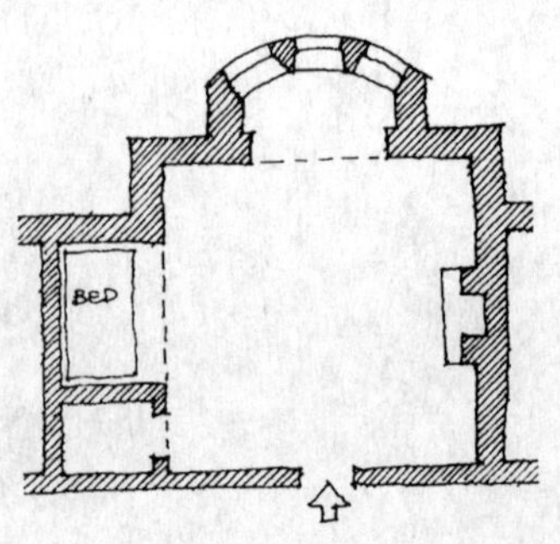

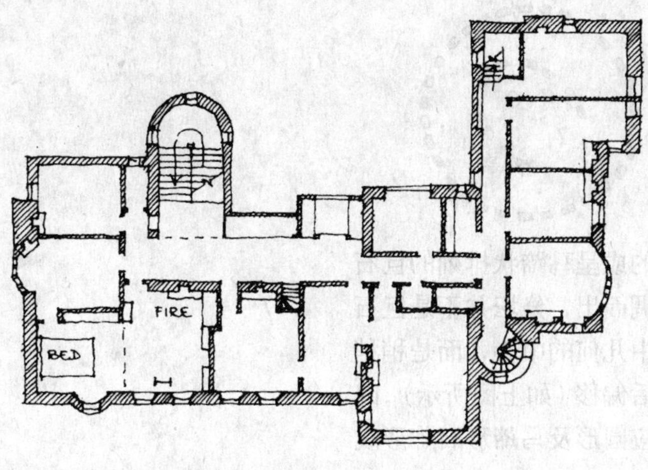

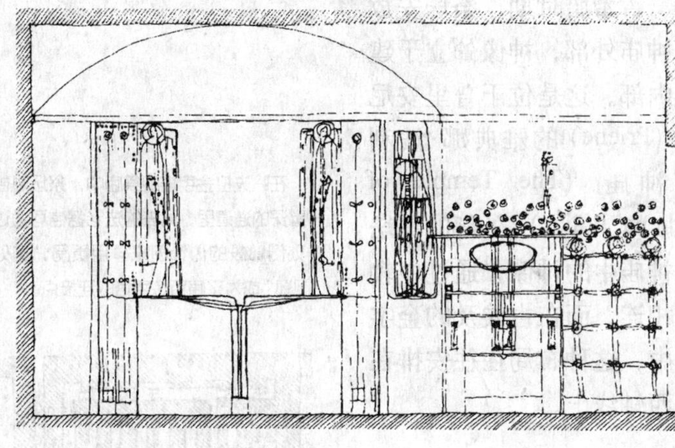

在希尔别墅中,建筑师查尔斯·伦尼·麦金托什也为床铺设计了专用凹室,顶棚还采用了筒拱结构的造型。

希尔别墅(Hill House)建于1903年,位于苏格兰的海伦斯堡,由建筑师查尔斯·伦尼·麦金托什(Charles Rennie Mackintosh)设计。左图是该建筑的二层平面,主卧室位于平面的左下角。该设计看似简单,房间划分却分工有序,细致入微。壁炉与坐椅组合在一起,门后就是洗漱台。落地式穿衣镜位于两扇窗户之间,近旁是更衣空间。床铺安置在一个宽敞的专用凹室内,上部是拱形顶棚。最初,麦金托什打算在凹室两侧各加一扇装饰屏风,以强化凹室的入口,但没有建成。下图画有两道屏风、床铺、洗漱台及墙面的装饰品。

下图是现代主义建筑大师密斯·凡·德·罗(Mies Van Der Rohe)设计的范斯沃斯住宅(Farnsworth House),两张床的摆放没有任何空间上的限制,虽然空间安排已暗示出床位的可能方位,但仍是通过床铺本身而非建筑手段界定出其准确位置的。

麦金托什参见:

《查尔斯·伦尼·麦金托什——建筑师兼艺术家》,罗伯特·麦克劳德(Robert Macleod)著,1968年。

密斯·凡·德·罗参见:

《密斯·凡·德·罗》,菲利普·约翰逊著,1978年。

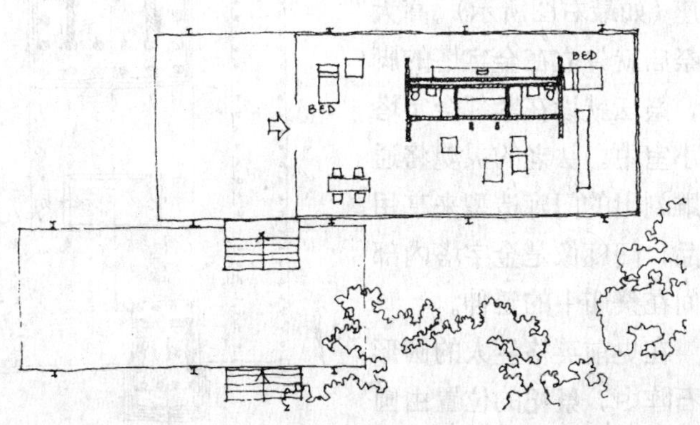

祭坛——供奉与崇拜的合案

祭坛的建筑形式相对壁炉和床铺而言要稳定得多——其基本形式几乎一直是桌子一样的平台，用于举行仪式或摆放贡品，或用来界定崇拜的中心。

古代埃及，祭坛就是用来为已故的法老摆放贡品的桌子。它安排在祭庙冗长而幽深的通道隐蔽处，祭庙就设在金字塔基址的前端。虽然祭坛回避公众的接触，仅供牧师使用，却常常设置于金字塔的东西轴线上，即祭庙的长轴上。

该实例引自早期的梅杜姆 (Meidum) 金字塔:

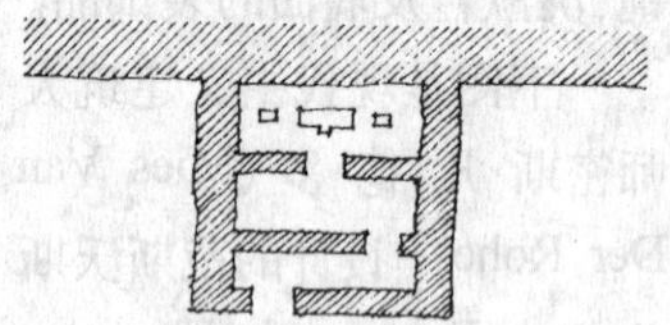

相同的空间组织原理也体现在形体更加庞大、空间更为复杂的哈夫拉(Chephren) 金字塔中，它是著名的吉萨 (Giza) 金字塔群中的一座（如最右图所示）。高大的祭庙就耸立在金字塔的脚下，祭坛就设在紧邻金字塔的小室中。法老的灵魂将通过雕刻出的门廊造型来享用贡品，门廊像是金字塔内部空间在祭庙中的延伸。

在史前英格兰人的圆形巨石阵中，祭祀的位置由圆

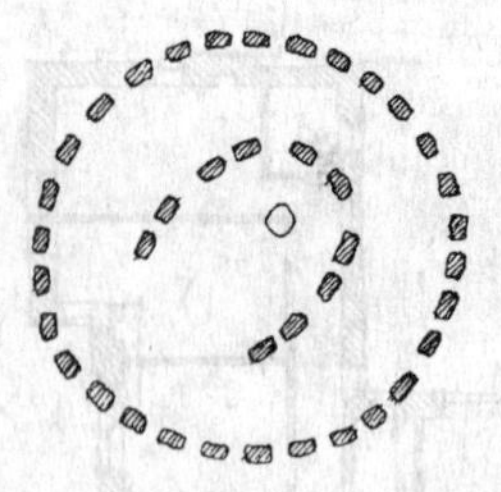

形的或呈马蹄状排列的巨石强调而出，祭坛并不是巨石阵中几何的中心，而是稍稍向后偏移（如上图所示），以呼应圆形及马蹄形石阵形成的入口。

古希腊时期，祭坛安放在神庙外部，神像耸立于建筑内部。这是位于普里安尼城 (Priene) 的雅典娜·波利斯神庙 (The Temple of Athena Polias)。外部的祭坛与神庙中的神像，通过中轴线相连。而在古埃及的金字塔中，这种布局往往安排在东西轴线上。

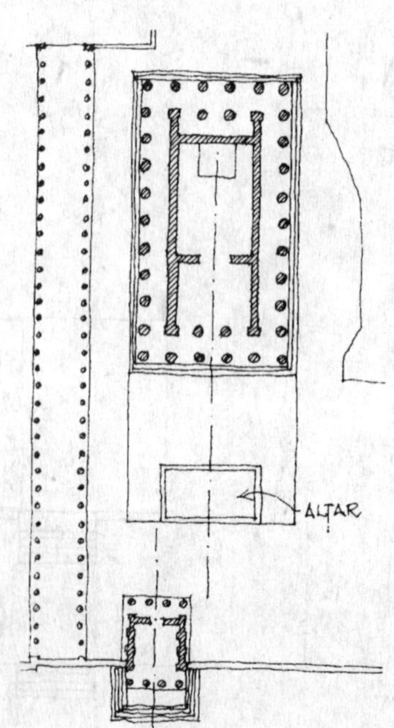

在哈夫拉金字塔的祭庙中，祭坛隐匿于幽深的通道里。死去的法老据信可通过一处门廊般的伪饰前来享用贡品，这处“门廊”成为祭庙与金字塔的连接点。

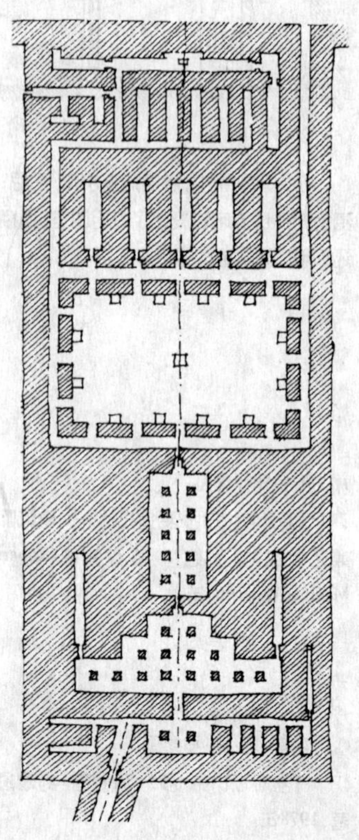

传统教堂里，高耸的尖塔是宗教建筑的标志，他所确立的竖向轴线可使远在数里之外的人们感受到祭堂的方位。

中世纪，教堂与主教堂的祭坛都设在内部。这是巴

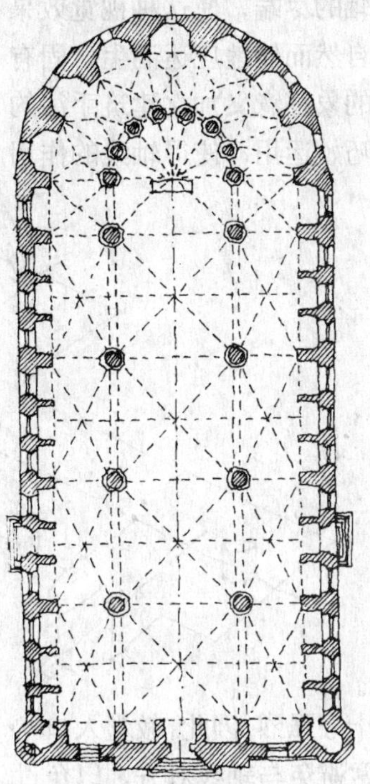

塞罗那圣·玛丽亚大教堂（the Church of S·Maria del Mar）的平面图。祭坛设计在东西轴线上，该轴线是教堂的中枢。几乎所有基督教堂的布局都是围绕界定和强调祭坛而展开的。这个例子里，用以标识祭坛的建筑手法十分明确。

文艺复兴时期，一些建筑师和神学家开始考虑改变传统的尽端式祭坛布置手法的可能性。

罗马的圣彼得教堂（the church of St Peter）中，高大的祭坛布置在建筑主体结构的中心位置，教堂入口轴线上加建了一段延伸空间，使完全的中央集中式风格“统中有变”。

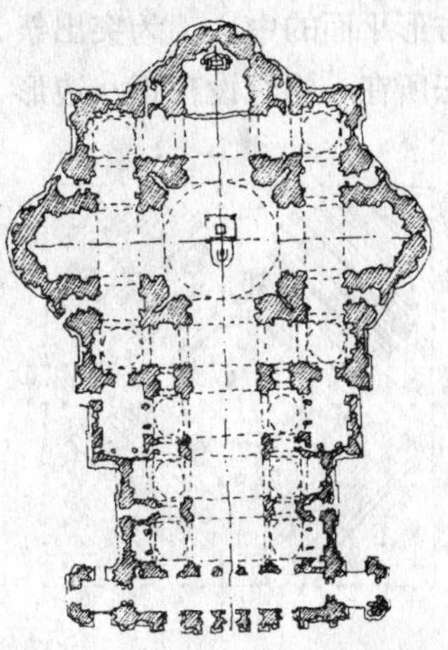

一些20世纪的教堂仍旧沿用了中央集中式构图。这是位于法国Le Havre的一座教堂的平面图，由建筑师贝瑞（Auguste Perret）设计，建于1959年。教堂是一座巨大的塔式建筑，如左下

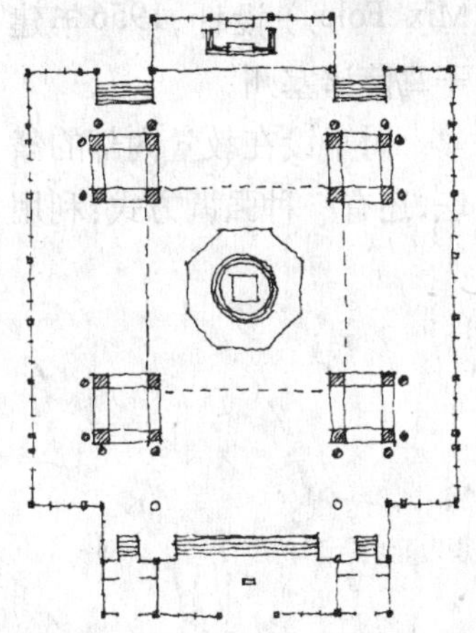

图所示，酷似中世纪传统教堂的尖塔，这种建筑构图对于祭坛的方位也有强烈的烘托作用。该教堂的祭坛位于三条轴线的交点，两条是水平轴，一条是垂直轴。

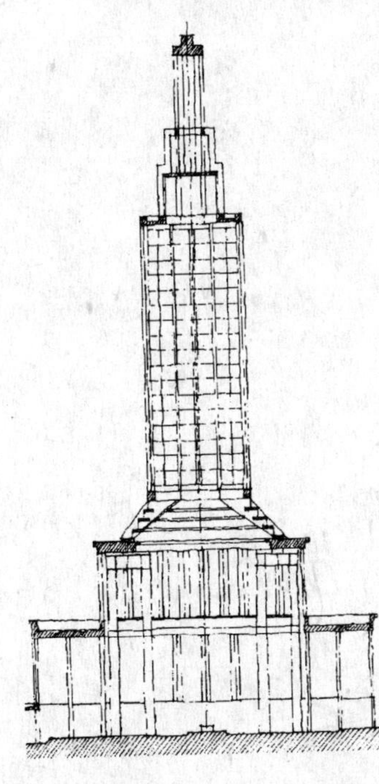

这座教堂本身就是一座高耸的巨大单塔。其高、直、尖的集中式构图直观地表示出塔楼内祭坛的几何方位。

这也是一座中央集中式教堂的平面图，祭坛位于正方形平面的中心。为突出祭坛所在，将它设在正八边形

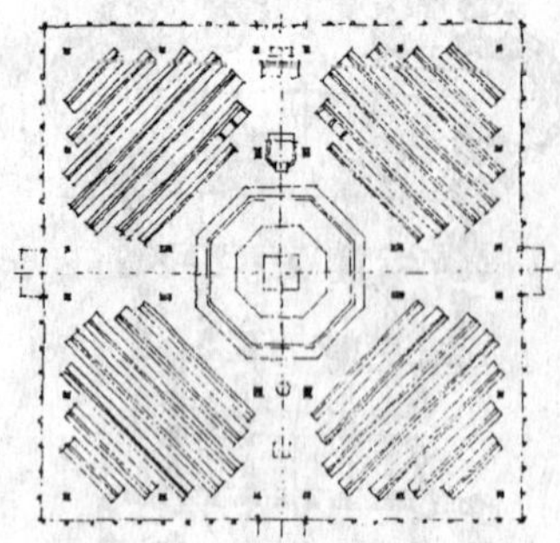

平台之上，周围架设了八棵木柱，柱子支撑起巨大的拱券，形象突出。这座教堂是为纪念圣·詹姆士（一位渔夫）而建的，由阿伯特·奇里斯特-贾纳（Albert Christ-Janer）和玛丽·米兹福利（Mary Mix Foley）设计，1956年建于马萨诸塞州。

对于设在教堂内部的祭坛，还有一种强调方式：利用空间的深远感所产生的透视效果。因为祭坛常常位于长轴的尽端，使这种视觉效果自然而然地应运而生。固有的象征意义加之建筑手法的巧妙运用，使得轴线的作用

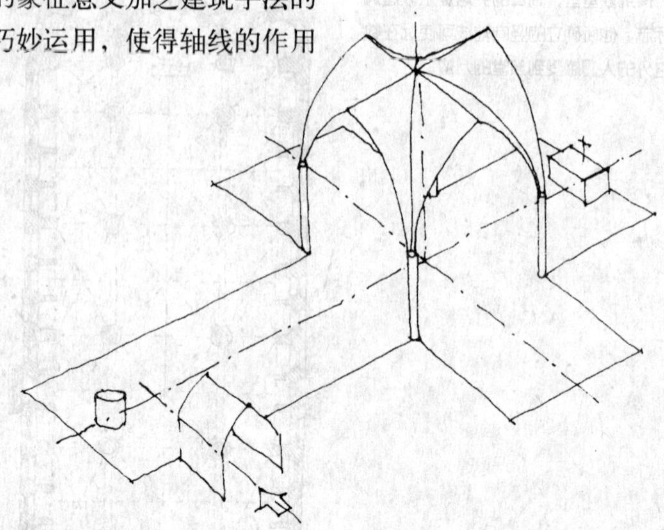

传统教堂中，祭坛的方位是由建筑的轴线确立的。

十分强烈，因此，教堂入口常常避免与轴线对齐，以免过于通俗直白。

这种正统的对称布局一直延续到20世纪。此后，建筑师们逐渐开始探索祭坛的其他布置方式。

教堂内部的中轴线创造出一种深远的透视效果，视觉的焦点就是祭坛。

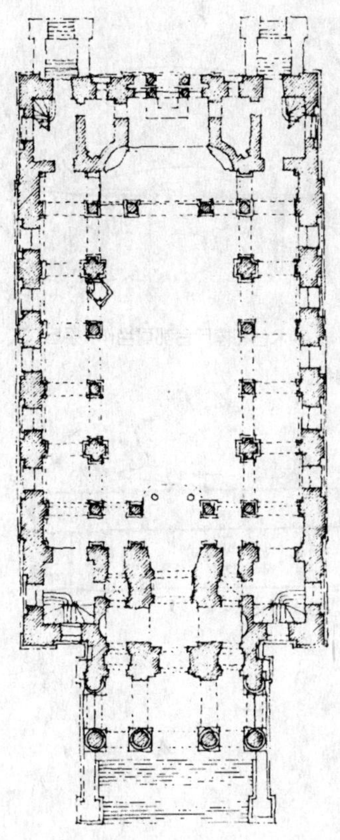

Spitalfield教堂采用对称式平面布局，祭坛设在纵轴线上，正对着教堂的主入口。该教堂位于伦敦，由Nicholas Hawksmoor设计，建于18世纪20年代。

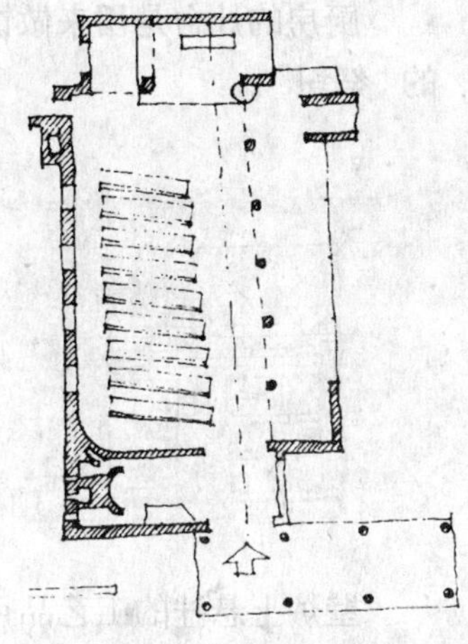

上图是位于芬兰西南部港口城市土尔库（Turku）的墓地礼拜堂（Cemetery Chapel），由埃里克·布吕格曼（Erik Bryggman）设计，建于1941年。平面采用非对称式布局，但祭坛仍居于核心位置，入口轴线与一条便道在此相交，使之成为视觉焦点，这一手法与先前传统的教堂布置是一样的。在设计非对称式布局的同时，建筑师也注意到内外环境的相互关系。教堂的活动安排有所侧重，尽量利用自然光线来照射凹室内的祭坛，南墙设计为大片玻璃通窗，使集会的教民有开阔的对外视线。

建筑中，一些其他空间虽不用作祭奠，但也可模仿祭坛来设计。这是法国的圣·加尔修道院（the Abbey of St Gall）“理想”方案的部分

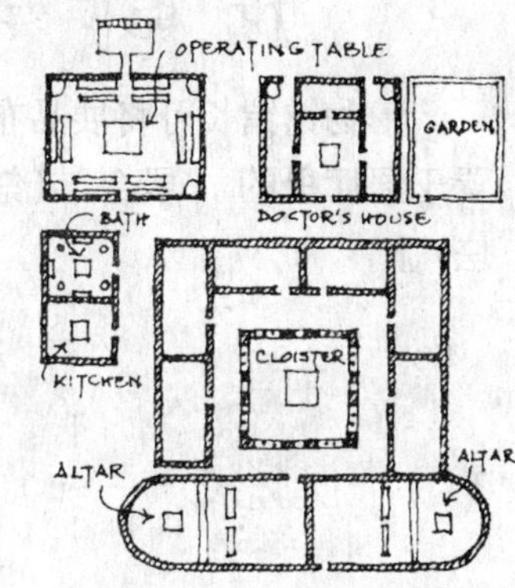

平面草图。该草图可追溯到公元9世纪，是当时打算建造的医疗用房。

手术台（如图左上部所示）同空间的关系与祭坛及其所属空间（如图下部所示,）的关系相一致。

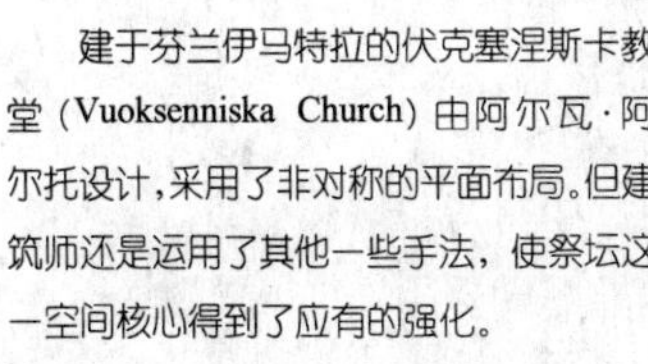
建于芬兰伊马特拉的伏克塞涅斯卡教堂（Vuoksenniska Church）由阿尔瓦·阿尔托设计，采用了非对称的平面布局。但建筑师还是运用了其他一些手法，使祭坛这一空间核心得到了应有的强化。

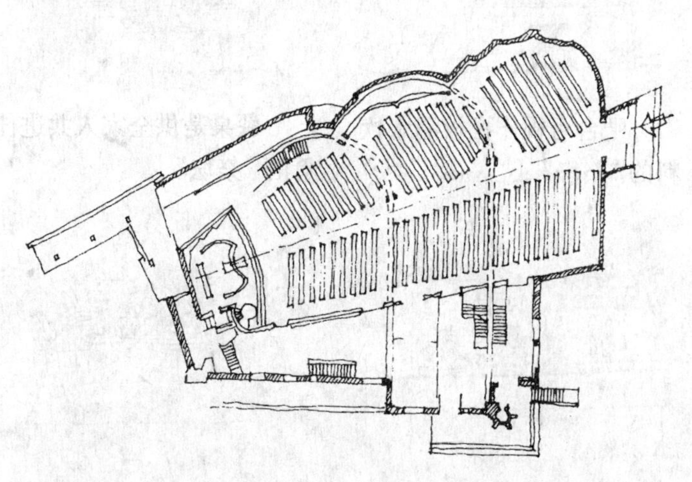

许多日常事务可以像祭坛一样使用。在房中摆上一张桌子，将自己喜爱的足球俱乐部的纪念品放在其上，桌子便具有了与祭坛相似的作用。

博物馆馆长可将展品布置于展厅里的“展台”（祭坛）上。

老奶奶在钢琴上摆放饰品，此时，钢琴成为了“祭坛”。

吧台可视作摆放酒水饮料的“祭坛”。

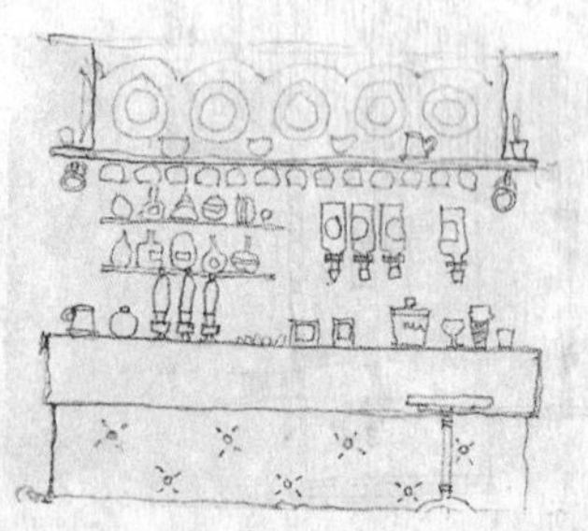

厨房的灶台是用来做饭的“祭坛”。

壁炉上悬挂的工艺品可看成烘托该场所的“祭坛”。

梳妆台是自我使用的“祭坛”。

餐桌是供全家人共进佳肴的“祭坛”。

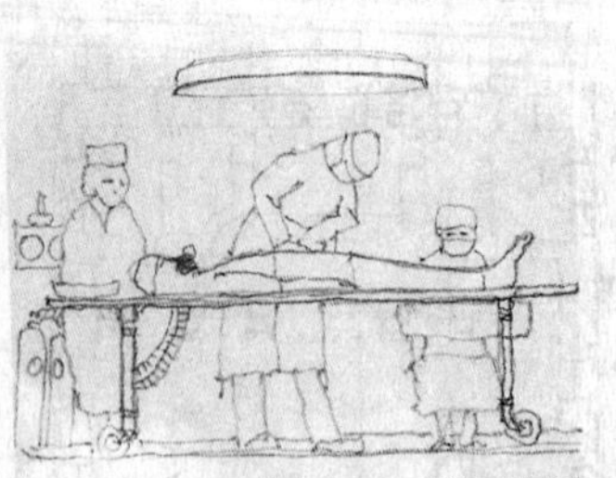

手术台和停尸台都可当作“祭坛”来看待。

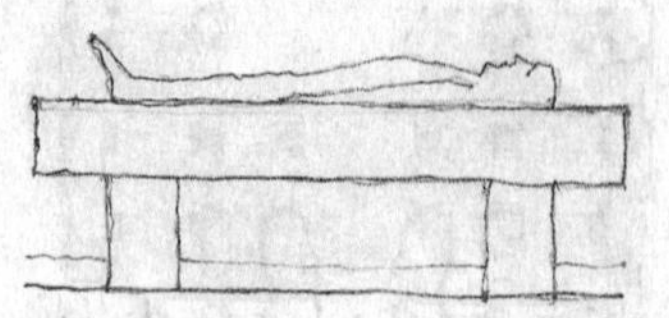

表演场所

表演需要空间，不论是宗教仪典还是舞会、音乐会、歌剧、球赛……都与壁炉和祭坛一样，可充当场所的核心，但形式有所不同。表演区需要安全保障，以免不相关人员打扰或侵犯，而他们有时可能就是观众。

一个小丑在街头卖艺，地面便是舞台。他的动作空间与摆放的道具共同确定了舞台的范围，他的出场与表演才能赢得了一块不受干扰与侵犯的区域，被吸引而围观的群众是这一场所的共同构筑者，用建筑的语汇可称之为“临时剧场”。

对街头卖艺的杂技演员来说，大地就是其临时剧场。

原始时期，礼仪场所无非是一片林间的开阔地，或是经过反复踩踏而形成的一块草坪。但只有借助建筑形式加以物化的表达，这一场所才能更为正规和持久。

克里特文明与迈锡尼文明时期（约3500年前的古希腊文明），舞池（orkestra）是一个特定的场所。

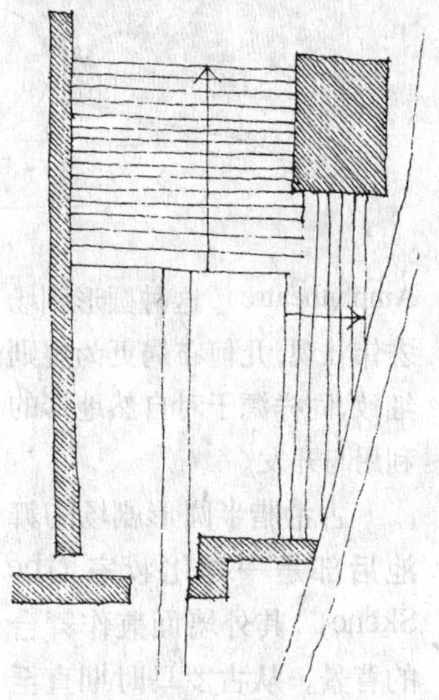

这个例子引自地中海克里特岛的诺塞斯（古代克里特的城市）王宫，据说是由迈诺斯国王的御用建筑师戴达洛斯（Daedalos）设计建造的，专供公主跳舞所用；有时也用作为展示公牛的场地，展示完毕后，将公牛引入王宫内的一处庭院，供年轻的克里特斗牛士们竞技与表演。这块小型的舞场很平坦，接近规整的长方形，地面经过硬化处理，两侧是规则的台阶式坐席，由天然坡地改造而成。

经过1000年左右，建筑师们将露天剧场发展为正规的半圆形大剧场（the Grand

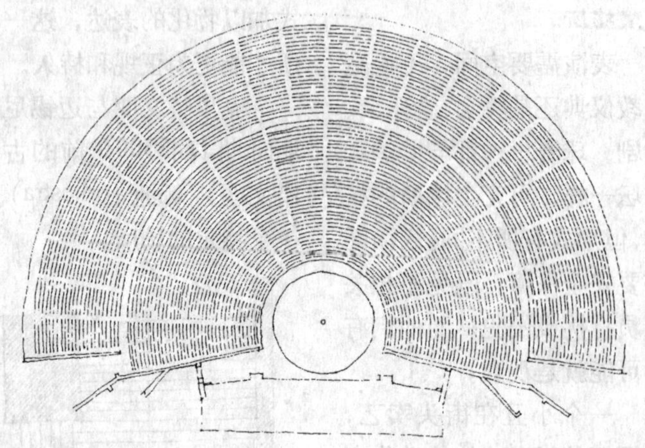

Amphitheatre)。这种圆形剧场宏伟壮观，几何布局更为规则细致，同样源于对自然地形的利用与开发。

古希腊半圆形剧场的舞池后部是一处化妆室（the Skene），其外墙面兼作舞台的背景。从古罗马时期直至现在，化妆室的屋面逐步演化为剧场里真正的舞台。同时，与祭坛一样，舞台也由室外逐步向室内发展。

舞台最终变成了由前台巨型拱状台唇所限定的空间。古希腊圆形剧场中，表演场所奇幻般地设计为圆形的舞台；而新发展成的剧场，舞台是虚拟世界（表演空间）与真实世界（观赏空间）的分界线，各种演出只有通过矩形台口——这扇视窗，才能进入真实的世界。

随着现代影视业的发展，进入虚拟世界的这扇窗口已变得遥不可及，又何言干扰与侵犯呢？

一些建筑师已在尝试设计崭新的表演场所，意在努力消除演员与观众之间的这种距离感。

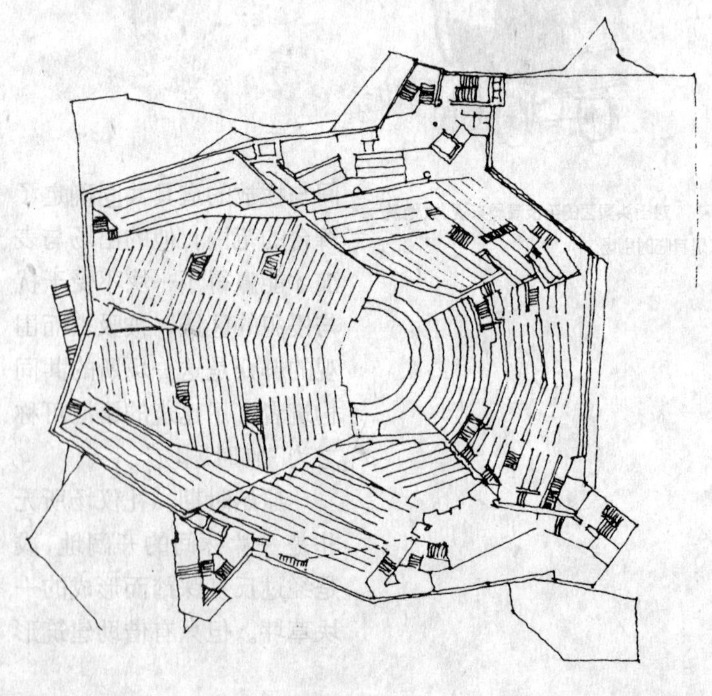

柏林爱乐音乐厅中，舞台设计在大厅的中央，由观众席层层环抱而成。设计者是汉斯·夏隆（Hans Scharoun）。

巴黎美洲国家中心参见：《世界装饰》第84期，弗兰克·盖里著，第74~85页，1995年2月。

上一页底部是柏林爱乐音乐厅 (the Phiharmonie in Berlin) 的平面图，1956年由德国建筑师汉斯·夏隆设计。夏隆将自己惯用的住宅设计手法应用于该建筑，采用了不规则平面。该平面中，舞台没有与观众面对面设计，而是由观众席的层层环抱而出。观众席布局得体、坡度适宜，仿佛置身于小山谷的自然坡地上，使听众备感自然亲切。专门的舞台设计，既使演奏空间不失其庄严，同时最大限度地消除了观众与演员的距离感。

不论是否有演员与观众相隔离的错觉，表演区的抗干扰设计是必要的。以减轻交通的噪音、日光的干扰以及来自自然界的声音，等等。这是弗兰克·盖里 (Frank Gehry) 设计的一个剧场的剖面，说明了舞台空间为何常常设在建筑中心的原因——通过辅助空间的层层环绕，最大限度地隔绝外界干扰，消声降噪。

这张剖面图说明了剧场在设计中是如何通过辅助空间的安排，来与外界相隔离，达成闹中取静的效果的。

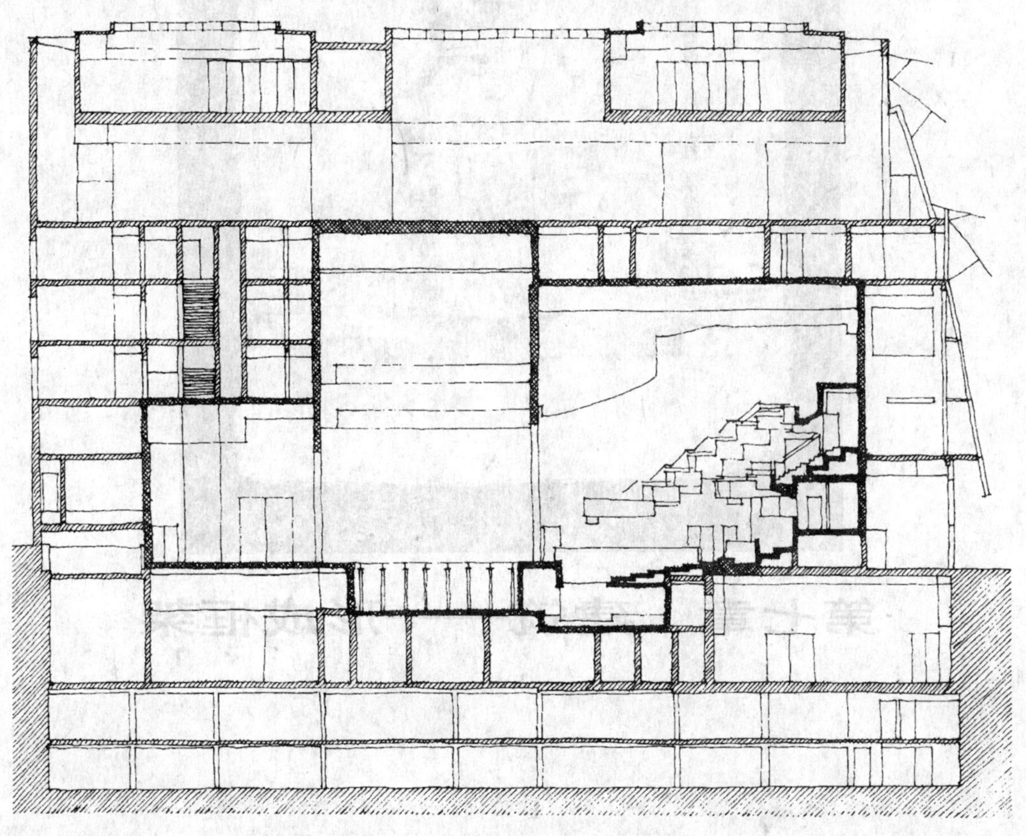

第七章　建筑——形成框架

建筑——形成框架

建筑不仅仅是图纸上的设计，最终将创造出物质化的形体。它是为生活伴奏的旋律，而不是孤独的舞步。

当然，建筑具有界定一幅“画面”的能力，如：一扇窗棂可以打开一道风景，一座门廊可以框出一个人的身影。

以特殊的眼光来看，我们也可以将城市、原野视作“图纸”，在其中将建筑群落组织成秩序空间。

但是，建筑的本质目的并非要构成“如画”的风景，其形体也无法限定远处的山峦或是站立于门廊内的行人。

与二维的绘画不同，建筑空间是多维体系。显然，它首先是三维的立体空间；此外，还有时间维度——用以描述运动和变化；以及更抽象细微的维度——生命形式、生活方式、礼仪习俗。建筑结构可以容纳神的雕像，安置死者的遗骸（二者均是静止的）；甚至可以限定家养宠物（其活动范围不大）。但建筑最崇高的目标是构筑人的生活。

建筑作为一种形体的创造，是场所标识的组成部分。建筑形体限定了明确的场所边界，事物的发展变化总是依附于一定的场所，而借助建筑的语言才能创造出

富于实际意义的场所。建筑输出的产品就是结构：工作用的房间、比赛用的球场、出行用的街道、吃饭用的餐桌、用来休憩的花园、放纵身心的舞池……都是“框架”；它们共同构成弹性而复杂的生活空间，虽然尺度巨大，但仍似伴奏音乐一样，为生活这首歌曲谱写着韵律与节拍。

对面页：

雕塑中的人像称作Rhodia，其周围是一个以建筑为题材的框子。建筑的形象既是整个雕塑的构图要素，又表达了纪念和象征性的意义，同时也说明，建筑是服务于生活的人居空间，通过人的居住和使用，建筑的作用才得以体现。这块石雕是古埃及的一处墓碑，出自大约1200年前的古人之手。

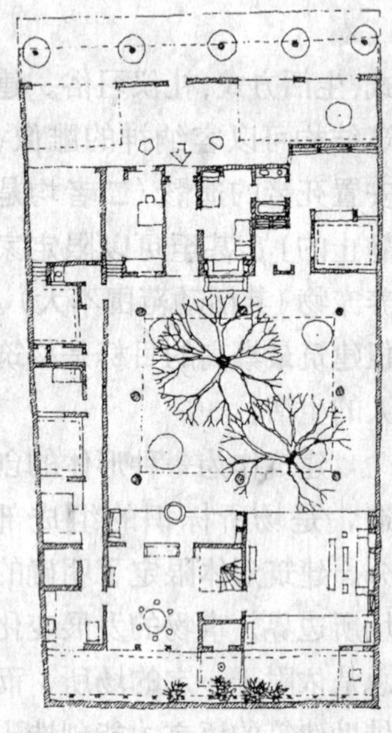

通过这张平面图，可以看出建筑是如何定义生活的。这是斯里兰卡首都吉隆坡的一幢房子，由建筑师杰弗里·巴瓦（Geoffrey Bawa）设计，建于1962年。整幢房子由一道外墙围成，院内同时还包含了许多结构形式：起居厅与卧室分别界定出公共活动与休息空间；餐桌定义出宴会空间；院落里生长着花草树木，还引入一处泉水，水面点缀着几块巨石；即使是浴室，也自成一体；宅前的车库，限定出停车空间。

显然，"框架"一词来自古英语中的单词framian，意为"有用的"。框架之所以有用，在于它的支撑作用。有些物体的物质框架就是其结构本身，如：织布机、人体、建筑。框架的有用性还体现在其对空间的限定：创造出边界，以形成"内""外"空间的有序联系。

框架是空间组织的载体。不论是一帧画框、一座羊圈，还是一个房间，如果缺少真实的生活主题，它们很少能够自我完构（除了诗歌或许可能产生"意境"之外）；框架与其内部空间（具体的或抽象的）及外部空间关系紧密，为场所注入实际意义，使之与客观世界融为一体。"框架"可以是一幅画、一件物品，也可以是一个人（史前洞穴里的遗骸，或是房间中的"克拉克先生"，或是苦心研读中的圣·杰罗姆（St Jerome），或是正在房间中小憩的主人），也可以是各种行为（打网球、生产汽车），还可以是各类动物（圈栏里的猪、笼中之鸟），或是物化的神灵（帕提农神庙中的雅典娜、端坐在神庙内的印度教守护神毗瑟挐）。

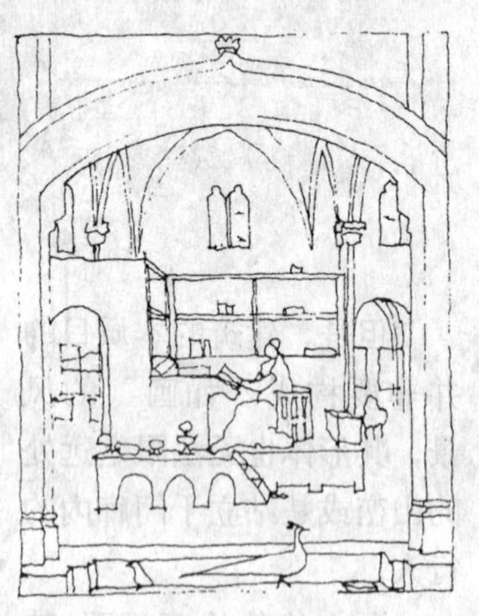

照片中建筑并不是一种真实的结构，由于体现在画面这一二维结构中，建筑成为图中的一件物品。这种自然而然的结果往往误导了我们，二维平面中我们无法体验建筑真实的三维空间。

这张图中，建筑成了二维画面，使我们无法感受其真实的三维空间。

我们习惯于通过某些既定的框架来观察世界：画框中的图面、电视的屏幕、计算机的显示器，甚至是电脑菜单中更小的窗口。从这些新的二维模式中所看到的遥远的建筑在我们面前变得越来越抽象，越来越超乎现实。这一现象引起了新的争论，以覆盖着全球的互联网为例人们不禁怀疑：一种新的建筑形式——虚拟建筑是否会重新演绎或至少会与现实世界并存。

这是意大利15世纪著名画家安东奈洛·达·墨西拿(Antonello da Messina)的作品，画的是圣·杰罗姆学习的场景。作品本身带有画框，而画面中的圣·杰罗姆同样限定在既是物质的又具有象征意义的框架之中，这一框架就是它所置身的房间。

框架可以是一种结构，也可以是一条边界；有用之处还在于它所形成的参照体系，借助它，人们可以判明方位。棋盘上的方格网、寓所里的地板、城市中的街道分别是棋子、行人、车辆的运动平台。通过参照，可以描述它们的方位。

抽象地讲，框架也可以是理论体系。如：本书提供了用以理解建筑的概念框架，目的无外乎是为了能对读者“有所用”。建筑的一项内容就是思考如何系统地、物质地将它加以实现。如博物馆设计要考虑展台的布置、参观线路的安排，还要进行理论探索与文化定位；歌剧院设计更需要系统的理论研究与文化修养，要通晓舞台及观众厅的布局方式与技术要求；即使是设计一处驯狗场，也要熟悉圈养常识。

更为复杂的实例，如：居住建筑设计，需要考虑人居方式及相关的空间形式；教堂设计，则要考虑崇拜及礼仪的特有习俗。

建筑师在以上所有方面都需要有强烈的责任心，才能建构出千姿百态、科学合理的物质空间，用以进行欣赏、观摩、歌舞、崇神、餐饮、生产等一切活动。

这张非洲农庄的平面不仅是对农庄生活的一种图解，而且，村落本身在概念上就是一种架构，反映出当地居民所特有的生活秩序。

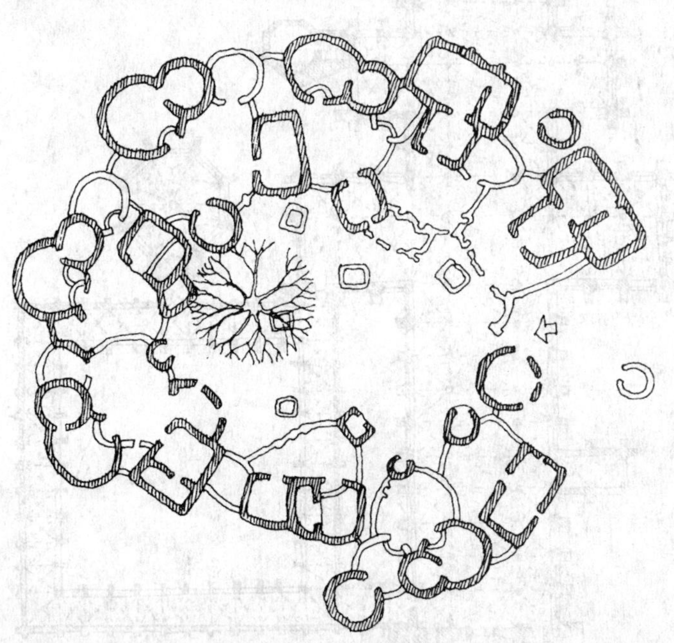

不论一帧画框、一件展品，还是一幢古希腊神庙，都包含着静止的内容，他们是时间的凝固。所不同的是，建筑可以包容运动与变化：足球场用来竞技；街道用来通行；露天市场里，车辙定义出运货通道；教堂定义出由墓地大门到祭坛的线路。

框架既有物质上的也有精神上的，它能使客观世界更加有序。本书的每一张页面就是一个二维平面的图框，用来对建筑进行图解分析；电脑程序任务不同，表现出的图框形式也就各异。建筑的框架形式众多，并不总像矩形一样简单。

框架作为一个概念，必然有其限定的内容。不论内容是瞬间即逝还是永恒不变的，总有其相应的表现形式。如椅子并非总要被人占据，不会因空无一人而失去其原本意义；衣冠冢，几乎可以说是一个空墓，即使是空无一物，也仍旧是为纪念死者而建的。框架中不必总要有存在物，但作为一种形式，它与特定的内容不可分割，二者缺一，都不成立。

人们总是认为，画框的重要性次于绘画作品本身。如柏林埃及艺术馆 (Egyptian Museum in Berlin) 里陈列着那佛提提 (Nefertiti) 的半身像的玻璃展台，多数人认为其重要性肯定次于展品本身。但是，就建筑的产品形式——框架而言，与其所包含的内容相比谁更重要，常常是很难一概而论。

合理的答案是：二者构成一种和谐的共生关系。对内容而言，框架可能处于次要地位，但内容同样得益于框架的容纳与保护，并为其提供扩充、延展的空间。房间可以理解为一种框架，椅子、书架、讲坛、飞机库、停车场都可以这样来理解，它们保护、容纳、强化着主体及其行为特征。总之，把握好内容与框架之间的辩证关系至为关键。

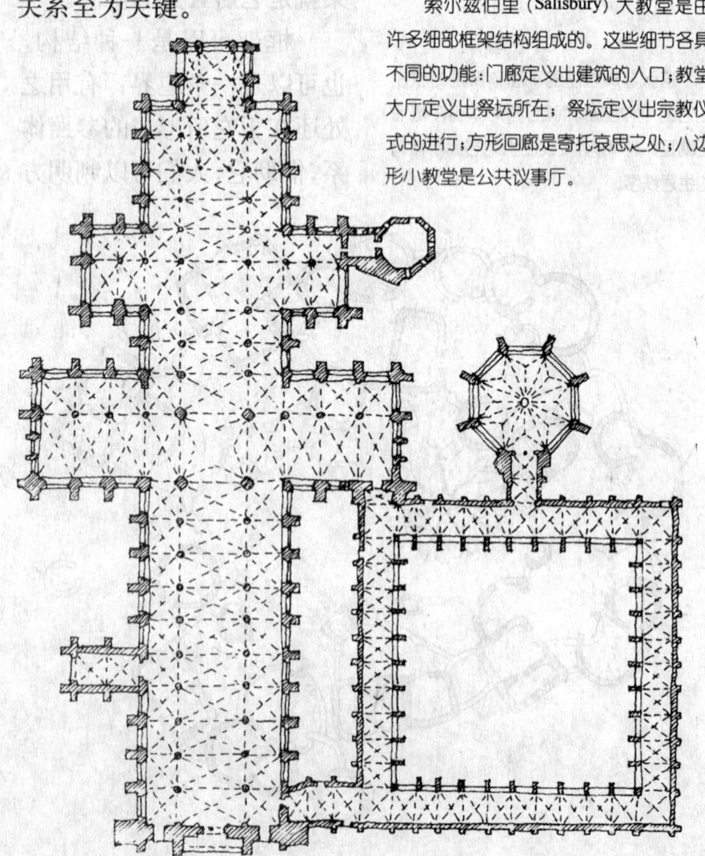

索尔兹伯里（Salisbury）大教堂是由许多细部框架结构组成的。这些细节各具不同的功能：门廊定义出建筑的入口；教堂大厅定义出祭坛所在；祭坛定义出宗教仪式的进行；方形回廊是寄托哀思之处；八边形小教堂是公共议事厅。

位于伦敦的阿尔伯特（Albert）纪念亭中安置着阿尔伯特王子的雕像，雕像寄托了人们对他的怀念与哀思。

建筑常常是一个如何约定日常生活事物的问题。成功的例子往往在这一方面做得恰到好处，并因此令人铭刻：位于威尔士南海岸朗哈恩的蓝色简易车库曾是伟大诗人戴兰·托马斯写诗的地方；罗马尼亚布加勒斯特新宫，曾显示过独裁者尼古拉·齐奥塞斯库显赫的政治地位；耶路撒冷的岩石之顶是万众瞩目的伊斯兰圣地；在波兰的奥斯比茨集中营里，安葬着100多万无辜的尸骨。

这种思考方式，使人们认识到整个人类就分布在其左右的建筑中，建筑体系使客观世界变得更加有序。如坐在这里写书，我同时也被许多的结构体系所限定：住所位于一座精心设计而成的村庄里，紧邻着一条大街，宅院是一块单独的基址，住所本身以及我所置身其中的研修空间。书房中有书架（书籍里蕴藏着丰富的思想与典例），写作用的书桌、图纸柜、窗户、房门、壁炉、台灯、绘画、壁柜以及电脑（它可以接受来自世界各地的信息）。

建筑的框架及其使用方式是无穷无尽的。既有简单的框架形式（尺度亲切的拱廊），也有较为复杂的形态（现代化航空港密如织网的道路）；既有微小的构造（门上的钥匙孔），也有巨大的空间（城市广场）；既有二维平面构成（台球桌或撞球桌），也有三维空间组合（多层楼宇）；还有四维空间（迷宫），以至多维空间（因特网）。

框架形式不一定非由有形材料建成。它可以是舞台上强调演员位置的一束光源，也可以具有非视觉的意义。如浓郁的香水味可以展现女人的妩媚；寒冷的冬夜，空调排风孔的热浪可以让路人暂借取暖；从阿訇召唤信徒做弥撒的呼喊声里，我们聆听出了清真寺之所在。

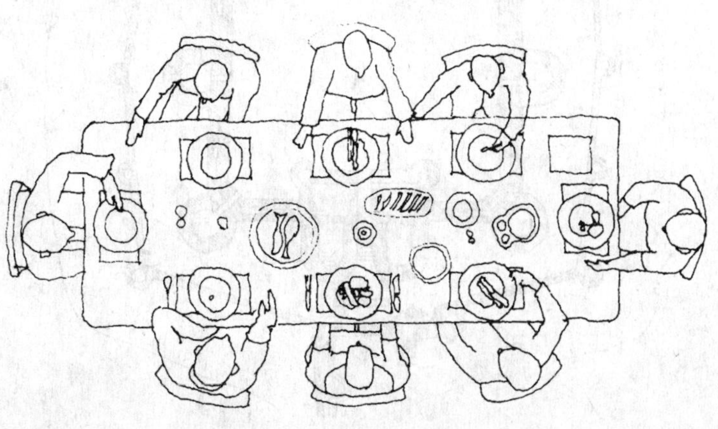

餐桌界定出一种特定的生活空间。

俄罗斯玩偶

建筑中，框架体系可以重叠、包容和相互适应。据此，框架体系立足有限空间而开发无限，就像俄罗斯玩偶一样，尺寸逐一减小，并可从小到大依次套入较大的一个玩具中，既节省，又实用。

式较为复杂，空间尺度也大小各异。

想象一下城墙内城市的模样。“首要”框架就是城墙本身，然后是设在城墙中部的城门；城内网格状的街道构图几何规致、布局有机；城内遍布的住宅、教堂、办公楼各成

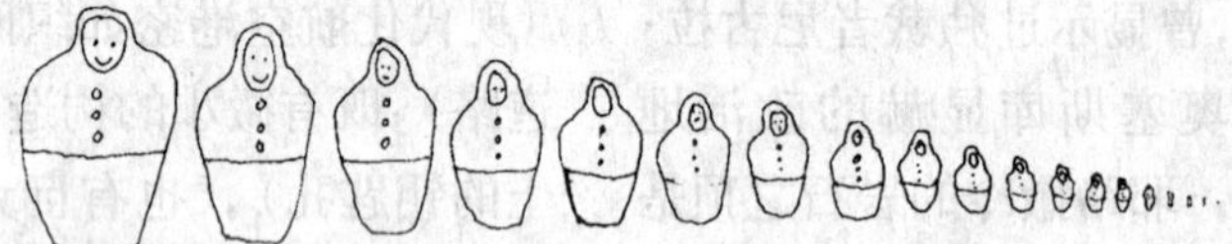

有些建筑作品就体现了这样的设计思想。威尔士北部海滨的安格鲁希岛上，有一座古堡就由五部分同心圆组成：壕沟、外城墙、外城、内城墙、内城。

当然，建筑的框架体系远不会像俄罗斯玩偶那样简单，其相互重叠、组合、穿插的方

体系，建筑群落的聚合又形成商业街区与城市广场，广场中还设有飞瀑流溪。每幢建筑又拥有自己的房间，各自具有不同的框架形式——桌子、椅子、壁炉、壁柜、立柜、床位、浴室、下水管道，甚至地毯也可生成特定场所；全家聚餐的桌子，每人都有各自的座位与餐

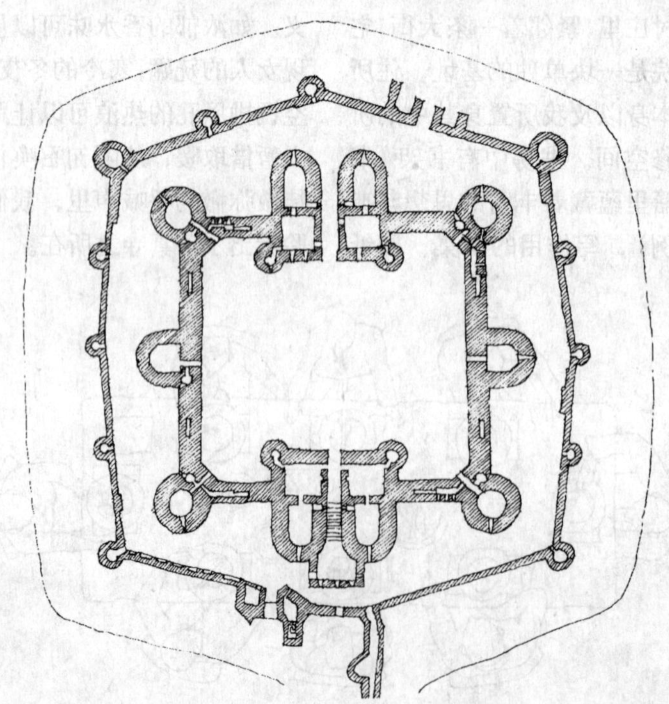

位于威尔士北部海滨Anglesey岛的Beaumairs城堡，其空间布局按照防卫要求呈现出一层层的同心圆布置方式。

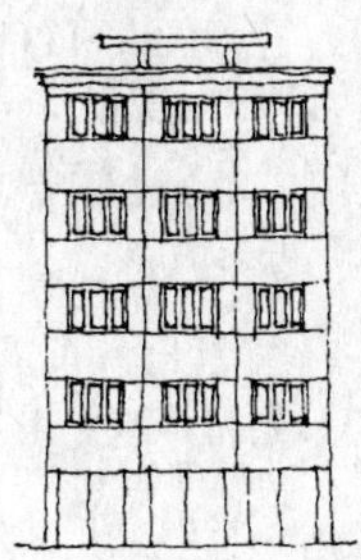
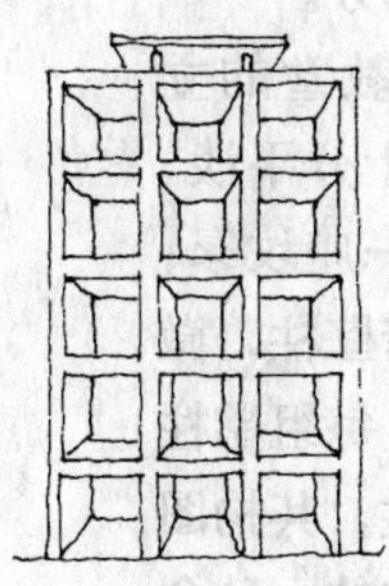
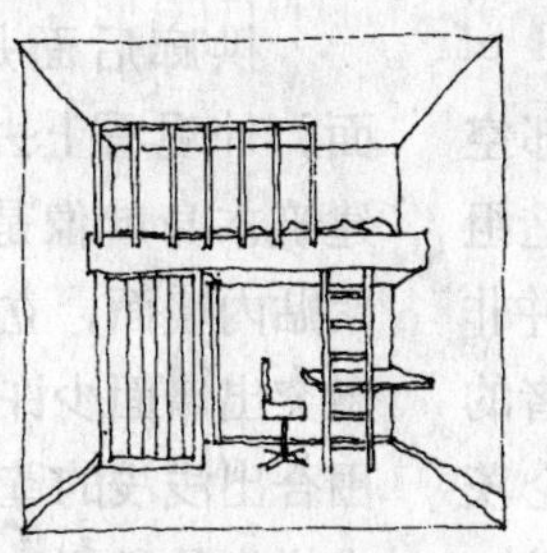
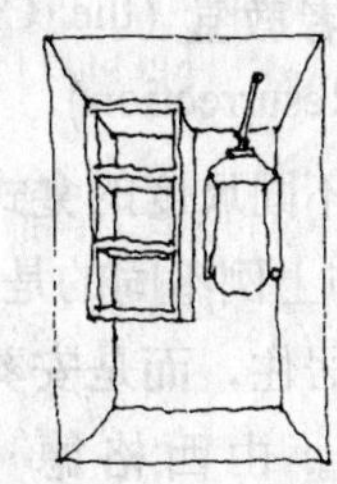

公寓楼内包含着大量公寓房，公寓又由房间组成，房间又包含着更多的细小结构。

具；拥有专用光源的桌子；用于学习的书桌；还有电视——通向外部世界的窗口，如此等等。

框架以结构的方式限定着建筑，建筑又逻辑地创造着框架。这是一幢小住宅的图解，它是美国建筑师查尔斯·摩尔为自己设计的专用住宅，1961年建于加利福尼亚州。房子并不大，但包含了两个形似神庙的小亭式构造，它们的功能不同：大一些的是起居厅，小一些的是淋浴室，屋顶都设有采光天井，光线对空间形成另一种意义上的限定。整座院落由外墙围合而成，如图中点划线所示。宅院内，其他空间均是这两个亭式构造与外墙之间相互组合的派生品，同时也由家具陈设所界定。众多相互重叠的空间共同构成了复杂的建筑母体——住宅。

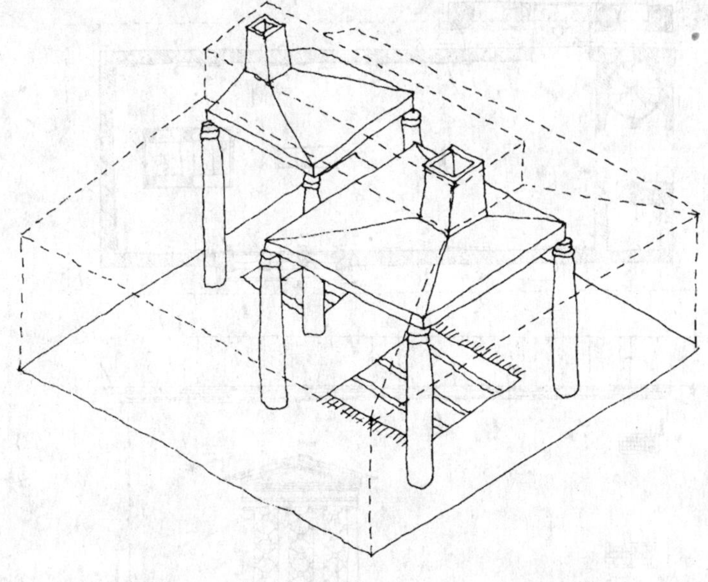

摩尔住宅参见：

《居室空间》，查尔斯·摩尔、格罗尔德·艾伦(Gerald Allen)和Donlyn Lyndon著，1974年。

这是另外一栋建筑——复活者教堂（the Chapel of the Resurrection），内部空间由不同尺度的龛式构造组成。与上例不同的是，它并非用来居住，而是安葬死者的场所。由西格德·劳伦茨（Sigurd Lewerentz）设计，建于1925年，是斯德哥尔摩林地火葬场的扩建部分。

平面里可以看到许多龛式构造和一些其他形式的建筑构架。大门位于礼拜堂北侧，是一个高耸的拱廊，12棵柱子冠戴着巨大的山花屋面，它实际上与神庙主体是相互独立的两个部分。

拱廊后面是教堂的立面，外观看上去十分平淡，建筑本身就像是一座坟冢；紧贴内墙面，立着壁柱，微微突出墙面少许，每组壁柱围合出浅浅的壁龛，其构图式样也是酷似庙宇的一种龛式构造。

教堂中，精心挑选出一处地点，搭建起精致的祈祷亭，祭坛与十字架就安放其下（二者皆为象征性构造）。祈祷亭前摆放着灵台，是葬礼期间停放棺椁的地方。棺椁，毫无疑问，是安放死者的地方。空间中的所有元素——棺椁、吊唁者、祭坛与十字架，都处于教堂的限定之中。

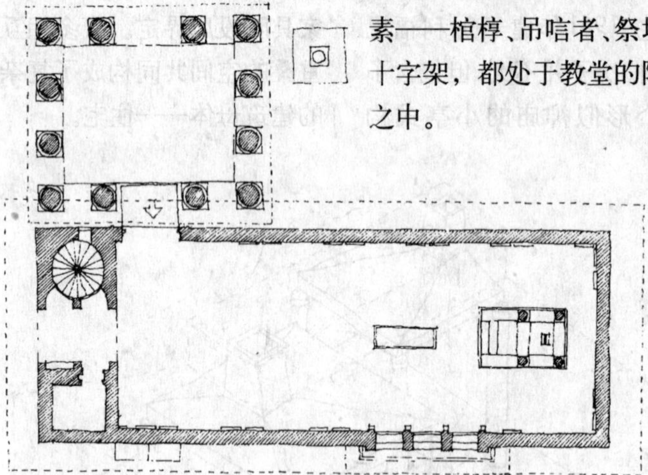

复活者教堂里包含着许多建筑形式，设计者是西格德·劳伦茨。

复活者教堂参见：

《建筑师西格德·劳伦茨1885~1975》，雅纳·阿赫林(Janne Ahlin)著，1987年。

复活礼拜堂中包含着许多建筑上的框架形式。南墙上的窗户也采用龛式构造的式样。其基本功能并非在刻意强调外观，而是为教堂引入唯一的可见光源，使阳光挥洒到室内，从而达到强化祭坛及灵台上停放的棺椁的效果。

位于加利福尼亚州伯克利基督徒及精神理疗者第一教堂，是一处众多小型建筑构造的组合体。由伯纳德·梅贝克(Bernard Maybeck)设计，建于1910年。

基督徒及精神理疗者第一教堂参见：

《伯克利，第一基督教堂》，爱德华·博斯利(Edward Bosley)著，1994年。

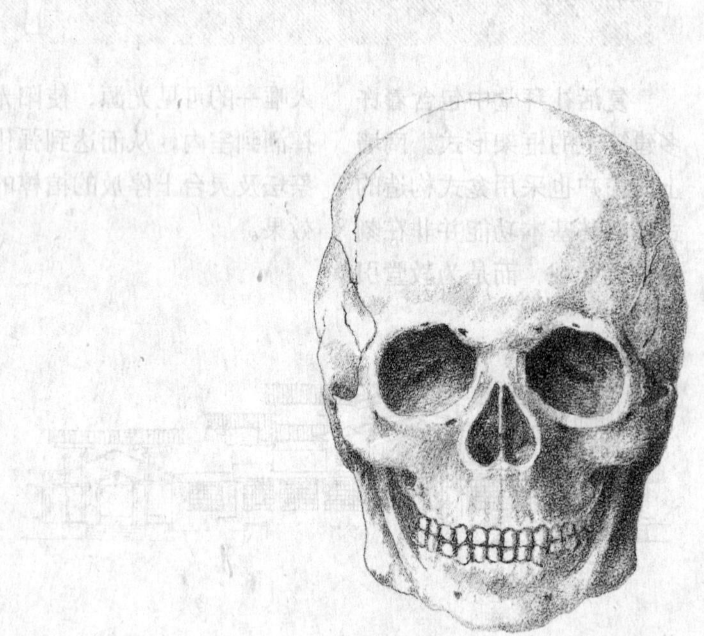

第八章　神庙与村舍

神庙与村舍

征服和改造客观世界的漫长历程中，人类时而躬从、依附于天造地设的一切现状；时而奋起抗争，努力地按照自己的生活需要去改造她——使之更加舒适、美好、富于秩序与和谐。

人类与客观世界的辨证关系就是上述两方面的对立统一，互动发展。有接受、有改变、既对立、又统一。面对无法回避的矛盾，需要做出抉择的绝不仅仅是哈姆雷特一人，这就是建筑的生命力之所在：直面客观世界，思考科学的改造方式。

试图通过建设来完全改造客观世界是行不通的，而一味妥协也并不现实。我们的祖先露宿于荒野之中，但在点燃营火的一刹那，他们便吹响了改造世界的号角。因此，建筑包括接受与改造两个方面。设计思想要直面这两个相关的问题："我们应征服和改造什么？我们又将接受并利用什么？"

将建筑学上升到哲学的层面，才能正确回答这一问题。即一是要弄清客观世界的本来面目，二是我们应采取什么样的态度来对待它。下面所引的两段文字，反映了两位作者对这一问题的不同态度，他们分别是从不同的哲学角度看待人与世界的相互关系的。第一段引自《建筑十书》(The Ten Books on Architecture)，写于公元前一世纪，作者是著名的古罗马建筑师及理论家维特鲁威 (Vitruvius)。文字如下：

"有识之士……会毅然面对坎坷多灾的命运。幻想依赖运气而不是学识来保佑平安的人，在充满艰险的生活旅程中，反而会趺趺撞撞，步履蹒跚。"

第二段文字引自19世纪英国艺术评论家约翰·拉斯金 (John Ruskin) 的《建筑的诗意》(The Poetry of Architecture) 一文，文中对完美的山庄是这样描绘的：

"村庄的一切都来自于大自然的鬼斧神工，其力量之大和影响之广让人无法抗拒。不论是用尽一切努力去仿效自然力的这种强大，还是想完全抹煞它的所有影响，都是徒劳之举。

村庄不能一味地顺从于山谷坡地或是天然洞穴，而是应该向风暴祈求宽容，向山脉寻求保护，应该感激大自然的温和而不是她的强悍，因为这种温和与强悍从不是彼此压制和冲击的，而是永恒的和谐。"

注：哈姆雷特是莎士比亚所著戏剧中的悲剧人物。

两位作者表达了完全对立的两种观点，维特鲁威提出了改造世界造福人类的建筑理念，坚信人类可以依靠自己的智慧与意志来改造世界。拉斯金则认为人类不应为了自我利宙而与自然对抗，应将自己视为大自然的一部分，正视自然的绝对权威，相信自然会通晓一切并将赋予人类所需的一切。

历史上，许多学者也怀有相似的观点。但这两段文字清晰地反映了建筑所面临的矛盾。

本书前些章节曾讲到，要想理解建筑的精髓，必须先弄清影响设计的客观条件。自然界所提供的各种条件，可以用不同的方式来加以归类，下面将讨论较为切实可行的一种归类方式。

总之，从事建筑，必然会涉及到以下全部或部分概念，他们是对建筑设计有益的补充。

- **场地**：由地面、岩石、树木组成；既可以很稳定，也可以不稳定；有高差变化；可以很潮湿；既可以是平坦的，也可以起伏不平。
- **重力**：一种持久稳定的竖向引力。
- **气候**：日照，风向，雨雪，光线。
- **适用建材**：砖石，泥土，木材，钢铁，玻璃，塑料，水泥，铝材。
- **人或其他生物的尺度**：活动范围，活动特征，观察方式，起居特点。
- **人类或其他生物**：对温度、安全、空气、食物的切身需要及使用方法。
- **人类个体及群体行为活动**：社会组织方式，政治阶层与地位。
- **现存的其他建筑形式**：如其他类型的房子与场所。
- **实际的空间需要**：用于满足各种形式的活动。
- **理解过去**：历史与传统。
- **思考未来**："乌托邦"与"天启"的思想内涵。
- **时间的流逝**：变化，耐久，锈蚀，腐坏，侵蚀，废墟。

对于以上类别，在不同条件下，我们可能采用的设计态度也不尽相同。例如：外墙既可用来御寒，也可用来通风；人的行为既可以受到约束，以适应场所的要求，也可以通过行为来塑造场所；建筑材料可以雕琢、打磨，进行深加工，也可以直接利用天然的材质，或是利用开采过程的中间产品；建筑设计可以忽略时间的影响，也可事先考虑到自然因素可能带来的影响；既可依据人体尺度与实际需求进行设计，也可采用与外界无关的独立尺度建构场所；可以沿袭前人的思想方法，甚至遵从历史的“权威性”进行设计，也可以打破陈规，创造全新的建筑。

任何建筑，如一幢大楼、一座花园、一处墓地，甚至是整座城市，都是基于这种观点来表达的。如果有的建筑师想要改变建筑的承重体系，从建筑的形式上就会自然地表现出来。如哥特式教堂的拱顶，赖特流水别墅中水平出挑的悬臂梁都是如此。想通过设计来规范人的行为，也会在空间形式上有所体现。如在维多利亚时期的圆形全景监狱里，设在圆心处的观察窗可以监控所有囚室的情况。如果是想利用自然通风，同样会在形式上有所反映。

建筑往往是有取有舍，将二者有机结合起来的。但是，哪些需要保留、利用，哪些需要修改、舍弃，并没有定式可循，这种不确定性是众多建筑所关注的焦点。纵观古今，建筑师是应承袭传统，还是应努力探索与创新；是应尽量利用建筑材料的天然质地，还是更多运用加工后的成品；是应更多的致力于居住环境的设计，还是不需进行整体规划，任凭城市有机生长？对于上述及其他类似的问题，人们的回答总是千差万别的。

设计思想是在“取”与“舍”上不同程度相结合的产物。一些设计以“舍”为主导思想，崇尚改变与创新；另一些设计侧重于保留与利用，以“取”为主导。“神庙”原型与“村舍”原型就是这一矛盾的两个对立概念。

“神庙”原型

“神庙”原型不是真实存在的神庙，而是一个抽象概念。下页中将要分析的一栋建筑很像古希腊神庙，从哲学意义上来说，可将其视为神庙。

塑造“神庙”特征的方法多种多样。不需要列举方方面面的例子，只需对其中一部分内容加以解析，就足以说明问题了。

神庙往往建于抬离地面的平台上，平台就是它的基础。平台既是神庙几何序列的起点，也是其与现实世界的分界。即使是平台之上没有“神庙”，它本身就已形成一个独特的场所——兀立于基址之上，高出地面，表面平坦，与自然分离，这就是其特征所在。

神庙的外墙既遮蔽着风雨，又保护着庙中的神像，墙体建在高大的柱廊后，像是对自然力的略微退让，却又永恒的屹立在旷野之上。砖石上雕刻着抽象的几何纹样，经过打磨、上色，精工细作而成。石材都是从远方优选后运送而来的，而不是就地取材。为了保证建造质量，不惜耗费巨大的财力和物力资源。

“神庙”尺度非凡，并不沿用人体尺度，而是参照神像的巨大尺度来设计。根据神庙的体量来确定基本尺寸单位，结构本身有自己的比例关系，这一手法促成了神庙独立于客观世界之外的特征的形成。

作为“神”住的房子，神庙不是服务于芸芸众生的物质需求的。

“神庙”傲然孤立，自成一体，并不与周围建筑群体相存相依。作为一个参考的焦点和中心，可以这样说，是周围建筑更多的向它看齐，进而产生千丝万缕的联系。“神庙”代表了永恒的中心，虽与周围环境没有紧密的联系，但可以通过轴线与远方超凡的事物相呼应：远山峰顶上的一处圣地、闪耀的星辰、初升的红日，等等。

作为神的殿堂，神庙功能单纯，并非服务于纷繁复杂的实际需要。其超凡脱俗的外观源自规致的几何形体及轴线对称的布局，摆脱了各种世俗活动对空间不同要求所带来的羁绊。

经典的古希腊神庙历经许多世纪的锻造提纯，造型已十分简洁精炼。但作为一种理想的神庙，它却是静止不变的——永恒地固化在时光中，不论过去或未来。

昨日辉煌的神庙，今天沉寂的废墟，如此结局并非建造者的初衷，在他们虔诚的心目中，这些圣地将在遥遥时空中永生，而绝不是躬从和卑膝。对后来的浪漫主义者而言，这些废墟中充满了人类的自信——或者说是傲慢，对其考证与复原的过程也使后人充满着浪漫的诗意和伟大的情怀。

“村舍”原型

同“神庙”一样，“村舍”原型同样不是真实的建筑，而是一个概念。无论人类学家如何表白神庙与客观世界的分离，村舍却是与环境紧密依存的。上图画的是一个英国农庄（年代不详），但近旁还存在着一些其他的建筑和花园，这些都能说明“村舍”的概念。

不同于“神庙”的是，“村舍”的原型建在地面上，凹凸不平的大地是它生长的基点。它低矮的院墙延伸向远方，从不将宅舍隔离于环境之外。

同“神庙”一样，“村舍”也用来取暖御寒，遮避风雪。不过它的服务对象是人和动物，而不是神灵。建筑师将气象因素考虑进来，用铺设着油毡的陡急的坡屋顶用来防雨；所选的地形，四周毗邻的树林都有很强的防护性。它与太阳的关系不是为了建立一条重要的轴线，而是着眼于实用，要么为了利用它取暖（寒冷地区），要么用来避阴（炎热地区）。

“村舍”大都是就地取材，因地而建的。虽然造型与装饰在建筑中也必不可少，但一般都很简单粗糙。

“村舍”的尺度直接按照人体的尺度来建设，当然也包括牲畜的尺度。这在入口部分显得尤为突出，门洞的高宽都要联系人的体型加以设计，如果是牛棚，就要参照牛角上的年轮而定。

“村舍”内外空间的设计可以满足不同的实际需要。为满足这些需要，不可能是中规中矩的布局，而是采用复杂和不规则的形态。

“村舍”易于变化，这种变化是随时间的流转而不断增加的，因而可能永不完善。根据实际需要，空间可以不断扩大，也可以迁居重建。年长日久，墙面会生出绿锈，石块上会长出青苔，墙缝中也会自然长出杂草。

创作态度

上文对概念化的“神庙”与“村舍”原型进行了论述和分析，但真正创作态度的建立必须源自不断的具体实践。

建筑师都有各自不同的创作倾向，或是具体问题具体分析的实事求是的设计态度。

创作态度的形成既可以是自发的，也可以是自觉的，并且终将在作品中体现出来。没有任何一种既定的创作倾向可以包罗万象，放之四海而皆准。创作成果的多样化正是多层面、全方位哲理思考的必然体现。

广义地讲，对于建筑与环境相互关系的理解有三种不同的认识。第一，建筑要适应环境的态度；第二，主张二者协调共生的态度；第三，强调建筑的自我完善。在上述三个认识构成的范畴中，具体的创作态度又是千差万别的。如：对于环境的态度可以表现为无知、忽视、接受、放弃、反映、改造、缓和、改变、夸张、开发、竞争、征服、控制……在具体的实践中，上述因素往往相互结合、构成与变通。

以气象条件对建筑的影响为例：假设有一块特定的场地，在每年的固定月份都要刮风，风暴有时还具有潜在的破坏力。如果你是建筑师的话，可以做出以下三种选择：第一，对气象条件有所估计，但设计中对这一因素重视不足；第二，合理开发这一因素，取得理想的生态效果；第三，设计隔离带，减轻风沙的破坏。这些措施，有的可能是疏忽、草率，甚至是明显错误的；有的则是精心创意的、明智的；还有的则是二者的折衷态度。其实，可选的态度都是客观存在的，关键是要通过自己的判断，具体问题具体分析地做出判断。

不管创作态度自觉与否，对于环境不管是强调适应还是注重改造，设计态度终将真实地反映在作品之中。

创作态度还有个性与共性之分。所谓个性，即作品体现出建筑师强烈的个人思想；所谓共性，是指作品具有一定文化背景之下的共同特征。

建筑所体现出的创作思想可广为应用：有人是为了表达与创意；有人是为了广告与宣传；有人则将它看作民族的或个人的经济地位的一种象征。20世纪30年代德意志第三帝国时期，掀起一股崇尚古典神庙几何与轴线对称布局的复古主义思潮，强调对建筑的控制力，进而粉饰强大的帝国形象。而当纳粹执政时期，为了美化所谓“人民政府”的政治伪装，在建筑上同样有所反映：掀起另一股历史寻根情节，强调民族与文化的传统意识。不论是古典风格还是民族传统，都是漫长历史的自然产物，此刻都成为了灌输精神统治的政治工具。

当然，创作思想并非总是与愚昧或政治野心相伴生的，它充满着浪漫主义色彩，是建筑创新与发展的思想源泉。不论是古罗马时代的英雄浪漫主义，还是田园牧歌般的乡村生活；不论是此起彼伏的科技创新，还是质朴的生态主义回归，建筑创作都可以正本清源，在伟大思想的推动下大行其道。

同时，也要警惕一种不良倾向。对建筑风格表面化的描摹与拷贝，其思想是肤浅和虚伪的。真正伟大的思想必定根植于表与里　形式与内容相统一的真实之中。

舍本逐末，回避场地现状而空谈创作思想不是一位真正的建筑师所应采取的态度。应该立足于现实，在设计中努力适应、协调与创新。如果不从实际出发，而试图从自然、民族、历史、气象等其他因素中寻找灵感，那么，就本质而言，不能称其为建筑师。这些只不过是创作中必须应对的一系列因素而已。

概念形态的“神庙”与“村舍”

“神庙”与“村舍”作为建筑概念并不仅指现实中的神庙与村舍这两类建筑。

有些“村舍”的建筑形式在某种程度上可归结为“神庙”，而有的神庙（即宗教建筑）在形式上则体现出“村舍”的特征。顾名思义，神庙是“神住的殿堂”；“村舍”是“人居的住所”。而概念上的“神庙”与“村舍”却不仅限于此。作为抽象的定义，他们是泛指而非特指。

科弗（Corfu）大教堂的建筑形式很不规则，如页底插图所示。就功能而言，它是一座神庙，但在建筑形式上却表现出“村舍”的特征。

而右图这栋村舍带有小型基座，轴线对称，几何布局，从建筑形式上完全表现为一座“神庙”。

“神庙”与“村舍”的概念完全适用于园林设计中。英国传统的住宅形式就与概念上的“村舍”相一致。其园林中的各种植物都是自然生长的，没有固定的组织方式……

而装饰性强的法国庄园，强调绿化的几何布局，植物的造型都由人工裁剪而成。

英国农庄倾向于完全自然化的布局方式，保留各类植物的天然质地，欣赏未经人工雕凿的自然美。相比之下，法国庄园则体现着改造自然的人工化理念，绿化植被经过精心的修剪，富于几何美。

很多建筑既非单纯的“村舍”，也非简单的“神庙”,而是二者的混合。自由布置的村舍里，不少细部设计既对称又具有很强的几何性,形成村舍中处处有“神庙”的景观。如门廊、壁炉、门框、凸窗、四柱式床铺、坡屋顶上的老虎窗,等等。从这张剖面图中便可清晰地看到这些按照“神庙”思想处理的建筑细节。

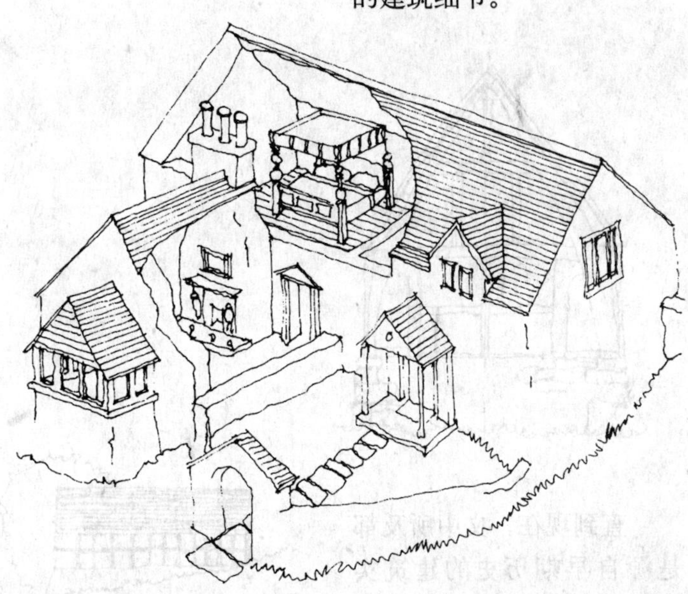

“神庙”与“村舍”的设计理念在建筑作品的平面中随处可见，在立面处理中也不乏其例。

这张平面图表现的是位于爱琴岛的一座古希腊神庙,采用严格遵循几何构图、轴线对称的设计手法，显示出“神庙”抽象的概念特征。

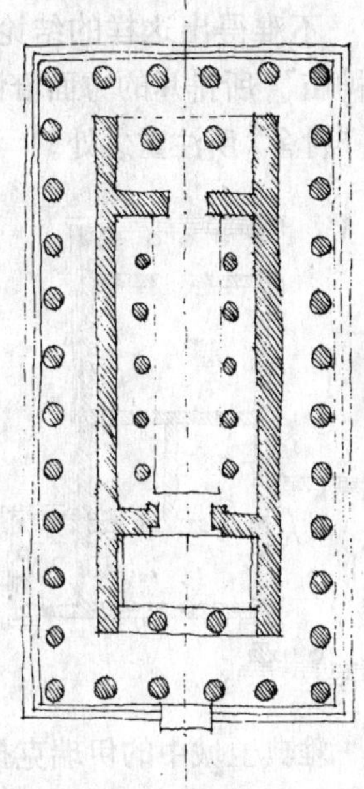

这是一张威尔士农庄的平面图,布局既不规致,也不沿用垂直正交的几何形体,建筑手法与典型的“村舍”

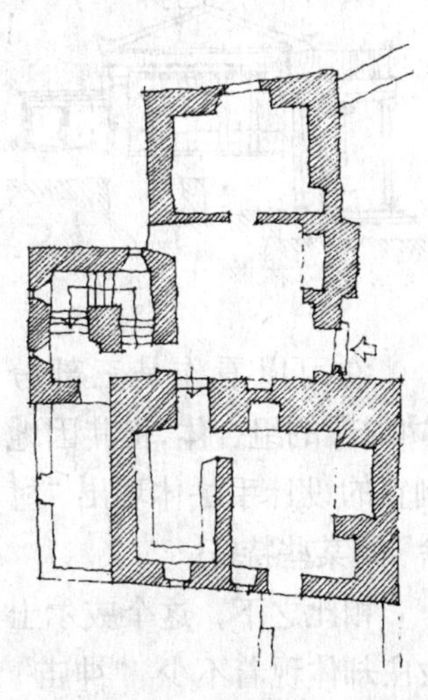

概念相吻合。平面没有完整的几何构图，外伸的墙体参差无序，或围成小院，或融入自然环境；房间布置无定式可言，完全根据实际需要自然生成。

不难得出这样的结论："神庙"所排斥的方面恰恰是"村舍"所注重之处。

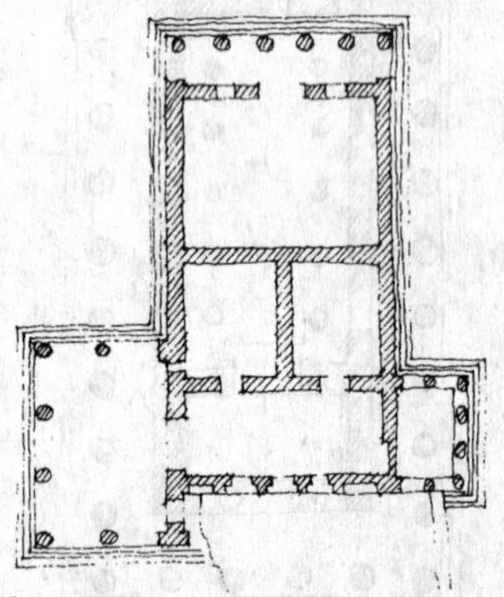

雅典卫城中的伊瑞克提翁神庙采用了不规则 非对称的布局形式。为适应起伏不平的地形，室内各部分也高差各异。

它可以看作是三部分"神庙"的组合体，但其因地制宜的设计手法体现出"村舍"的某些特征。

相比之下，这个威尔士农庄却体现着不少"神庙"的设计思想。

平面十分规则，布局对称有序，建在平台之上，不受起伏多变的地形的影响。

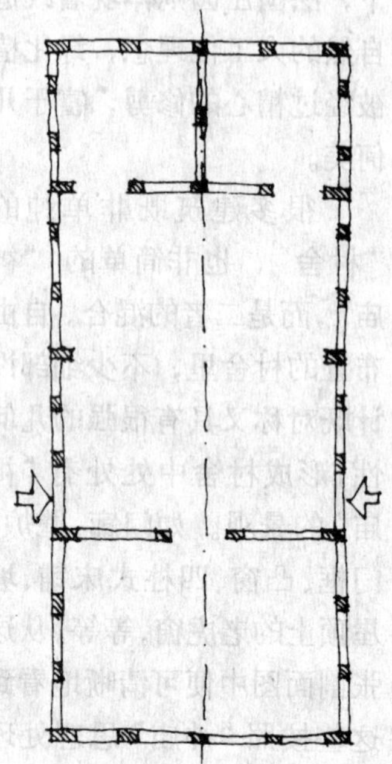

直到现在，文中所及都是源自早期历史的建筑实例。"神庙"、"村舍"这两个概念都是早期的设计手法，但在近期20世纪的建筑创作中也曾不断涉及。

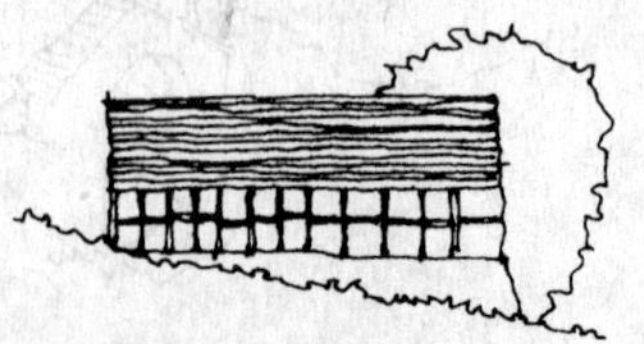

这座威尔士农庄在建筑形式上体现出众多"神庙"的特征。其平面和剖面都是对称式的，并建在一处平台之上，从而与自然地形分离开来。

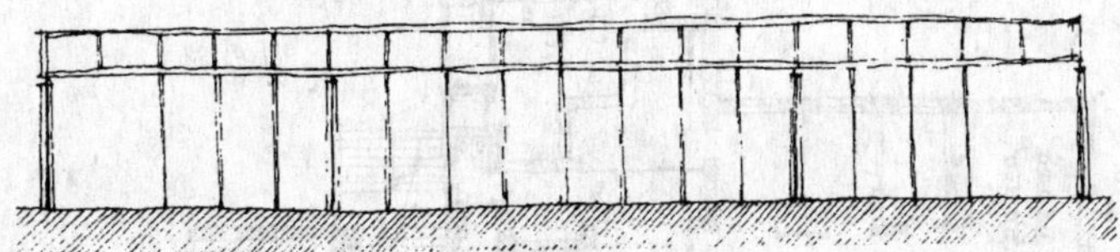

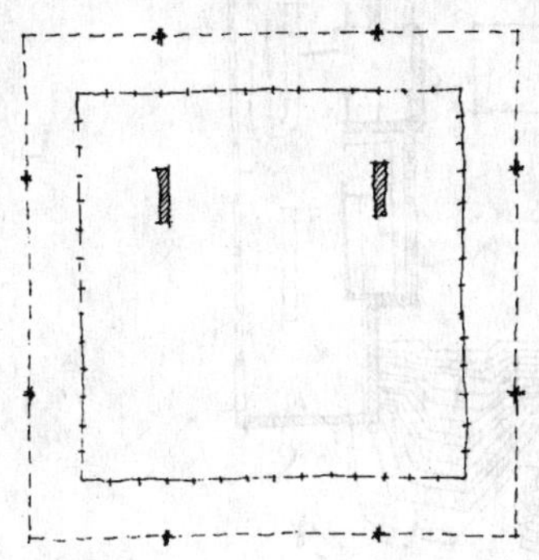

20世纪60年代，密斯·凡·德·罗设计了位于柏林的德国国家美术馆（the Nationalgalerie），这是其首层平面图。建筑的主体建在一个低平的基座上，采用钢结构形式，建筑四个立面是完整的清一色玻璃幕墙。就平面设计和总体造型而言，俨然是座浑然一体的“神庙”：平台将建筑与地形相隔离，规整的正方形平面，严格的轴线对称布局。与以往建筑不同的是，它用现代新型建材——钢铁与玻璃对古希腊石质神庙进行了重新演绎。

这是一座由汉斯·夏隆设计而成的住宅，建于1939年。平面呈不规则布局，直接反应着不同的功能要求与具体安排。建筑吻合于“村舍”的概念。

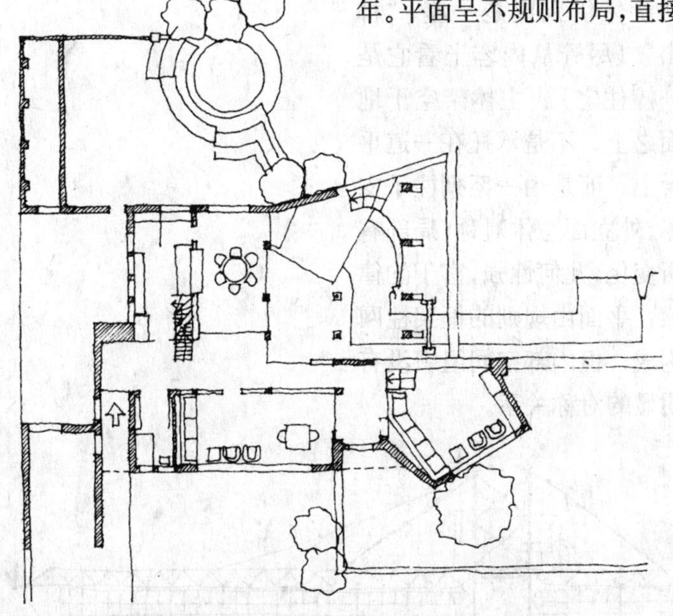

爱因斯坦天文台（the Einstein Tower）建于1919年，设计者是伊瑞克·门德尔松（Erich Mendelsohn）。尽管建筑纯粹是流线型体，但其手法体现出的却是完全的”神庙”特征。

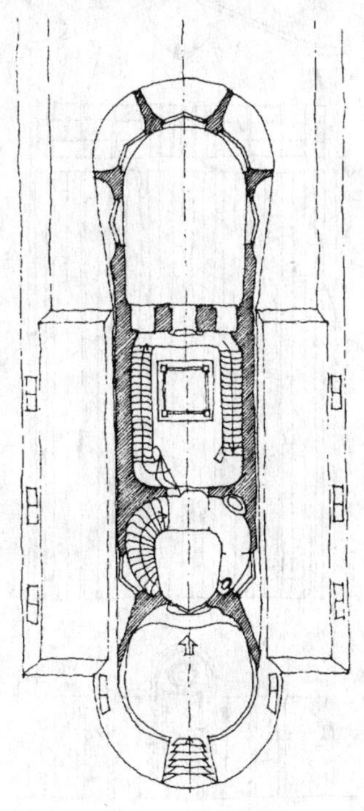

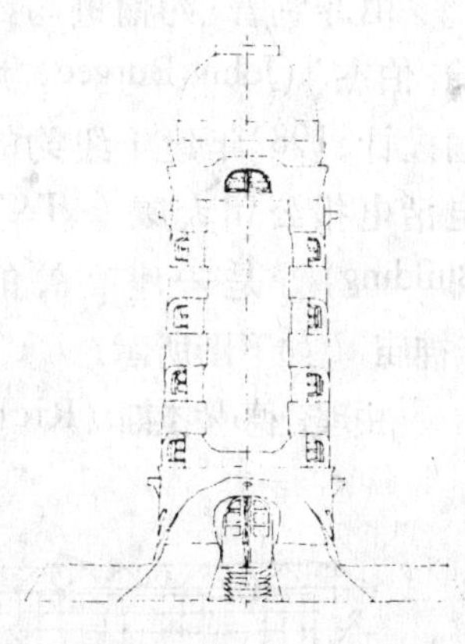

右图是芬兰建筑师阿尔瓦·阿尔托于1952年设计的珊纳特塞罗镇中心主楼(the civic center at Säynätsalo, Finland)。建筑巧妙地利用了地形,空间布局有机灵活,与周边环境密切协调,在对比中求统一,在对话中求融合,质朴亲切,富于人情味,切近了“村舍”的本质特征。

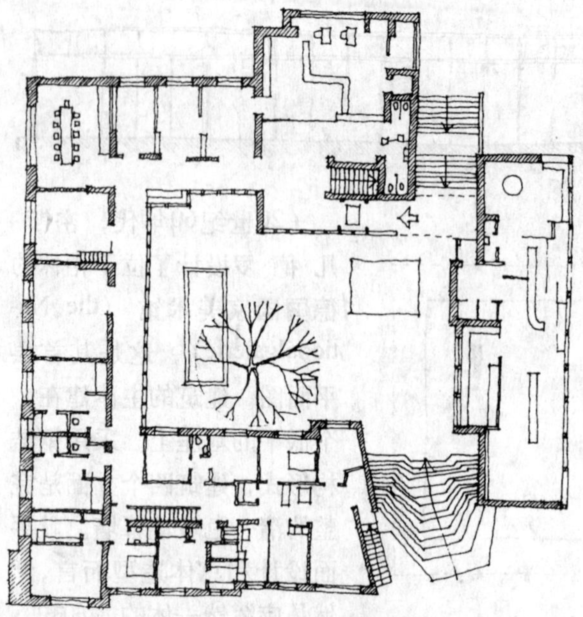

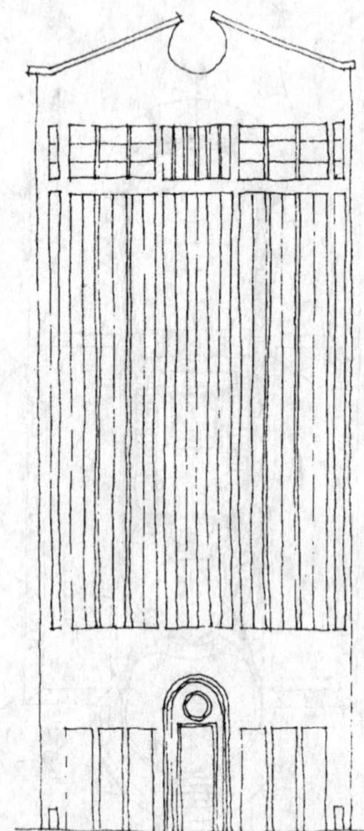

由菲利普·约翰逊与约翰·伯杰(John Burgee)共同设计,1982年建于纽约的电话电报公司大厦(AT&T Building),是一座高耸的“神庙”,如下图所示。

由理查德·罗杰斯(Richard Rogers)设计,位于Gwent新港附近的Inmos研究中心,是一座宽阔的“神庙”。

20世纪,还有许许多多建筑体现出“神庙”与“村舍”相结合的双重特征:从外观上看,勒·柯布西耶设计的萨伏伊别墅是一座“神庙”(尽管从内容上看它是一幢住宅):主体架空于地面之上,不是承托在一道平台上,而是由一系列柱子支撑;外立面总体对称,局部有所变化,几何性强,富于韵律感;平面由规则的框架柱网构成,但内部空间组织没有明显的对称关系。

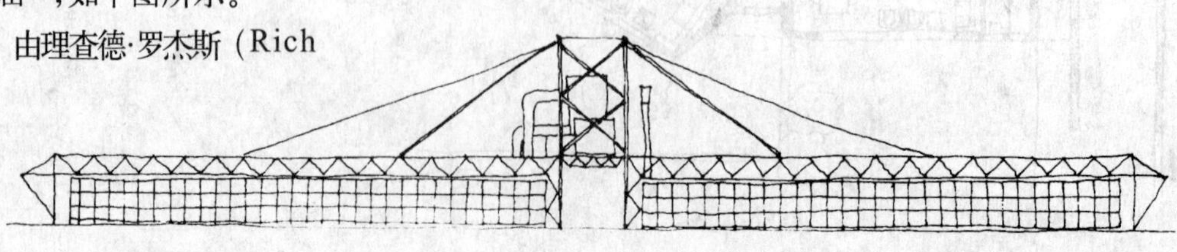

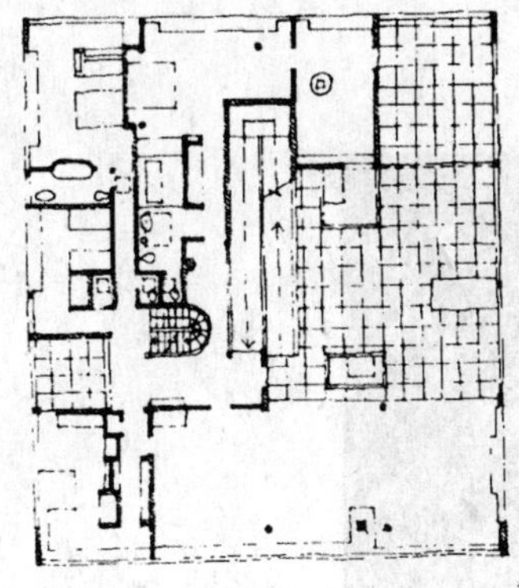

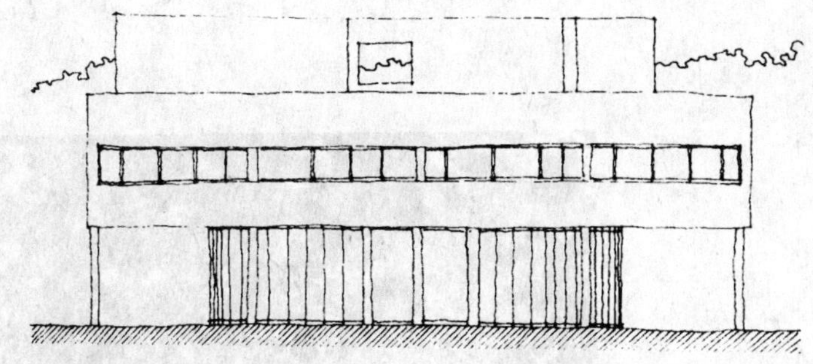

环境设计中的“排他性”和“选择性”模式参见：

《传统的环境》，迪安·霍克斯（Dean Hawkes）著，1996年。

围绕“神庙”与“村舍”这两个概念，演化出两种相应的设计态度：适应或控制。他们在各类建筑中不同程度地有所体现。建筑师既可回避环境因素，使建筑空间自成一体，又可适应环境，协调安排。在通常的创作中，两种设计思想均同时并存。

应用限定元素进行设计的创作思想不断走向成熟和正规。纷繁的环境因素，要考虑温度、光线、音质、通风等问题；在“协调型”和“排他型”设计中，对以上因素的考虑与应用有着明显的分化：协调的设计理念注重对以上因素的适应与开发；排他型设计思想却与环境因素截然对立，强调室内环境的人工化水平。对于二者的分析与比较可以得出以下规律：适应型设计与“村舍”思想相一致；而排他型设计则与“神庙”理念相统一。

抽象的“神庙”与“村舍”概念表达出两种不同的建筑观，伴随于设计过程的始终。在设计应用上没有定式可循，而是思考与判断的自然流露，并受特定时代大潮的限制与影响。

有的建筑作品很难用以上方法加以明确地解析。如：里特维尔德（Gerrit Rietveld）设计的施罗德住宅（Schroeder House），（如左图所示），1923年建于乌特勒克（utreche）。该建筑既不规则也不对称，更非建在平台之上。但它具有抽象、理想的含蓄特征，营造出一种独立于环境之外的态势，可以归为“神庙”思想的一个范例。

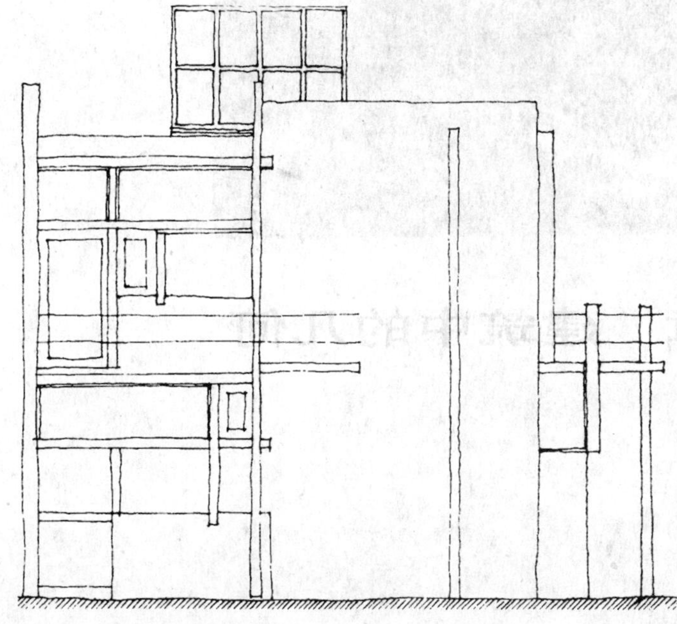

第九章　建筑中的几何

建筑中的几何

几何在建筑中有着多种多样的作用。

在上一章——“神庙与村舍”中讲到,场地具体条件不同，创作思想也就千差万别，并突出对比了两种不同的创作倾向:即“神庙”原型所强调的征服与控制；“村舍” 原型所体现的适应与协调。

几何的应用也可通过上述这两方面加以对比与探讨。我们既可根据环境现状，选择相似的几何形式与之协调；又可选用其他一些十分规则的几何形式，强加或是覆盖于现有环境之上。我们将这些人为的、强加于环境之上的几何元素称为“理想几何”，会在本章的最后加以讨论。

几何，正如我们在学校所学的,无非是圆、方、三角、方锥、圆锥、球体、直径、半径等形体。他们在建筑中的作用十分重要。而环境中的几何——理想几何隐含在客观世界之中,相对较为抽象。可以说，任何物质形态无不由几何组成，因而面对丰富多彩的大千世界，没有不可被人认知的事物。

除此之外，在人类征服和改造自然的进程中也创生着新的几何形式。不论是消极的适应或是能动的改造，从与自然对立到融合的艰苦求存中，人类逐渐了解了几何。几何手段在建筑——标识场所的过程中不可或缺。

圆形的在“场”

人与其他一切物质本身就是以一定的几何形式存在的。

人体周围存在着所谓的“场”,它是对人的存在的客观标识。当人与其他事物发生某种关系时，彼此之间的“场”也产生着相互影响。进入一个封闭空间后，人的“场” 便包容其中或是接受重塑。

空旷的环境中，任何存在物都占据着一定的空间，人们可以感受到它们的“场”的范围。

电流和射线的存在很难被人察觉，但有形物体易为人所感知。物体的“场”即是它能被人察觉到的极限距离。它是一种圆形区域，可以大得看不到边际，也可以很小，如：被一片树林或是一道矮墙所限定。

声波在空气中振动，人们所能听清楚的与声源之间的最大距离就是声场。它定义出某一声音的具体散播范围。同理，对于气味，能够闻得见的范围就是气场；对于电磁波，可接收的区域就是电磁场。

伸展的枝干所覆盖的区域定义出树的一个特定的"场"。

从物理学的角度看，最小的"场"是人体可触及的范围，甚至可以小到与别人拥抱这样密切的范围。

任何事物的"场"都有大小限度。当一事物与另一事物产生某种关联，二者的"场"便相互作用，此时，它们的"场"都在自己的限度内调整，处于各自的中间范围。"场"在极限之内的变化形式无穷而微妙，很难确定具体的尺度。只有将人——这一活动标尺引入并加以参照，才有讨论的意义。在此条件下，人才能判明自己的具体方位。因此，"场"这一概念的引入，真正的目的在于定义出人在空间中的准确位置。

之所以给出"场"的大、中、小三个范畴，是为了便于建筑研究，它们是设计中无法回避的基本概念。最大视域——决定着"场"的上限；紧密接触——决定着"场"的下限；其他感知手段，可以确定出中间变化范围。从古至今，几乎所有建筑都是基于上述理解，进而在设计中认识、定义、强化、塑造和控制具体场所范围的。

枝干定义出一棵树的在"场"。

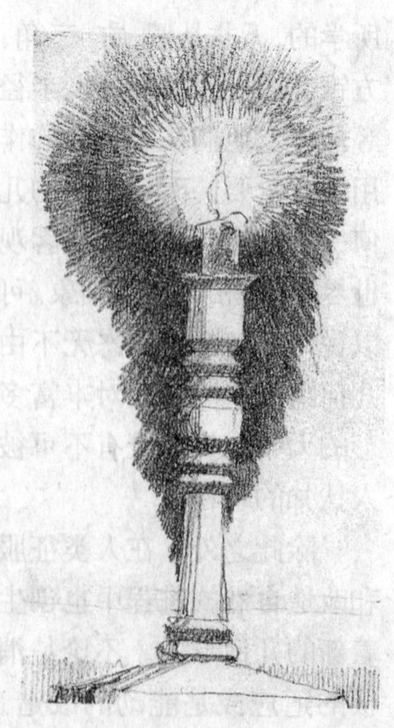

一支蜡烛或一处灯塔所泛射出的光芒定义出它们的圆形的"场"的存在。

雅典娜雕像所产生的氛围笼罩着整个雅典卫城。

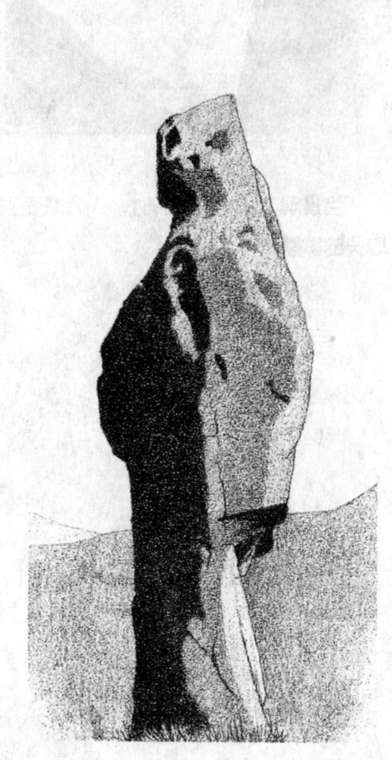

原野中屹立的巨石不仅宣示着自己的存在，也证明着一处曾有许多劳动者辛苦劳作过的场所。

一支蜡烛、一座灯塔，射出的光芒形成了它们的在“场”。

“原始场所类型”一章讲到的篝火，辐射出球状光热半径，定义出一种特殊的场合。

旷野中兀立的巨石，物化着古代劳动者在此挥洒汗水、艰苦工作的场景。

建立了“场”的概念，才能在设计中把握住各类具体场所的关系和尺度，进而才能细致刻画、深挖内蕴、合理表达。

现实中，受具体环境条件的影响，完整意义上的“场”很少存在。万事万物间，不同的场之间可以重叠、包容、穿插，彼此间所形成的场所关系十分复杂，有时很难做出全面准确的分析。

自古以来，场的概念就应用于建筑的方方面面，并得到很大的发展。

雅典卫城的古典建筑群，基本上都建于古希腊的鼎盛时期，约公元前5世纪左右。卫城所处的山岗陡峭险峻，傲立于雅典平原之上，从尚无历史记载的年代便被雅典人尊为圣地，这很大程度上取决于其突出而独特的地理特征。在那多灾多难的岁月里，一座座圣殿经过劳动人民的双手拔地而起，人们企图通过圣殿的庇护，来祈求幸福与和平。圣殿建筑群，结合着特有的地势，不论是从远方眺望卫城，还是站在卫城所踞的山岗翘首远方，建筑的形象都能最大限度地

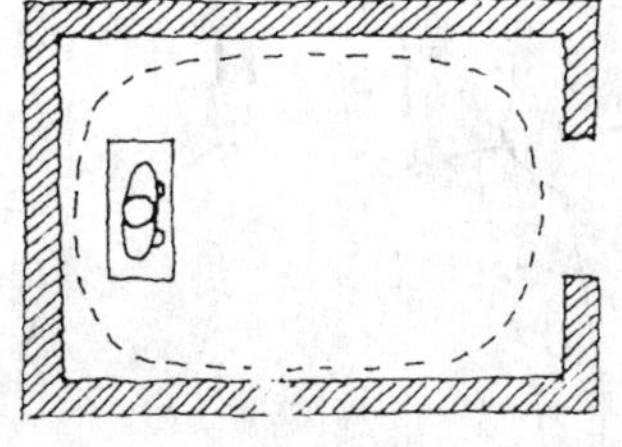

一个突出物体的场的存在既可为一处围合的空间所包容，又可为之所改变。

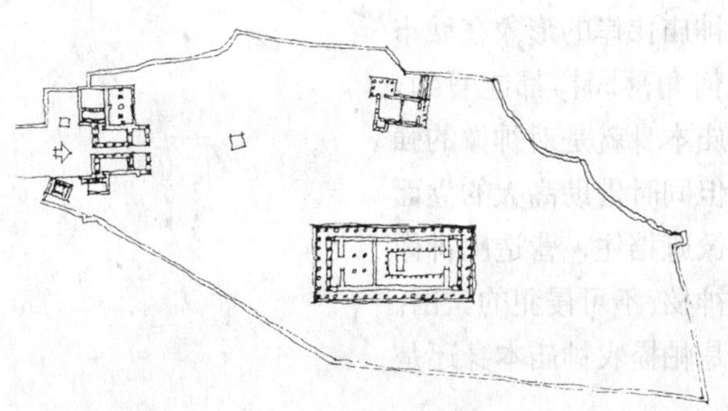

展现出来。

圣地居高临下、一览无余的显著地理优势，强化着圣殿建筑群的空间氛围。由于地形高度十分显著，使建筑的在“场”完全展现出来。神圣的存在，伟大的场所，直至今天仍清晰可辨。

同样，圣地的氛围也通过圣殿建筑群的形象营造出来。在神庙的映衬下，卫城的地势更加明显，而且，卫城所留存下来的高大的城墙依然十分强烈地暗示着圣迹的范围，它们就遍布于神庙四周。虽然这些围墙的平面形状并不是圆形的，却体现了圣迹的圆形在“场”和卫城地形在实际建设中相互结合的内在关系。

雅典卫城有两座重要的雕像。其中之一的雅典娜神像身披戎装、手持长矛，耸立在山门入口附近的开阔场地上，有11m之高，是圣殿建筑群的构图中心。它的巨大形象投射到整个城市，即使是海面几公里以外的船只都能看到。另一座神像安置在卫城的主殿——帕提农神庙中，神庙伟岸的形象在城市的任何角落同样都能看到，而神庙本身就是对神像的强化，但同时借助高大的立面将雕像遮挡住，营造出神像庄严神秘、不可侵犯的氛围。不论是帕提农神庙本身还是庙中的雕像，只有牧师才可以进入和接近。

对特殊场所的界定及其在空间形态生成中的引导作用，使建筑形式和具体场地在结合中相得益彰。卫城的围墙定义出圣迹之所在，而帕提农神庙又是对神像的空间标识，内殿里的神像受到严密的限定和保护，凸现出神的在“场”的神圣不可侵犯性。

视线

人的视线是笔直向前的，这正是视觉的魅力所在。我们可以轻而易举地踩向地毯上任何一处我们想要踩到的小点，或是用手指尖精确地指向一处想看的远景。视线的这一基本特征在建筑中被广泛应用。

在视觉中，三点一线具有特殊的意义。当太阳、月亮、地球对齐为一条直线时，日食或月食便会发生，这一天文现象极具启发性。巨石

当景观之间相互对齐时，人会感受到心灵的震撼。

夏至清晨升起的红日与Hele石及巨石阵的圆心对齐，形成一条直线。

建筑有时会对应着神秘的远山而建。

阵的创造者们无疑是利用了三点一线的原理，每年夏至，中心石都会通过石阵的圆心与东方初升的红日形成一条笔直的视线。

站在港口，眺望伸向大海的码头尽端，当海面上有船只驶过时，在人、码头和船只之间会形成笔直的视线。在乡间道路上驾车行驶时，当远方的自然景观笔直地跃入眼帘时，会引起注意，并引发大家的兴奋感。

三点一线，当视线与远景对齐时，对于人和景物都传达出某种意义。“视线”中——不论是手指尖还是巨石阵的中心石，它们作为中间点，仅仅是一种参照物，但可以帮助形成三点对齐的笔直视线，可以在视点与景点之间建立某种联系。对齐暗示出一条彼此沟通的轴线，使人的视觉产生兴奋，加深对事物的认知和映象。例如，站在人声鼎沸的大厅里，当两个人的目光邂逅相遇时，彼此间的认知和记忆将更为强烈。

建筑作为场所的标识，其实就是在不同的场所建立各种视觉联系。古人正是通过这一原理，将建筑紧密地融合于环境之中的。例如在独特的地点建房，本身就是对环境的一种强化，因此在建筑与建筑之间、建筑与环境之间建立起密切的联系。视觉原理在表演场所的设计中尤为重要，视线沟通着观众与演员的相互交流，直接传递着信息。在博物馆设计中，这一点也十分重要，视觉效果直接决定着展品的布置形式。

路线

在维琴察的维奇奥城堡进行改建时，Carlo Scarpa在平面图中标注出了视线关系。视线由建筑中的重要节点，如从入口或门廊画起，帮助它确定展厅及要引人的景观片段的确切位置。

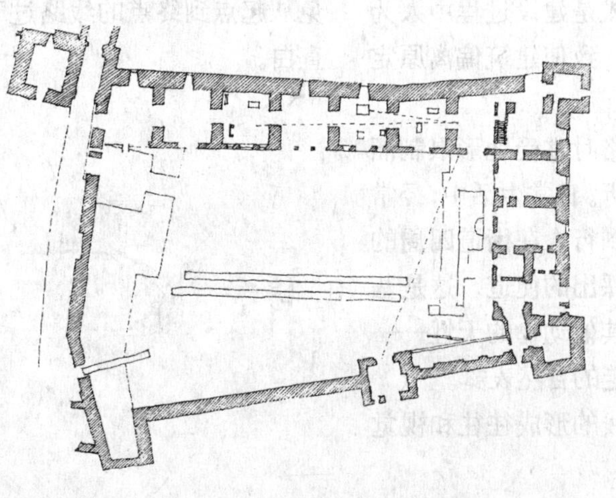

卡罗·斯卡帕在维奇奥城堡参见：《卡罗·斯卡帕与维奇奥城堡》，理查德·墨菲著，1990年。

物理学中，物质运动的基本原理是：物体有两种存在形式，要么保持静止，要么处于匀速直线运动状态，除非受外力作用才会改变这一状态。这一原理也常常应用于建筑设计中。

理想的路线应该是笔直的，除非受某些“外力”的影响而改变其方向。聪明人不走弯路，在起点与终点间会寻求最便捷的直线，除非遇到不可逾越的障碍才不得不做出调整。建筑也是依从这一原理在客观世界有序地建构着空间序列，以满足人类一系列的物质需求。

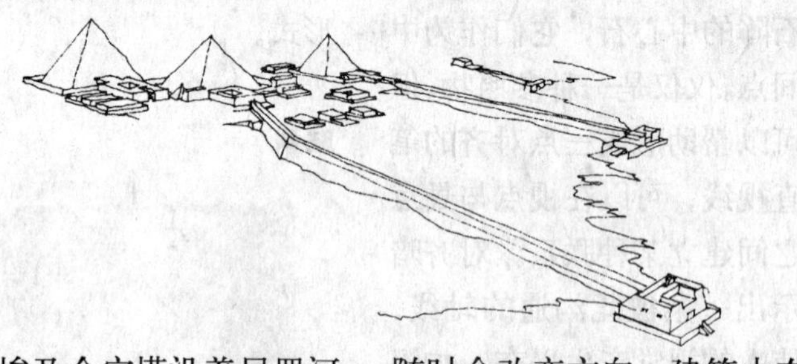

埃及金字塔参见：

《埃及金字塔》，I.E.S.Edwards著，1971年。

埃及金字塔沿着尼罗河河岸，与山谷里的村镇相联系。这种联系有时是笔直的，有时根据实际情况随形生变，或是建设过程中人为地变更，致使建筑偏离原定线路。

道路时常受地形限制而迂回曲折。日常生活中，经常可以看到行人在街道四周的绿地里踩出的便道，这是基于人及其他动物的天性——直线行走的自然表露。

路线的形成往往和视觉要求有关，但二者并非必须时刻保持一致。

一条路线可以形成或强化某一视线。如，道路与远方突出的景物对齐，但路线并非总与视线保持一致，可能随时会改变方向。建筑中有时则强调路线和视觉的一致性（如教堂的室内布局）；有时二者可以相互偏离，以避免从起点到终点的线路过于直白。

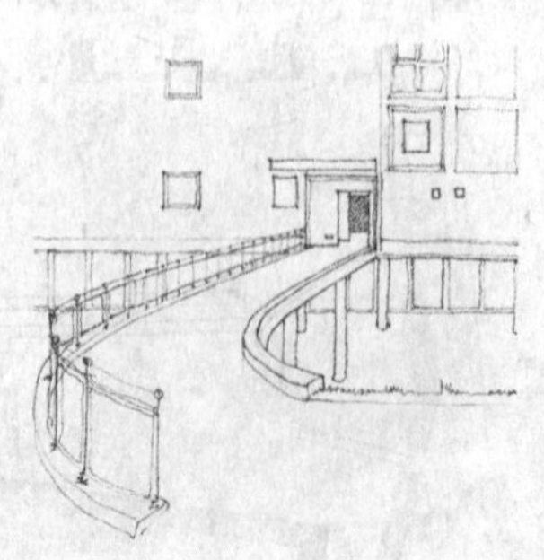

这幅图中，目标点（建筑入口）十分清晰，通道却偏离视线。

卡彭特中心的入口通道，路线的安排同视线并不一致。

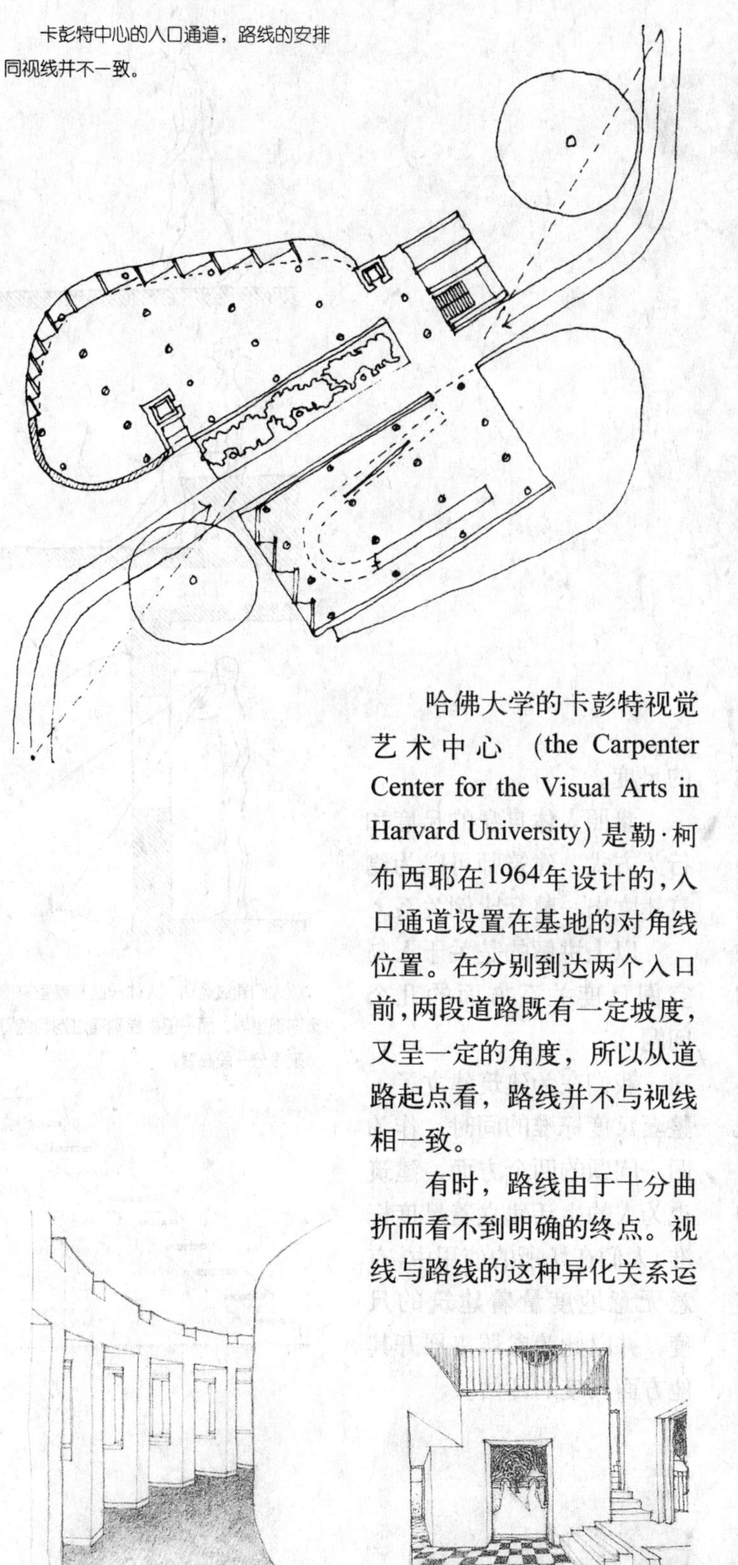

哈佛大学的卡彭特视觉艺术中心（the Carpenter Center for the Visual Arts in Harvard University）是勒·柯布西耶在1964年设计的，入口通道设置在基地的对角线位置。在分别到达两个入口前，两段道路既有一定坡度，又呈一定的角度，所以从道路起点看，路线并不与视线相一致。

有时，路线由于十分曲折而看不到明确的终点。视线与路线的这种异化关系运用于建筑中，可以产生神秘感。

有时，一栋建筑里可有多条线路以供选择，使用者需要通过视觉判断做出相应的选择。

度量

几何（geometry）一词是由两个希腊词汇融合而来的，ge-是“大地”的意思，metron表示“量度”。对客观世界尺度的把握和判断在生活中必不可少，人们无时无刻不在度量着周围的环境，而且方式多种多样，其中使用直尺或卷尺就是人为方式的一种。

通过行走，人们可以估计出距离的远近。有意识的做法是计算出行走的步数，当然也可以由潜意识来完成，这样通过与其他线路的比较即可得出大致的判定。在行走中，人们往往先通过视觉估计路线的长度或台阶的高度，从而对走完全程所需的时间和精力做出预先的估计。

在穿越门洞或通道前，人们会对它的宽度加以判断，看看是否有足够的空间为身旁来往不息的人流让路。

此外人们还会估计洞口的高度，以判断是否要躬着身子才能通过。

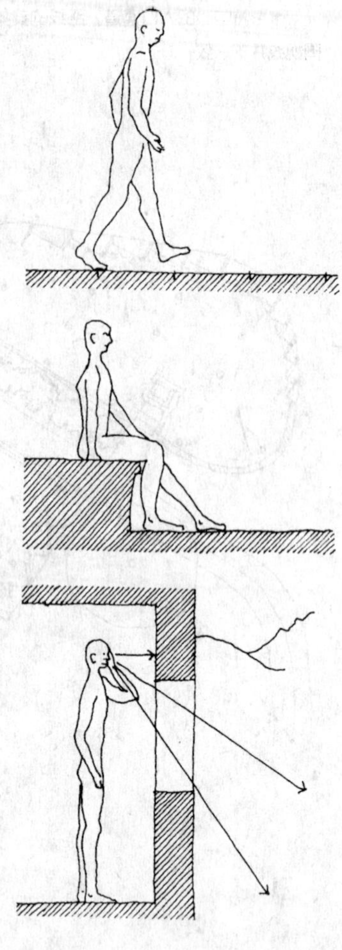

人们通过运动、人体尺度和感官来度量客观世界。而一部楼梯则通过均匀的踏步来等分一段高度。

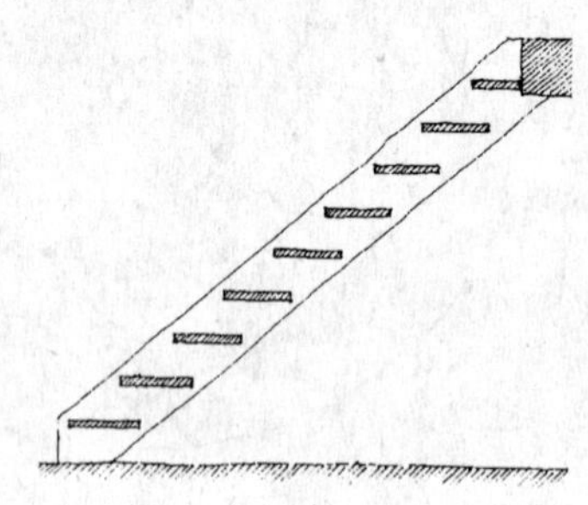

一间房屋，人们会先估计它的尺度，再决定摆放什么样的家具，怎样布置更为合理。尺度的评估基本要靠视觉来完成，但有时空间的声学特征也能暗示出尺度的大小。人们在潜意识里也会评估怎样的室内尺度及家具距离会影响到公共活动时彼此之间的相互关系。

人们会判断一道矮墙的高度是否适宜于就座；一张桌子是否适宜于用作工作台；通过睡眠用的床铺，人们可以准确判断出自己的尺度。

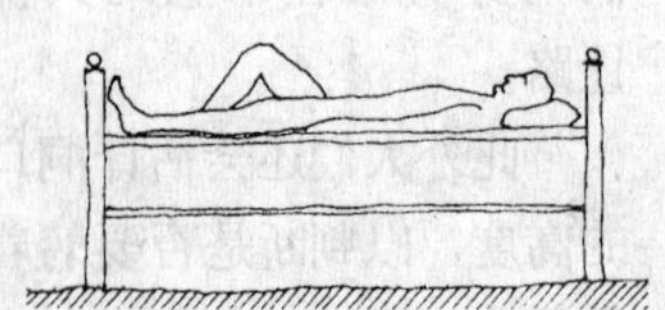

参照人体自身的尺度和行为方式，建筑师可以为建筑建立出一整套比例关系。

以上讲解的是关于人与空间尺度关系方面的几个问题。

我们在为建筑建立了一整套尺度标准的同时，作为同一问题的两个方面，建筑也为人的生活建立着尺度标准。人们在场所的使用中，有意无意地度量着建筑的尺度，并以此为参照来展开其他方面尺度的评估。

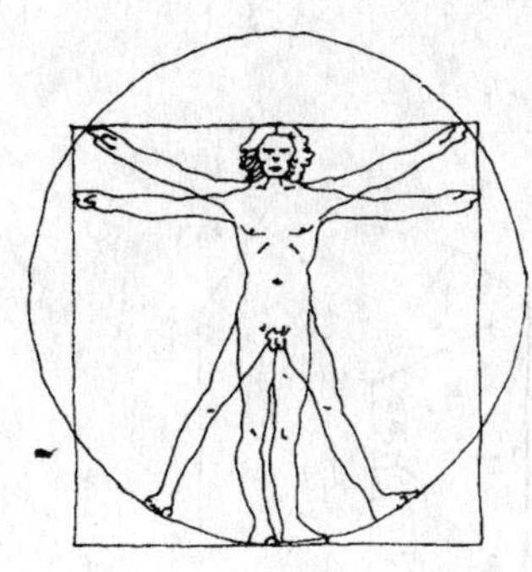

15世纪末，莱奥纳多·达·芬奇(Leonardo da Vinci)根据古罗马建筑师兼作家维特鲁威在书中的记述，对人体黄金比作了进一步图解。他发现，理想的人体尺度遵循着一定的几何关系，而且人体各部分的尺度与自然界乃至整个宇宙的尺度间有着内在联系。

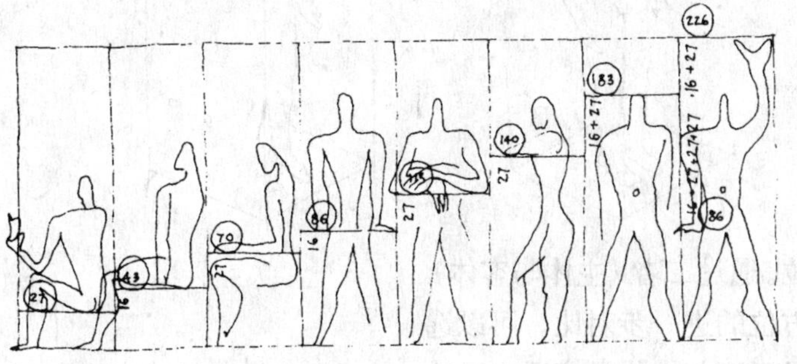

模度参见：

《模度》，勒·柯布西耶著，Franica和博斯托克(Bostock)译，1961年。

20世纪中叶，勒·柯布西耶进一步将人与其他生物联系起来，构想出一个更为复杂的比例体系。他常常使用一个固定而特殊的比例——黄金分割(Golden Section)，其所建立的体系称为“模度”(The Modulor)，适用于人的各种行为姿态。如：坐着、躺着、伏案工作……

早在19世纪初期，德国建筑艺术家兼歌剧家奥斯卡·施勒默尔(Osker Schlemmer)就已认识到人的运动不仅可以度量客观环境，而且可以影响环境的生成。

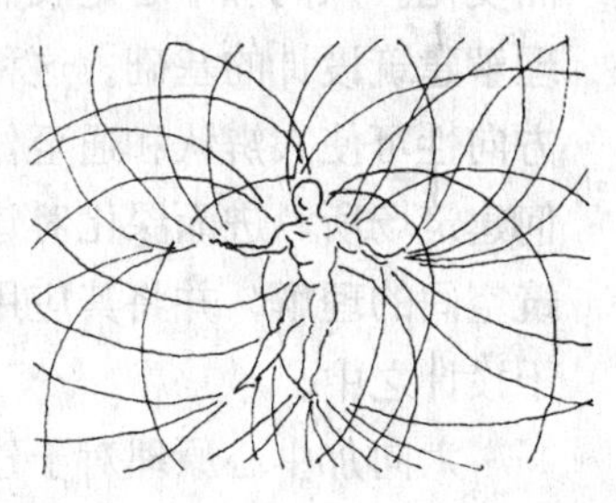

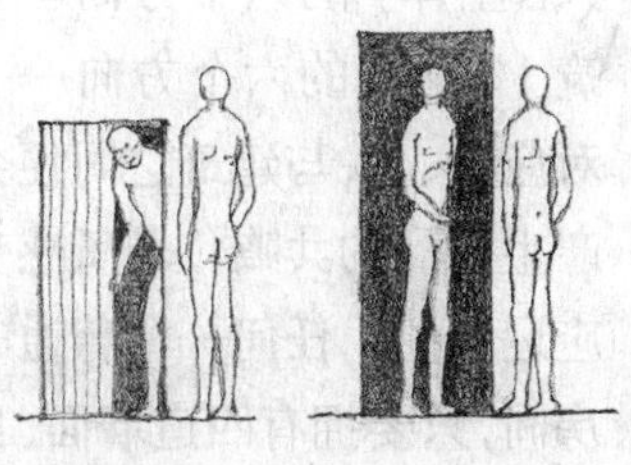

巨大的门廊夸大了雕像的尺度，从而弱化了人体的真实尺度。

矮小的门洞削弱了雕像的尺度，从而强化了人的尺度。

一处同人体尺度相应的门廊里，人体与雕像的尺度是一致的。

六向加中心

人体包括前后、两侧以及脚下的地面和头顶的蓝天六个方向。

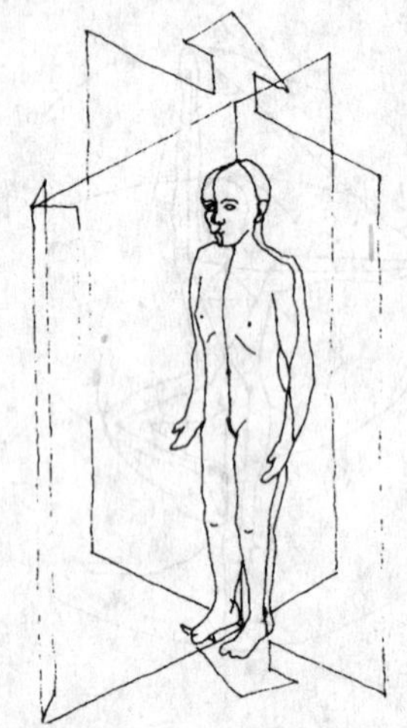

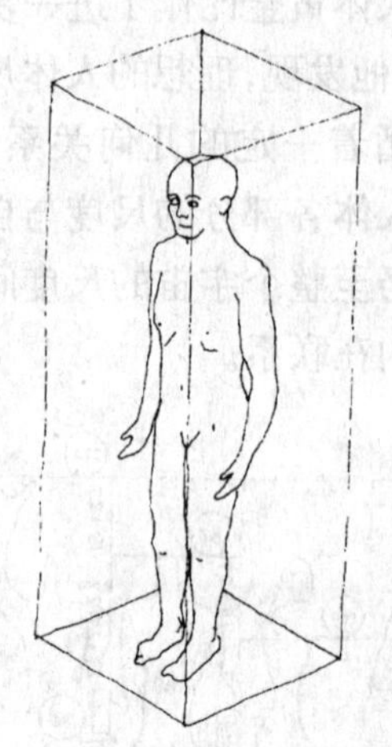

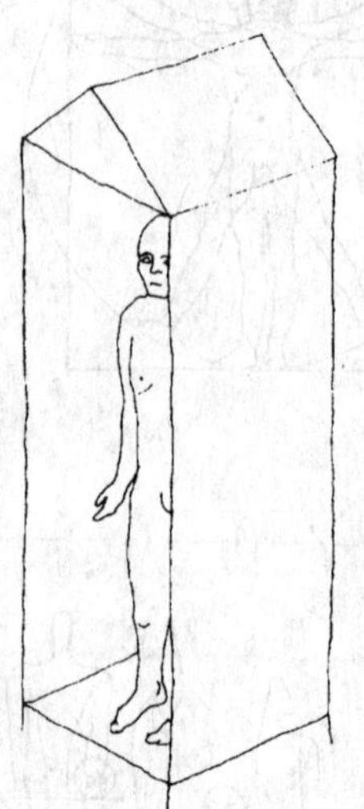

这是众所周知的常识，虽简单明了，却在建筑中发挥着基础性的作用。这六个方向构筑着人与自然界的基本联系，并时刻以人为中心，无论是处于静止还是运动状态，都随着人体姿态的变化而变化。六向加中心是我们理解建筑设计的基础。这种方向性可使人辨认和通至任何建筑场所，进而深化对建筑空间的理解，并将其应用于设计之中。

六向加中心原理对于建筑的作用方式十分简单：当人（主体）的六个方向与建筑（客体）的六个方向一一对应时，人与建筑之间便会产生强烈的共鸣，场所感受应运而生。任何一个普通的房间，只要拥有四道墙面、顶棚和地板，就都适用于这一规律。进入房间内，人们都会本能地参照自身的六个方向及中心来调整和适应新的环境，并能自然的找到中心方位。通过二者（主体与客体）方位的进一步对比，可以选择出既与人体尺度适宜又让人感到宽松舒适的场所。不同的是，场所（如房间、建筑、花园等）作为六面体，可以形成规则的三维立体空间，并向人们传达着一种必然的几何关系。

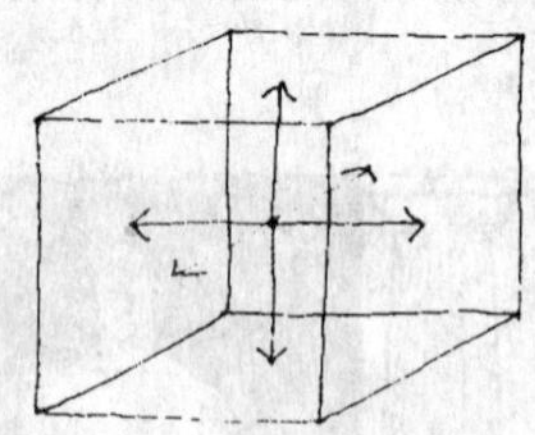

置身于一处空间，由于空间同人一样，都具有六向加中心的几何特性，因此人们会有似曾相识的亲和感。从这层意义上讲，空间成了人体几何的一种物化体现，与人体几何具有同构关系。

六向加中心理论的建立对于场所的标识和认知意义重大。尤其当一个人或一尊塑像立于空间的几何中心时，建筑的几何性和方向感会更加强烈地表现出来。

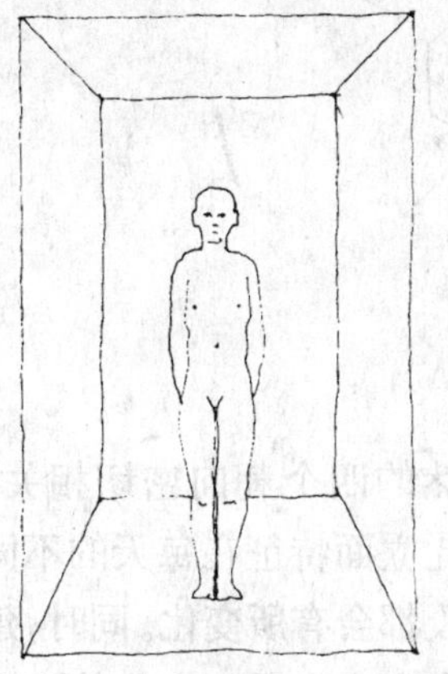

在这种情况下，往往只有一个方向是主导朝向，而且一般都是从几何中心指向建筑正前方的开敞部分。例如，站在哨卡里的士兵，他的目光直视着前方，而背面和两侧都有防护墙紧紧保护，以防攻击，头顶与脚下也都有掩体来防晒御寒；又如，皇宫的大殿内，王座一般都紧贴着一面墙摆设，位置并不设在大厅的几何中心上，从而使统治者正襟危坐的方向主导着整个空间。当然，明确的方向感还来自于其他一些的设计手段，如将王座设在宫殿入口的正对面，或在二者间建成一条御道，其上也可再铺上一条红地毯。这样，既强调了御道之所在，又突出了王座至高无上的地位。

人体的六向性简明直观，在建筑空间中的反映更为具体生动。不仅如此，这种六向性在万物赖以生存的地

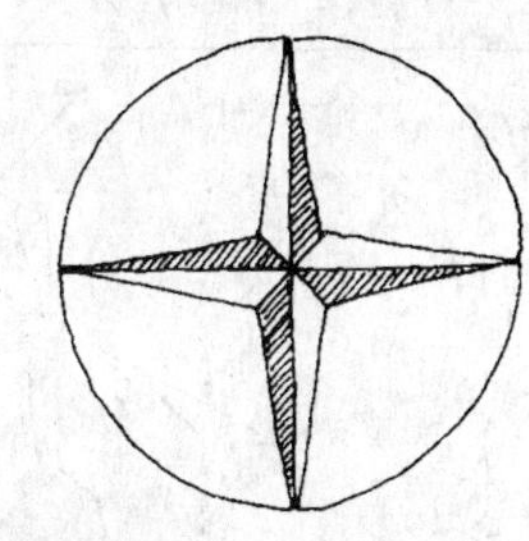

球表面也突出地体现着。上为天，下为地，东西南北各具自然特征，它们不仅与太阳的运动息息相关，并能由指南针准确地指示出来。在北半球，太阳自东而升，自西而落，位于最高点时指向正南，从不偏离而进入赤道以北。

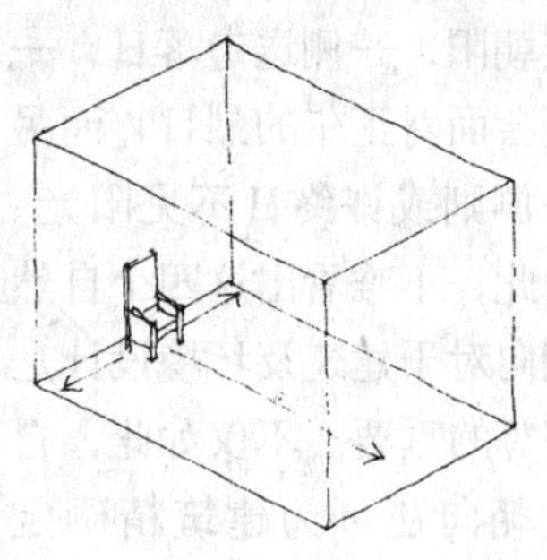

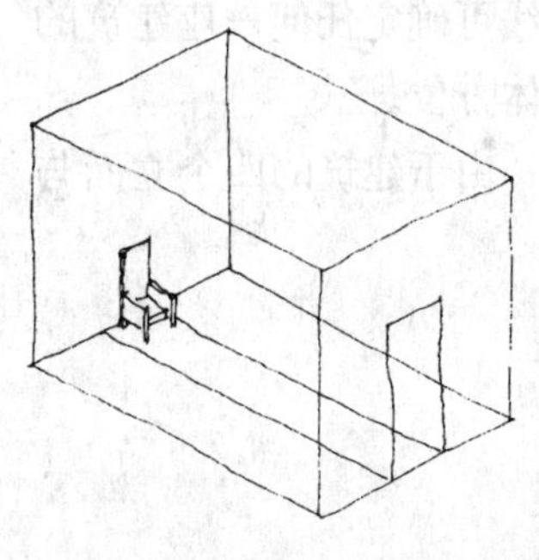

与群体相隔离的一只羊，圈在一个正交垂直的三位框架结构中，框架的每一个面都对应这头羊相应部位的尺度。

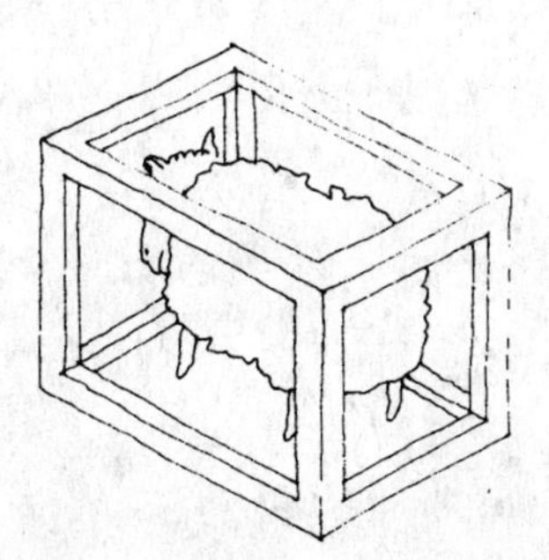

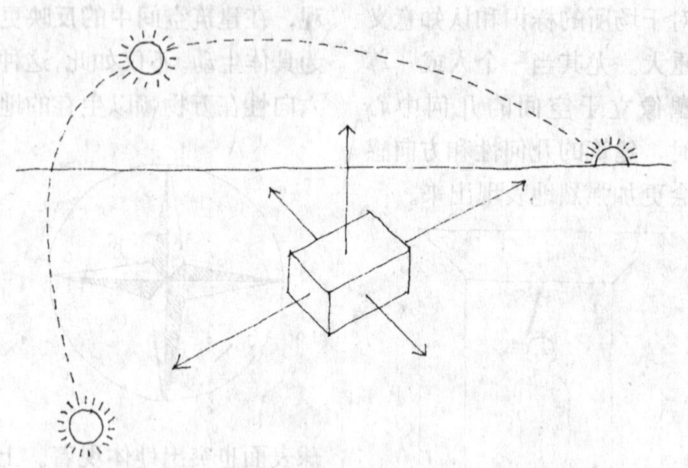

建筑可以依照大自然的这种几何方位和亘古不变的宇宙图式加以建设。因此，介于人与自然之间，建筑成为协调二者几何关系的中间产物。任何具有四个朝向的建筑物都可以或精确或粗略地与自然朝向相适：一侧迎接朝阳，一侧送走落日，一侧会面对正午的烈日，而另一侧则或许终日不见阳光。由此，不难看出这四个自然朝向对于建筑及环境设计是何等的重要。不仅如此，自然朝向还可为建筑精确定位，借助人为划分的地球经纬线可确定任何一座建筑的具体方位。

由于建筑的四个立面与自然的四个朝向密切相关，因此立面特征在每天的不同时段都会有所变化。同时，建筑本身也有助于方位的识别和确立。建筑同自然朝向的一致性表现在：四个立面分别对应东西南北，竖向上与重力作用吻合，延伸线通过地心。因而，任何建筑本身可被视为一个特定的中心——集自然六朝向于一身，并可确定出地球表面所不具有的中心点。

综上所述，六向加中心的几何体系同时存在着三个不同的层面：人体的几何体系；自然界的几何体系；作为前两者参照物的建筑几何体系。

六向加中心是构成建筑的一个基本前提，这对于“神庙与村舍”一章所讨论的建筑控制观和适应观也十分适用。具体设计中，从这一原理的简单应用，到由此引申、演化出的更为复杂的几何形式；从深奥抽象的非欧几里得定理的运用，到超三维的空间形态的建构，可以满足纷繁的实际要求。有一种相反的观点认为，可以让自然来适应建筑的不同朝向乃至三维空间，这是过于简单化的理论。太阳的实际运动规律远比这四个自然朝向所反映的内容复杂得多，所以，要么根本不必依据自然朝向来进行设计，要么就应该做出更深入细致的研究，从而使建筑更加适应环境。

此外，六向加中心理论对于解析各种各样的建筑及其特征也十分重要。建筑的方向、轴线、结构体系可以运用上述理论加以组织，既可与环境相互协调又易于建筑的定位和标识。

在大量规则的或是非规则的建筑作品中，六向加中心原理都有所体现。如德国建筑师汉斯·夏隆和意大利建筑师扎哈·哈迪德（Zaha Hadid）的作品就是很有说服力的例子。其中夏隆的施明克住宅（Schminke House）将在本书最后的实例研究中重点解析；而在哈迪德的作品维特拉消防站（Vitra Fire Station）中，即使平面是扭曲

维特拉消防站参见：

《世界装饰》第85期，第94页《维特拉消防站》一文，1995年。

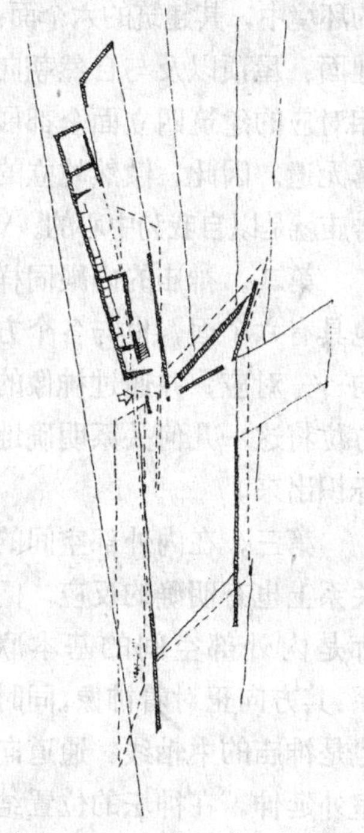

的，好像重力受到其他因素的干扰，但内部空间的感受仍体现着四个水平方向的突出特征。

六向加中心原理在许多建筑作品中的应用都是简易而直观的。古希腊神庙就是突出的一例。在前文所归纳的三个不同层次上，这一几何原理都体现得淋漓尽致，即便是神庙本身，也简洁有力地体现了这一点。

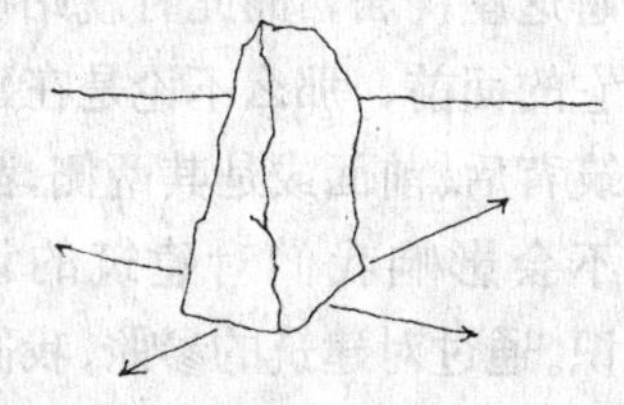

即使是一块十分粗糙的石头，也同人一样，可以在旷野中建立起一处六向加中心的场所。

第一，神庙坐落于空旷的环境中，其建筑的六个面：地面、屋顶以及与自然朝向相对应的建筑四立面全都展露无遗。因此，傲然屹立的神庙就是以自我为中心的。

第二，神庙的内殿同样也具有六个面，也与各个方向一一对应，并通过神像的方位将这一几何关系明确地标识出来。

第三，在内外部空间的关系上也有明确的反应。门廊是内外部空间的基本联系：其方向正对着神像，同时也是神庙的中轴线；通道向室外延伸，在神坛的位置结束，它与视线相一致，可以直视东方升起的红日，或是远方屹立的山峰。

神庙所运用的六向加中心的这三种不同方法，相辅相成，共同强化，标识出神庙的特定空间。神庙本身浑然一体，同时以自我为标志，它严整的几何形态强化着神像的方位，并使其成为建筑的几何中心。

除此之外，第四个方面是，这种十分简洁的建筑形态本身就是六向加中心的物化表达。建筑作为场所标识的手段在此体现得尤为突出，因为建筑的方向性与参观者或祭拜者的路线方向完全吻合如一。

古希腊神庙的几何性统一于六向加中心的原理。

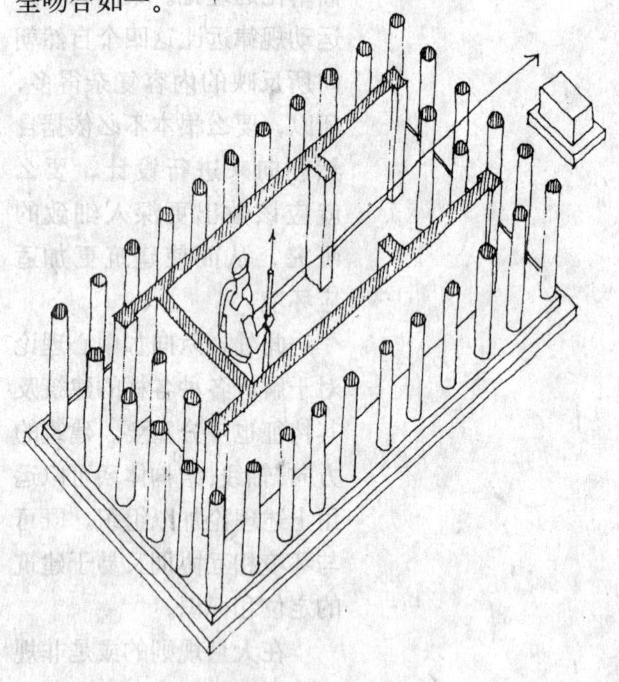

认识到空间形式与人体的这种同一性，假如我们了解这座神庙，而此时就站在它的面前，那么不论是在建筑背后、前面或是其两侧，都不会影响我们对建筑的认识。通过对建筑的参照，我们

感知着自己此时此刻所处的方位而不会迷失。更深层的意义是：正是由于建筑规整的几何形态及主客体之间的内在联系，才使我们获得了准确的方位感。这种严整的序列：神像——入口——祭坛到周围环境的轴向布局使方向感确定无误，使空间秩序主次分明、规致划一。站在这条轴线上，一种强烈的共鸣油然而生：我们与神指向同一方向，彼此间神秘的距离感已然超越，神庙的崇高与庄严引发了内心强烈的震撼。

是建筑的布局使神庙创生了这一有震撼力的轴线。作为参观者，我们因此而不会迷失。此时，我们不仅融入了空间之中，而且成为它的组成部分，建筑因此而更加完美。

源于同样的震撼力，这种控制性主轴也延伸于基督教堂和佛庙之中。成千上万虔诚的信徒就在这条轴线上永不停息地顶礼膜拜，踯躅躬行着。同样，轴线的力量也驱使我们去占据圆形空间的几何中心。这在罗马万神庙（the Pantheon）中，在伦敦圣·保罗主教堂（St Paul' s Cathedral）的穹顶下，在希腊埃庇多拉斯（Epidavros）的圆形大剧场中都强烈地体现出来。这些都是有关六向加中心原理最基础、最直观的例证。六向加中心原理作为建筑创作最有力的手法之一，其作用得到了他人的公认。

传统教堂中的几何作用也是如此。

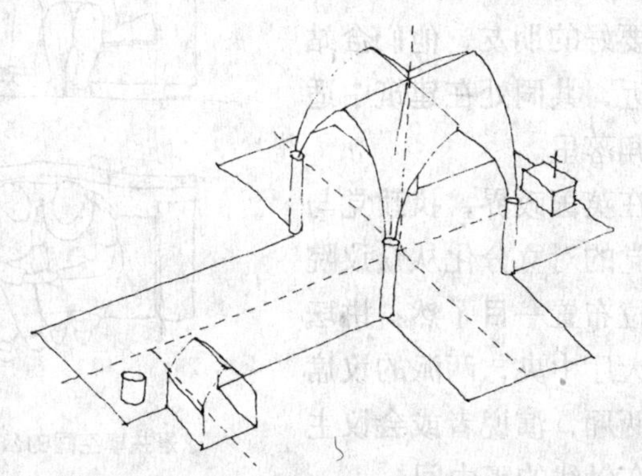

社会几何

公共活动中，人与人之间构成的几何关系是个体几何相互作用的必然结果。

在人类群体活动中，个体几何的表现形式因人而异。与此同时，他们彼此间相互影响，就形成了社会几何系统。建筑过程就是标识场所的过程，而人与人之间的标识和定位则是另外一回事。社会几何系统在建筑空间上也有所反映，建筑空间可以规范社会几何的秩序，使其物质表现形态更为稳定持久。

球场上，当一名男孩与另两位队友发生争执时，他们会面对面围成一圈；当两位拳击手较量时，场地四周用粗大的绳索围拢着，虽然场地是方形的，但对峙的双方还是会各自占有对角方向的一块区域。

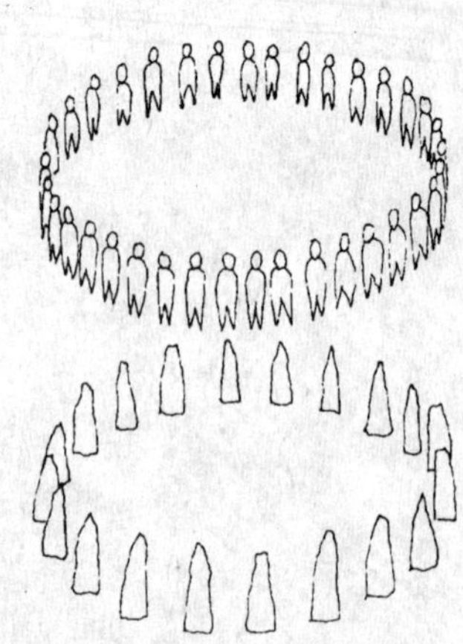

一圈环列的石头就像人围坐成一圈一样，只是更为长久。

旷野中燃起篝火，人们围坐在火源四周，环绕成近似圆形的场所；在手工艺作坊里，人们则散坐在壁炉一角，所形成的几何形式近似矩形，这同房屋结构和壁炉的位置都有关系。

壁炉凹室是围绕炉火所形成的社会几何体系的物化体现。这是巴里·帕克(Barry Parker)所绘的假想图，发表在与其合伙人——雷蒙德·昂温合著的《房屋的建造艺术》一书中，1901年。

坐在山谷的坡地上观看比赛或演出的传统活动被古希腊人进一步发展，创造出半圆形大剧场这一建筑形式。它的实际平面布局略大于半圆形，一排排的座位呈同心圆排布，产生了放射状的观众席。

下面的例子不一定适合于解析社会几何系统，但也许能说明某些问题。墓地里的坟冢以方格网的图式排列着，因为墓穴往往依照人体的尺度要求设计成矩形，而以方格网的模式组合与排列是最经济、最节省空间的方式。

发生争执的两个人，如果是要好的朋友，他们会站得很近，共同处在建筑中适宜的角落里。

在英国政界，执政党与反对党的对立分化从众议院的座位布置一目了然：讲坛设在大厅中央，两派的议席分列两厢，演说者或会议主席坐在轴线的正中间。

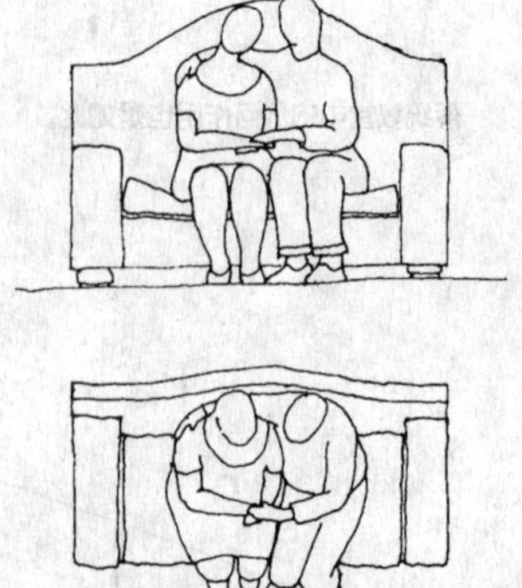

这是共享空间的公共几何形式的一种。

稍小一些的会议室布局则有所不同，因为其用途不是为了喋喋不休的争辩或对峙，而是用作集体讨论，这在建筑形式上得到明显体现。这些分会场往往附设于教堂或修道院的会议厅里，平面通常呈圆形布局，偶尔也有矩形等其他形式，至少在建筑布局上不会表现出政治对立和等级划分。即使是立在大厅中央的承重柱，似乎也是为了打破圆形大厅轴线方向的平直与空旷，缓和着空间过于直白而带来的对立和不安氛围。

英国众议院的社会几何形式反映了执政党和反对党的政治关系。

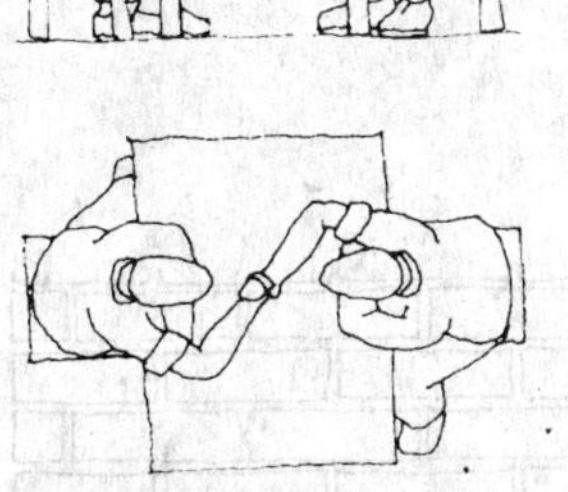

对于对抗性空间形式而言，也是如此。

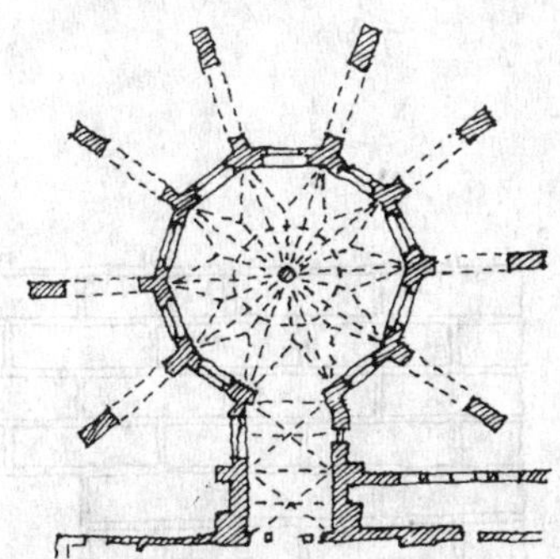

这种布局是否真能调和议员们的言行还不得而知。尽管如此，这种圆形布局还是在许多国家的议会建筑中广为流行着。不管是否能缓和对立分化的尴尬局面，采用这种布局方式最起码是出于一种象征性的考虑。下图是芬兰赫尔辛基芬兰国家议院的演讲大厅（the debating chamber of the Finnish parliament in Helsinki），该建筑建于1931年，由J·S·西伦（J.S.Siren）设计。

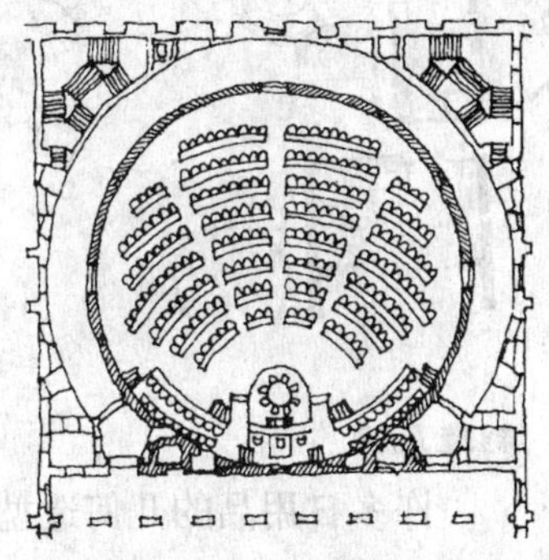

圆形布局是最能体现公众精神的一种平面形式，其本身表达了一种平等、公正、参与、共享的理念。至少可以这样说，它是人们围坐在篝火旁取暖、聊天的一种图式，是亲朋一道野营、聚餐的一种图式，是与对话交流、情感沟通相关的一种图式，更是与观看戏剧、演出密切相关的一种图式。

德国建筑师夏隆在其设计中一般避免滥用理想的几何形式，即便如此，他也认同圆形是餐饮场所的适用形式。他所设计的建于1939年的摩尔曼住宅（Mohrmann

House)，平面中只有餐厅是一个规则的半圆形,它由一处半圆的外凸窗围合而成,餐桌也设计为圆形,布置在餐厅的圆心处,而餐厅恰好介于厨房和客厅之间,贴切自然,恰到好处。

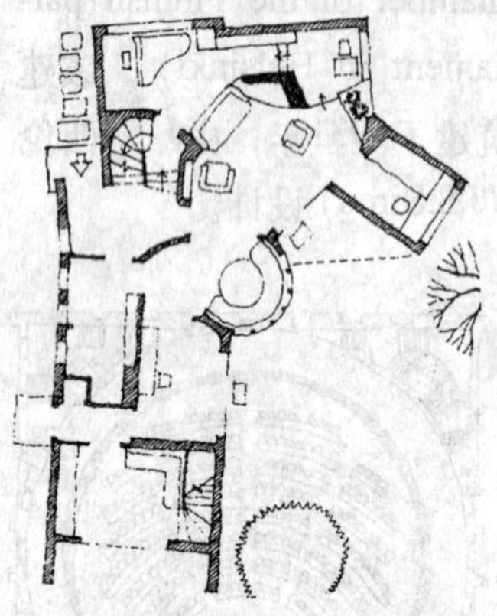

制造几何

许多日用品的几何造型决定于其生产工艺。陶瓷花瓶之所以是圆的，是因为是从其模具上转塑而成的；木碗是从车床中旋削而出的，因而也是圆的；桌子是方形的，这是因为其每一个构件本身都是方形木料。

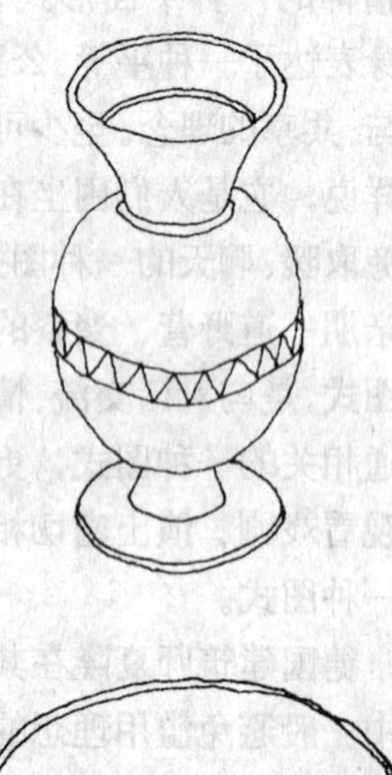

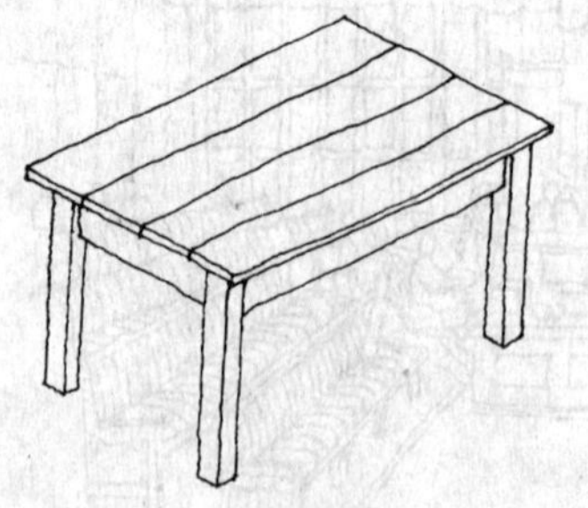

建筑同理，具体的材料及材料之间的组合方式往往决定了建筑可能的几何造型。用方砖砌墙,自然会形成方形的墙体；墙上开洞，洞口大都也会是方的；墙与墙相互围合，所构成的房间也多为方形。当然，这是顺理成章的推论，砖石建筑并非不可有其他形式，相比之下，只是需要更多的精心考虑而已。

这是在屋顶上搭设石板所形成的几何形式。

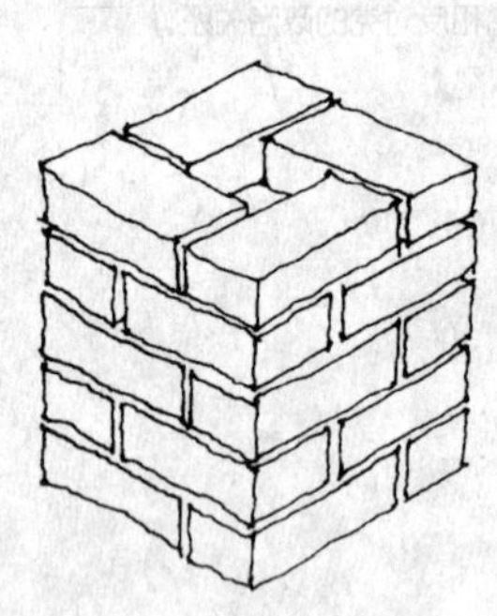

砖的几何形式决定了由其构成的结构的几何形式。

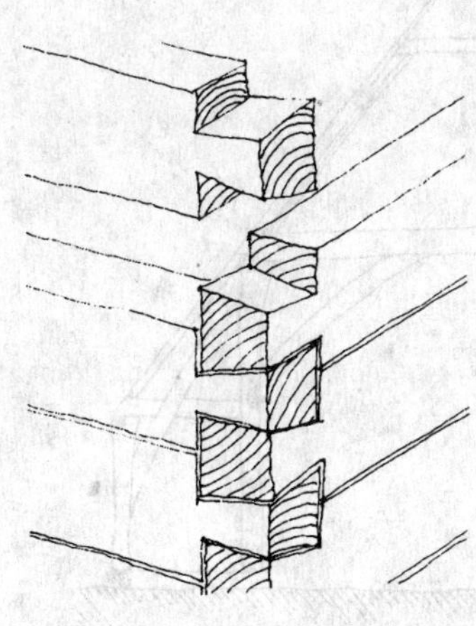

木料的装配方式也起到同样的作用。

制造几何对于房屋的建造至关重要。如图所示，这是一所挪威传统的木结构住宅，与其他地区的传统建筑一样，它是人与人之间构成的社会几何与材料的制造几何有机结合的产物。社会几何决定了空间的尺度和布局方式，同时也受到木料的规格和品质方面的限制，还受到当时建筑工艺水平的制约。

房间里充满了各种制造几何，包括那些不太精致和完美的形式。木墙体及屋顶会受到材料规格、强度的影响；窗棂的分格尺寸会受到玻璃大小的限制；砖的形状、石材的细微纹理，制造几何甚至也会影响到建筑的构造细节。承托饭锅的木支架有其独特的结构形式，支架可在灶台上来回摆动，滑出的轨迹也富于几何韵律，是一道优美的圆弧。

制造几何并非建筑的一项决定性因素，其作用是间接的，取决于所选材料以及受力合理的构造方式。因此，它会对建筑发挥怎样的影响完全取决于设计者两种不同的创作思想：即在“神庙和村舍”一章中所提及的控制观和适应观。可以这样理解：在“村舍”原型中，几何形式主要是自发形成的；而在“神庙”原型中，更多的是人工化的演绎。由此可见，建筑师们运用制造几何的手法是多种多样的。

这幅图由奥斯陆（Oslo）、德兰格(Drange)、奥内森（Aanensen）和Braenne绘。

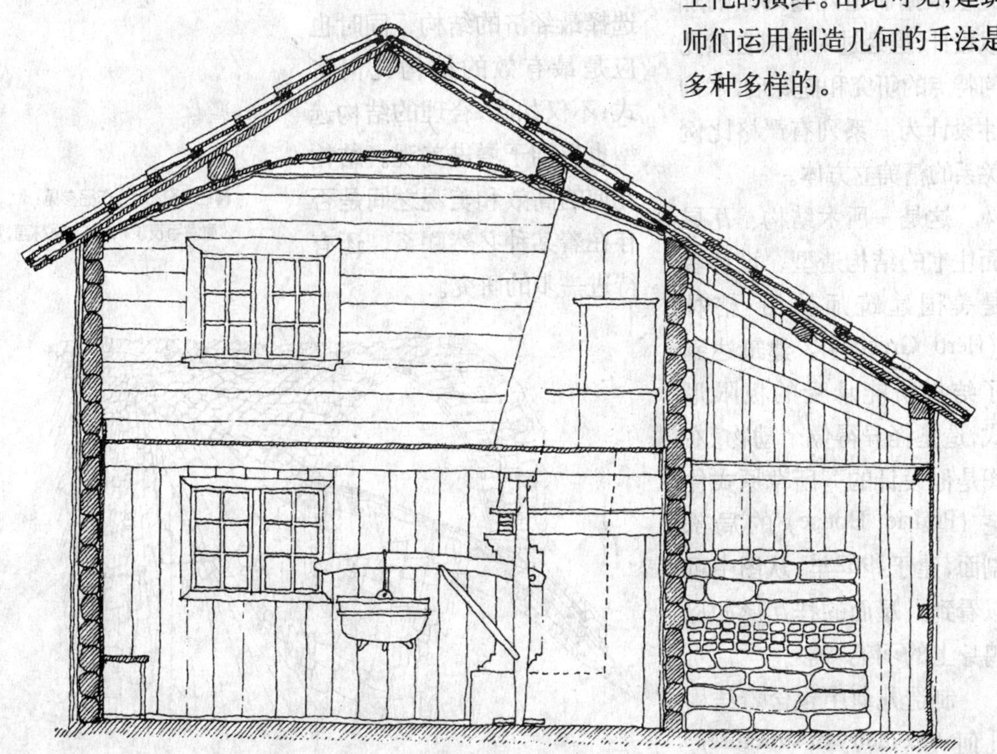

苏格兰建筑师查尔斯·伦尼·麦金托什设计过大量的家具，其中不少作品都体现出他对制造几何的开发见解，同时他根据自己的审美追求进行了精炼和提纯。例如，这是一张佣人使用的椅子,设计于1911年。整张椅子

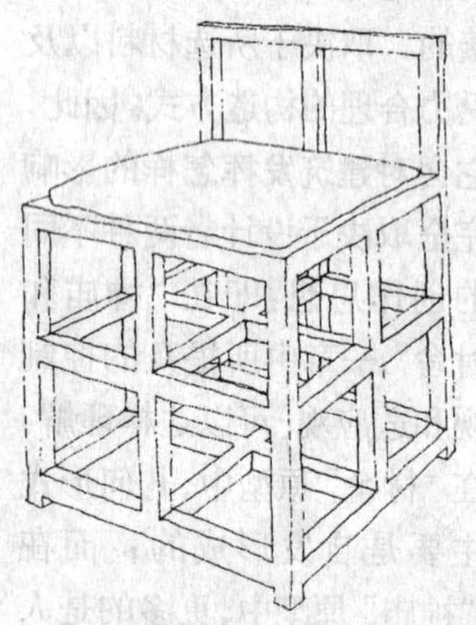

完全根据制造几何的原则加以设计,但经过对木料自然几何特点的研究和提炼后,木构件设计为一系列有严格比例关系的精美立方体。

这是一所木结构、瓦屋面住宅的结构造型，设计者是美国建筑师赫伯·格林(Herb Greene)。建筑达到了结构所能承受的极限形式,造型怪异得像个动物。右图是他设计的一所草原式住宅(Prairie House)的局部剖面,建于1962年。从图中可以看到，屋面的挂瓦形如母鸡身上的羽毛一般。

制造几何中包含着结构几何(geometry of structure)。

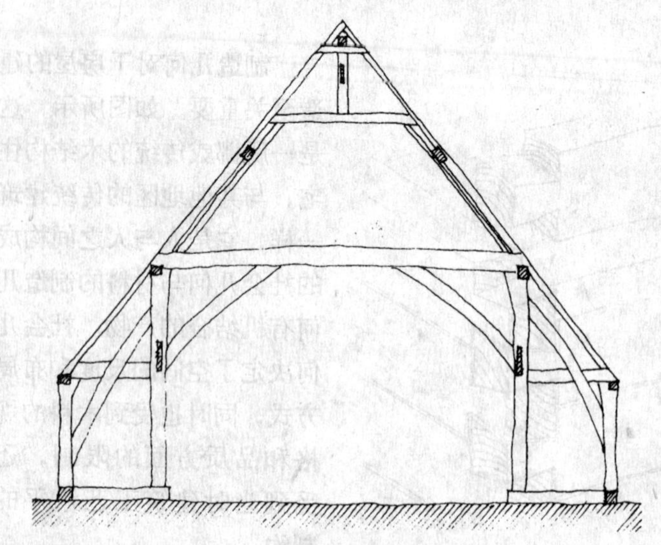

不论是木构住宅还是中世纪的石制谷仓，亦或是现代微电子工厂的钢铁结构都概莫能外。特定的空间,其结构几何的方案却是多选和不定的，但都应具有严格的尺寸关系,易于计算和施工。材料选择最经济的结构，同时也应是最有效的结构几何形式;不仅如此,合理的结构选型也有利于增进美观。结构几何的高效和美观之间是否存在着某种必然联系，还有待进一步的研究。

麦金托什的家具参见:

《查尔斯·伦尼·麦金托什与格拉斯哥艺术学院》2,学院的家具藏品,1978年。

赫伯·格林建筑作品参见:

《意境与表象》,赫伯·格林著,1976年。

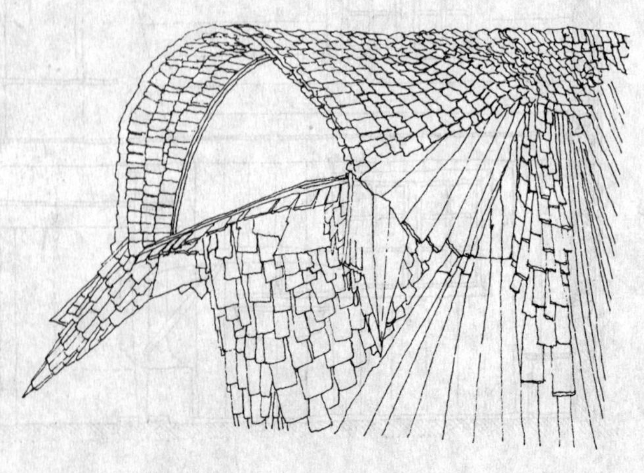

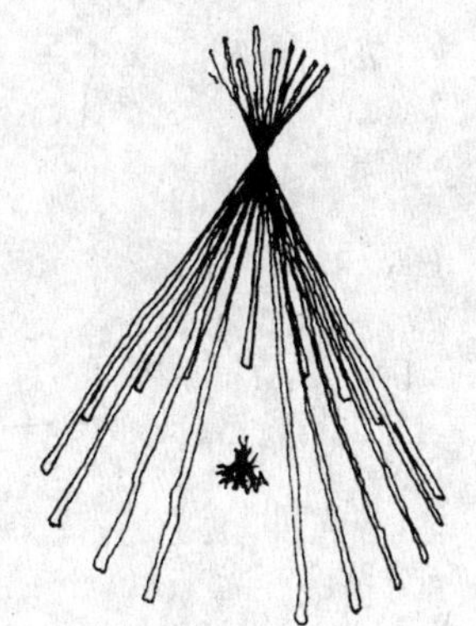

美洲土著人的圆锥形帐篷是一种固有的锥体形式，平面是圆形的。

制造几何并非仅仅存在于砖、石、木材等传统建筑材料之中，它同样存在于钢、铁、混凝土以及大面积的玻璃幕墙之中。

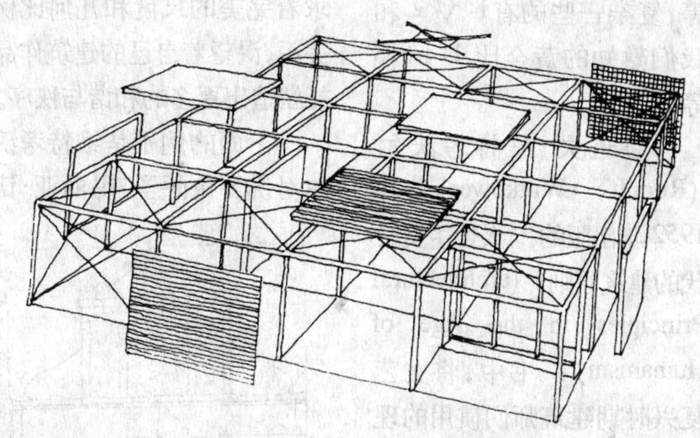

对于工业化建筑的构造形式，制造几何同样是一种限定因素。工业化装配建筑中，标准构件如同机器零件一样被精密地组装而成，标准构件既包括承重构件，也包括围护构件。建筑作为多维立体的空间结构，可以事先在工厂里进行局部装配，再将半成品运抵施工现场进行最后组装。可以说，建筑的整个装配过程就是各种形式的制造几何完美结合的过程。

有些中世纪木结构的三维几何形式相当复杂。这是设在索尔斯伯利教堂尖顶上的绞刑台的局部构造。图例出自塞西尔·休伊特(Cecil Hewett)的《英国教堂及修道院的木结构艺术》一书，1985年。

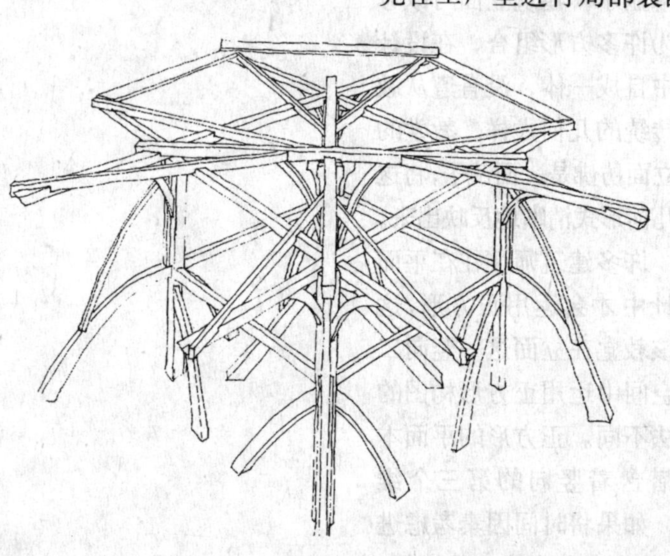

理想几何

圆与方可以从社会几何及制造几何中产生出来，同时又具有单纯、抽象、易于量化的优点，因此也就具有了很高的审美价值和强烈的表现力。在实际创作中它们是建筑师们最常运用的几何元素。作为理想几何，圆与方虽然与自然几何 (geometries of being) 不无关系，但是常常被孤立或刻意地加以运用。

理想几何不仅包括圆形、方形及其三维对应形式——球体和立方体，还包括一些特殊的比例。较为简单的比例有 1∶2、1∶3、2∶3等等；复杂一些的有1∶$\sqrt{2}$ 和我们熟知的黄金比 1∶1.618等等。

鲁道夫·维特考沃尔（Rudolf Wittkower）在1952年出版的《人性主义时代的建筑原则》（architectural Principles in the Age of Humanism）一书中，将文艺复兴时期建筑师们惯用的理想几何尺度和比例大大地向前推进了一步。并深入研究了建筑师们之所以喜欢运用这些尺度和比例的内在原因。结论一是，自然界的一切生物都有一定的内在比例，人体中、星系间、音乐旋律中，其组成部分都体现出一定的比例关系。建筑若想达到相对的完整性，也应沿用精确的尺度及合理的比例关系进行设计。结论二是，只有与生物的几何尺度产生内在联系，建筑的几何尺度才会更加完美。

追求完美，是运用几何形式改造客观世界的目的之一，是为了让人类生活得更加和美与有序。对几何形式的提炼是人类生存能力的一块试金石，也是人类必须完成的基本任务，否则就无法塑造美好的生活。从这层意义上出发，理想几何作为一种征服世界，并为之赋予合理秩序的基本手段，在“神庙”设计理念中得到充分体现。

因此，建筑师们不懈地追求着完美的尺度和几何比例关系，渴望着自己的建筑作品能塑造出更多的和谐与秩序。

下面的例子是维特考沃尔对佛罗伦萨圣·玛丽亚·诺

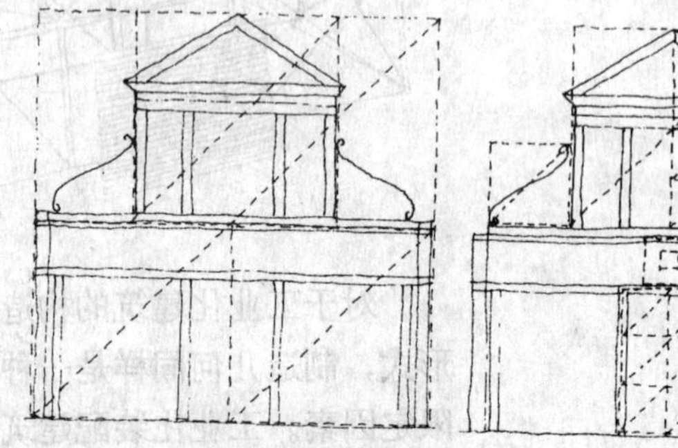

沃拉（S.Maria Novella）教堂立面几何构成的图解分析。该教堂由利昂·巴蒂斯塔·阿尔伯蒂（Leon Battista Alberti）设计，建于15世纪。图中显示，建筑立面可以分解为许多方形组合，在设计之中自成一体，没有遵从教堂传统的几何式样。教堂的正立面仿佛是一面镜子，将这些几何形式清晰地反映出来。

许多建筑师往往在平面设计中才会运用正方形，这与该教堂在立面这一竖向二维空间中运用正方形构图的手法不同。正方形的平面本身潜含着竖向的第三个维度，如果将时间因素考虑进来，甚至可以生成四维空间。

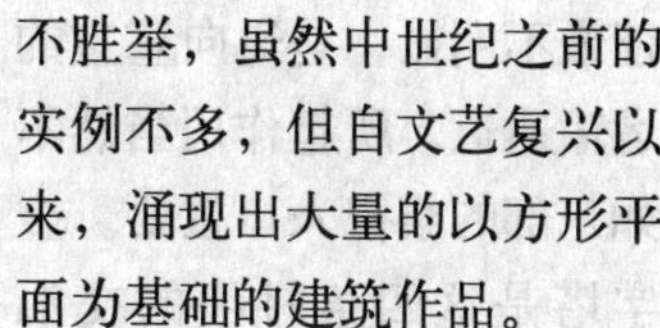

正方形平面构图的方法，不是从制造几何中提炼出来的，因为正方形空间在传统构造方法中并不容易实现；设计正方形平面一般都有打破常规做法的特殊用意。

采用正方形平面的出发点很多：有的是出于形象之外的哲学考虑；有的是因为正方形较之其他几何形式，其中心最稳定、形态最简化和规整，因而最能体现六向性原则；有的则出于一种挑战心理，试图在方形平面的严格限定中，探索出一条组织合理化空间的可行思路。

建筑师们一直在努力探索完美的建筑形式和有效的构思方法，理想几何是最优选的手段之一。对于如何开拓思路着手设计，正方形也是最易把握的一种几何语言，并且蕴含着无穷无尽的变化空间。

有关方形平面的例子举不胜举，虽然中世纪之前的实例不多，但自文艺复兴以来，涌现出大量的以方形平面为基础的建筑作品。

最为古老的例子就是埃及金字塔，这些伟大的墓地建筑群坐落于尼罗河西岸。建筑的方位严格遵循四个自然朝向，是最能体现六向加中心原则的典例之一。

下图是位于埃及撒哈拉沙漠的金字塔墓葬群的平面。图中，安葬法老的金字塔采用的是剖面图，用以显示中心墓室的空间结构。其余三座小金字塔是王后们的墓地，图纸的最右侧是位于山谷中的祭庙，它是通往金字塔的祭祀入口，通过一条冗长的通道与金字塔相连（由于通道太长，在图中剖断示意）。

金字塔四个立面的环境设计各有特点。神庙和祭祀通道位于东侧，将金字塔与

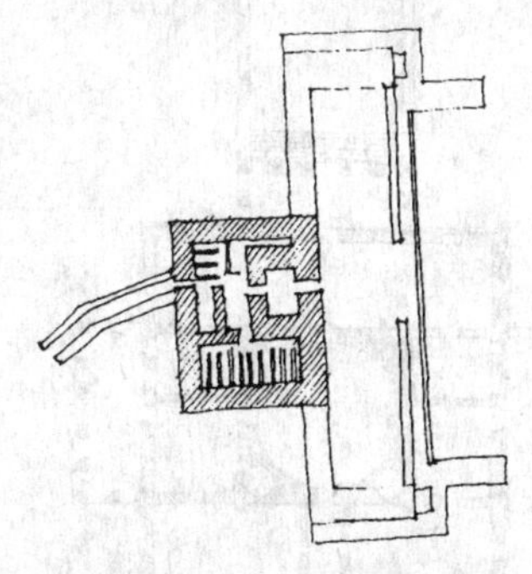

东面的尼罗河及埃及人的村舍联系在一起；西侧是遥遥无际的大沙漠；南面直对着正午的烈日；北向的环境特

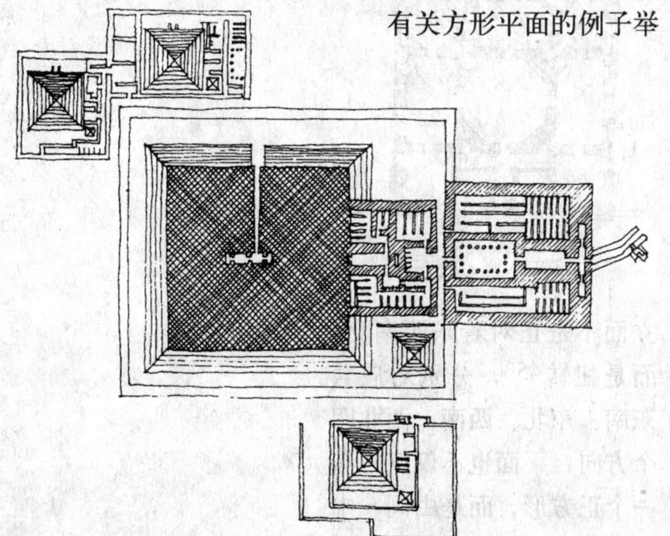

征最不明显，是通向墓室的运输通道，所起作用当然不如东部的祭祀入口重要。金字塔是这四条轴线的交汇点，而墓室又位于金字塔的几何中心，以上布局突出和强化了金字塔的场所特征。

下面两栋英国住宅的平面均为正方形，建于1720年，例图所示的是其首层布局。左侧是肯特郡的梅雷沃斯城堡（Mereworth Castle），由科伦·坎贝尔（Colen Campbell）设计；右侧为塞斯维克（Chiswiclc）别墅，设计者是伯灵顿勋爵（Lord Burlington）。两位建筑师之所以选择正方形平面，均受到圆厅别墅（Villa Rotonda）的影响。圆厅别墅是意大利建筑师安德鲁·帕拉蒂奥（AndreaPalladio）的杰出作品，建造年代在1570年左右，比上两栋英国住宅早约150年。

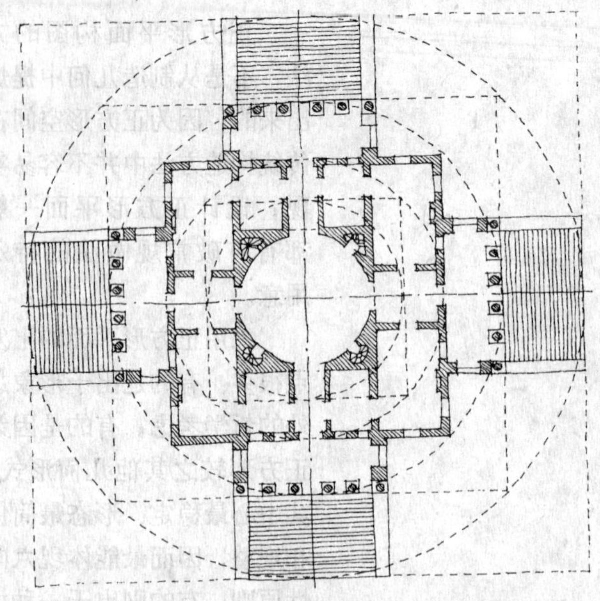

圆厅别墅的平面是三者中最为稳定均衡的一个，它与埃及金字塔的设计手法同出一辙，都是完全对称的布局形式。平面中心是圆形大厅，圆心是横纵轴线同时也是四个自然朝向的交汇点，该建筑因此而得名。与金字塔略有不同的是，该建筑的

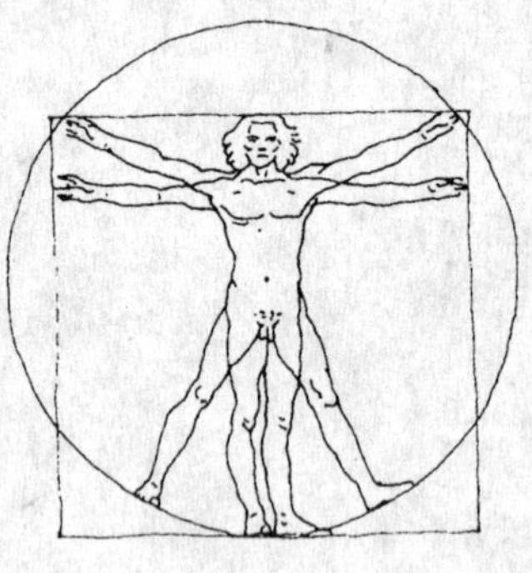

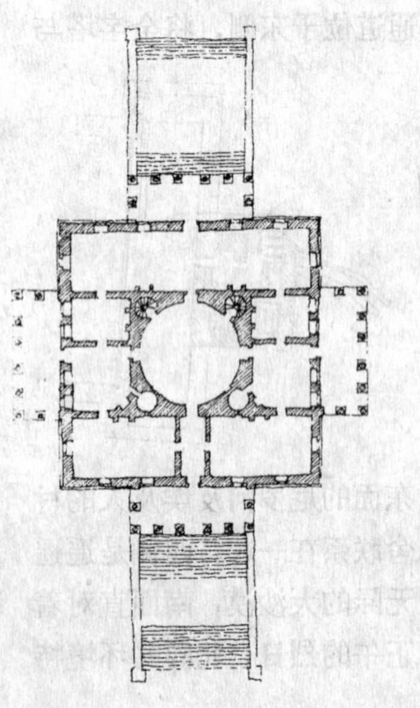

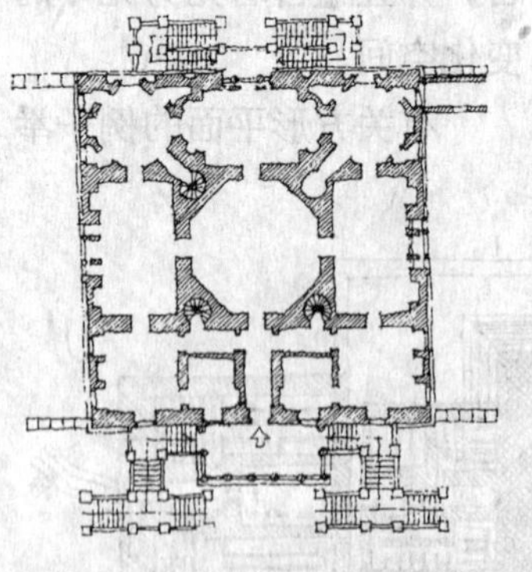

立面不是正对着东西南北，而是扭转45°，分别对应着东南、东北、西南、西北四个方向；平面也不仅仅只有一个正方形，而是由同一中

圆厅别墅参见：
《帕拉蒂奥与圆厅别墅》，卡米洛·塞门扎托(Camillo Semenzato)著，1968年。

心放射出的五个方形序列组成的；外圈方形的边长恰好等于内圈方形外切圆的直径，建筑的核心部分就是圆厅本身。除了倒数第二小的正方形外，其余方形均为建筑的结构组成部分。最外围的方形限定出入口台阶的范围，它们由建筑门廊四向对称地伸出；第二道方形与前者间的垂距就是台阶长度；居中的方形是建筑的主要承重部分。

圆厅别墅的纵剖面同样也是由圆与方构成的，只是相比之下其平面构图略为复杂一些。

查尔斯·摩尔在他设计的鲁道夫二号住宅 (the Rudolf House Ⅱ) 中同样运用了正方形平面。相似于文艺复兴时期的设计手法，摩尔也创造了中心空间。不同的是，它被用作起居厅，其他附属空间在起居厅四周布置，如厨房、餐厅、卧室等。由于实际条件所限，整个平面布局并不像帕拉蒂奥的圆厅别墅那样几何、舒展和有序。

瑞士建筑师马里奥·博塔 (Mario Botta) 的许多作品也是以几何尺度的精细推敲为基础的。

他对建筑中的材料与几何的特性有相当深刻的见地，师承路易斯·康对结构几何在建筑中的完美表达。并在材质肌理、色彩与光线、整体与细节、场所精神等塑造与表现方面都已大大超越前辈，达到我们所能理解的如诗如画的境地。他在瑞士设计了多处私人住宅，通常都由方形、圆形、正立方体和圆柱体等简洁的几何母题构成。

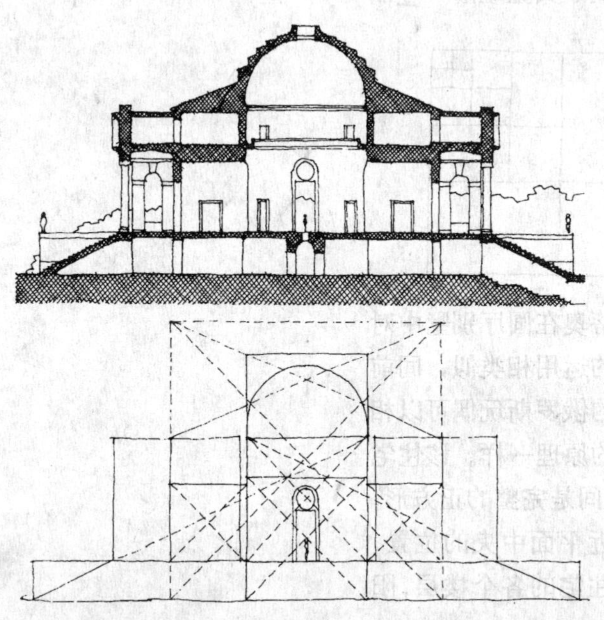

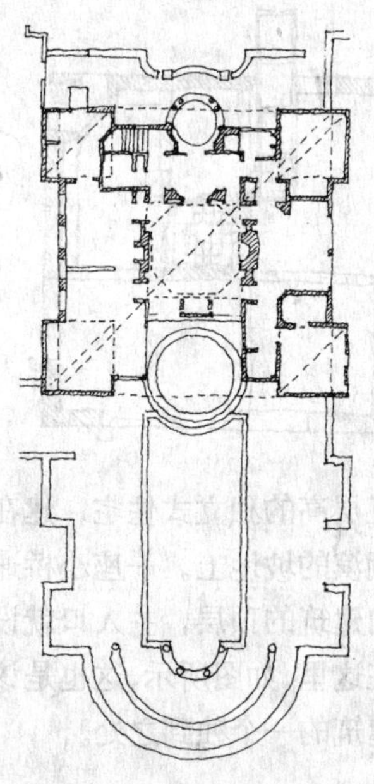

这是博塔在Origlio设计的家庭住宅，建于1981年。其平面组合被设定在一个完整的虚拟正方形中，由矩形和圆形母题构成。每一层都在

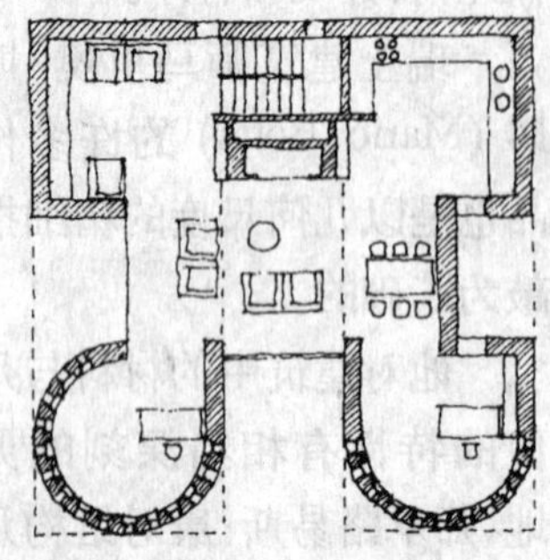

虚拟方形的限定之内，布置上又各有区别。这是三层住宅的中间一层，平面近似于对称布局，起居厅位于中央位置，而厅内的壁炉又布置在中轴线上。

这是位于圣维塔尔的一所湖滨住宅，同样也是基于一个正方形平面。它是一座

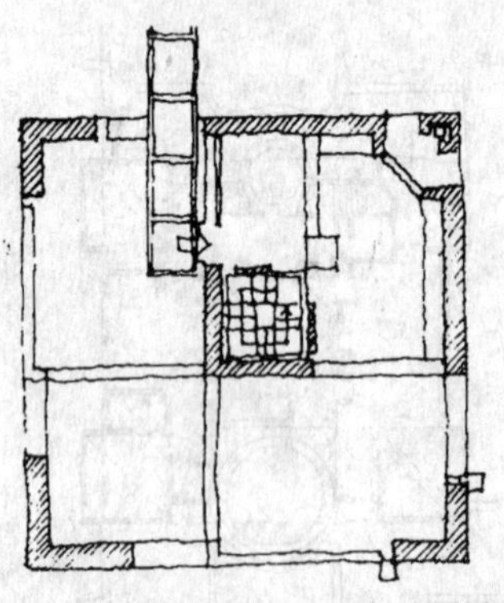

五层高的独立式住宅，建在湖滨的坡地上。一座小桥通向建筑的顶层，主入口就设在这里，如图所示，这也是该建筑的一个独到之处。

通过上面的两所房子可以看出，博塔还倾向于运用另一种几何尺度——矩形的黄金比来组织平面布局。黄金矩形的长与宽具有固定的比例关系：短边同长边的比值等于长边与长、短边之和的比值。也就是说，在黄金矩形中以短边作为边长画一个正方形，余下的稍小一些的矩形仍然是黄金矩形。这一比例就是黄金分割比，比值不是一个整数，其近似值是

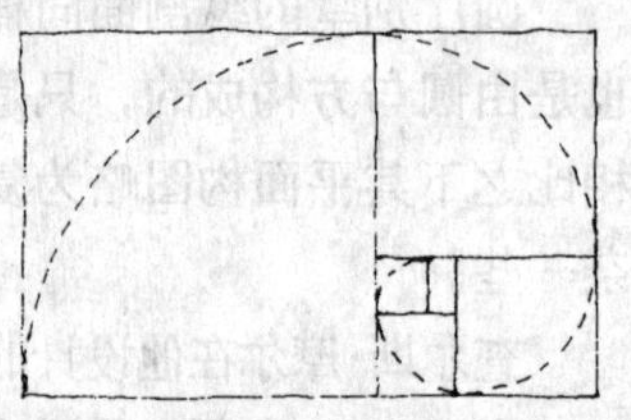

1.618:1。在Origlio 住宅中，博塔运用黄金比来确定平面中心部分与两侧空间的比例。在圣维塔尔住宅中似乎也运用到了黄金矩形，手法

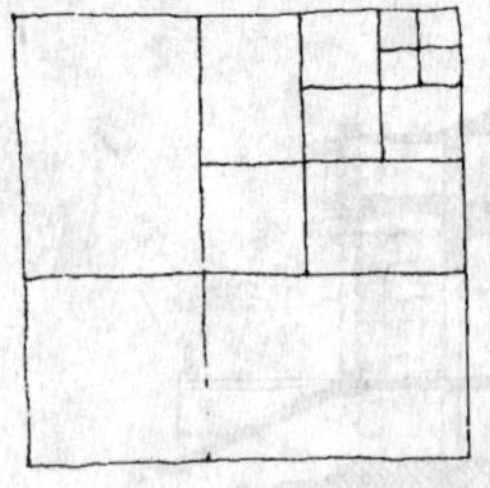

与帕拉蒂奥在圆厅别墅中对圆与方的运用相类似，同前文所述的俄罗斯玩偶可以相互穿套的原理一样。该住宅中，楼梯间是完整的正方形，位于接近平面中央的位置，并贯穿住宅的各个楼层，阳

博塔设计的住宅参见：

《马里奥·博塔1961~1982建筑设计选》，皮耶路易吉·尼科林(Pierluigi Nicolin)著，1984年。

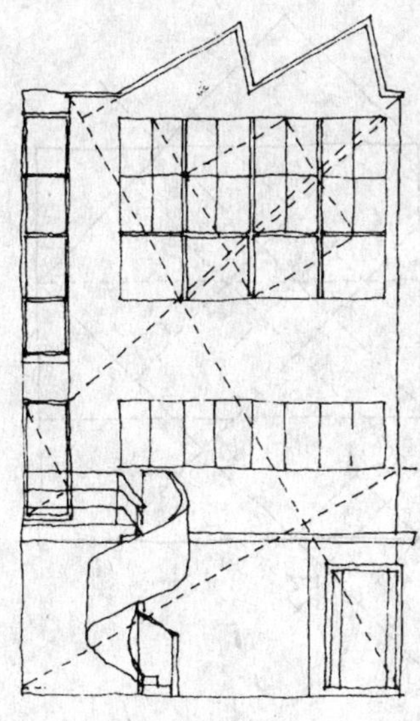

在设计这个工作间的立面时，勒·柯布西耶运用控制线进行辅助设计。

光从天窗中洒落下来，构筑出一幅真实而感动的生活画面。

勒·柯布西耶同样也通过运用黄金分割来实现几何造型的整体性。他在1923年发表的《Vers Une Architecture》（英译名Towards a New Architecture）一书中，对一些著名建筑实例的结构形式进行了分析，并在此基础上进行了自己的设计探索。它不仅运用了黄金比，而且还独创了“控制线”设计法（他自称为“traces regulateurs”），构建出复杂的网格线，用以辅助设计。1923年，他曾为好友，纯粹主义画家阿梅代·奥藏方（Amedee Ozenfant）在巴黎南郊设计了一座工作室，左图是他对该建筑立面几何形式的解析。图解方法很像是帕拉蒂奥在圣·玛丽亚·诺沃拉大教堂设计中曾使用过的方法，几何体以虚线形式在立面中标出，就如从镜面中映衬出的一样清晰可见。

复杂几何

20世纪的许多建筑师都习惯于运用理想几何，注重在建筑的平、立、剖面中形成既有机组合，又整体突出的构图效果。有些建筑师则厌倦于简单平淡的构图模式，转而尝试将不同几何体穿插、组合成更为复杂、多变的空间形式。

美国建筑师理查德·迈耶（Richard Meier）的住宅设计，其起居空间往往是由几种规则的几何形体相互穿插组合而成的复杂形式。

这是迈耶设计的霍夫曼住宅（the Hoffman House），1967年建于纽约州的南安普敦市。基地是一处比较完整的正方形场地，设计构思与基地形状有着必然的联系。建筑的平面由两个相互穿插的矩形组合而成，其中用作建筑主体的矩形沿基地对角线呈45°斜置，决定了建筑立面与场地间的方位关系。

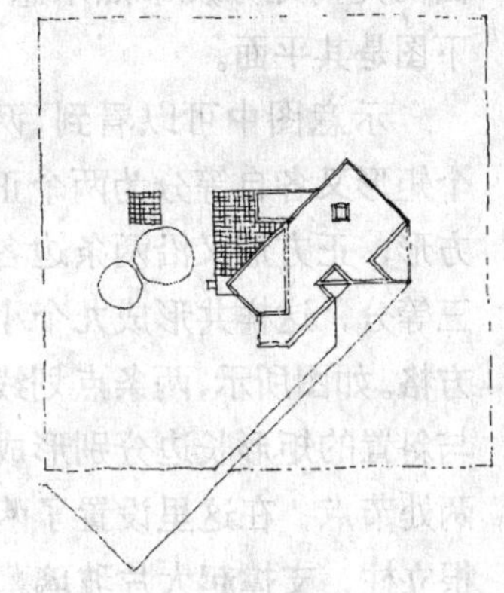

两个矩形完全一样，每一个矩形都恰好是两个相同

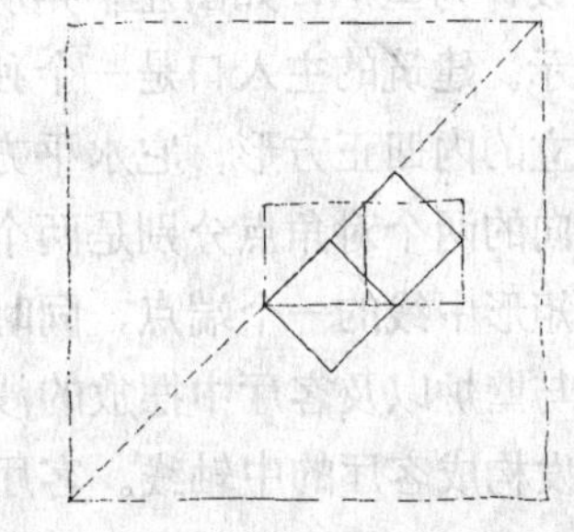

的正方形之和。其中一个矩形沿基地对角线方向斜置，另一个则平行于基地的形状，两个矩形的一角交于一点。这种组合形式决定了平面的整体布局。

起居厅、厨房、餐厅等房间都设于两个矩形重叠而成的区域内。建筑的基本元素，如墙体、玻璃幕、管道井和柱子的位置都处于矩形所产生的复杂节点上，为了有助于深入设计，矩形内又画出更多的方形网格，使几何关系更为细化，形成更多的交汇点，以定义出更多丰富细微的建筑空间来。

上图是这座建筑首层平面的几何划分及节点示意，下图是其平面。

示意图中可以看到，两个矩形又各自等分为两个正方形，正方形又沿两条边各三等分，这样共形成九个小方格。如图所示，两条点划线与斜置的矩形长边分别形成两处节点，在这里设置了两根立柱，支撑起大片玻璃幕墙，使光线可以直射起居厅和餐厅，矩形两角的交汇点设计为壁炉，如图左下角所示。建筑的主入口是一个独立的内凹正方形，它水平方向的两个对角点分别是两个矩形中线的一个端点，同时与壁炉以及客厅中摆放的沙发构成客厅的中轴线。客厅

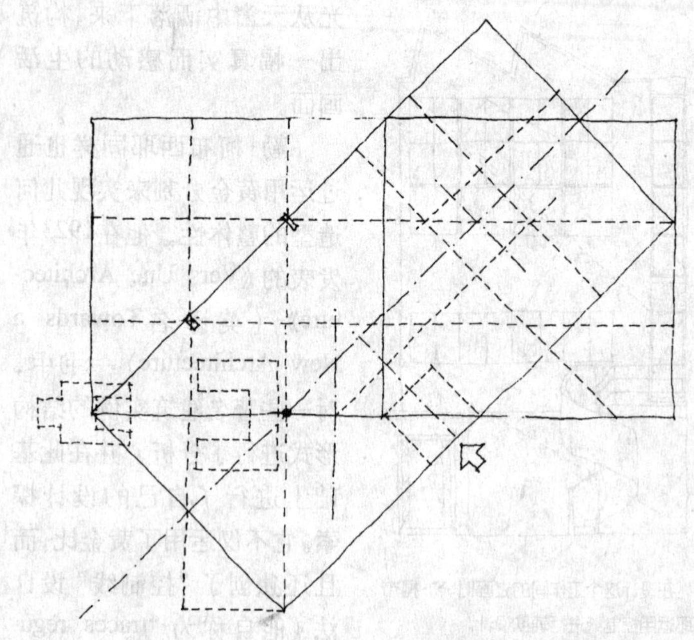

理查德·迈耶设计的霍夫曼住宅参见：《理查德·迈耶1964~1984建筑作品选》，约瑟夫. Rykwert著，1984年，第34~37页。

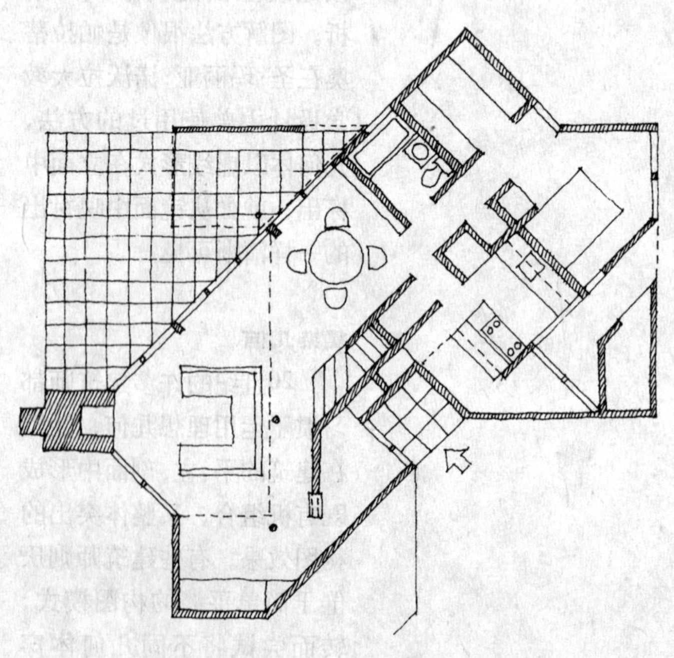

凹角是方格网中左数第二条轴线的延长线与斜置矩形的右下角的水平延长线相交形成的，如此等等。

平面布局有些复杂，想通过文字表达清楚实非易事。认为迈耶通过运用这种设计手法是来提升设计品质，也许有一定道理的，但迈耶真正的意图是用几何来辅助设计，并将阿尔伯蒂和帕拉蒂奥的手法和二为一。这种造型手法是形式和理念的完美结合。在几何构成的同时，迈耶创造了新的空间维度——高品质空间所应具有的一种复杂性。

迈耶的几何构图看似复杂，但其他一些建筑师运用的几何形式要比霍夫曼住宅更为复杂。

左图分别是以色列Ramat Gan的Tel Aviv郊区的一座公寓的剖面和平面。这座建筑造型十分复杂，设计者是海科尔 (Zvi Hecker)，建于1991年。众多圆与方的片段经过螺旋形排列，形成了复杂的几何重叠，所产生的重合空间即为居住单元。

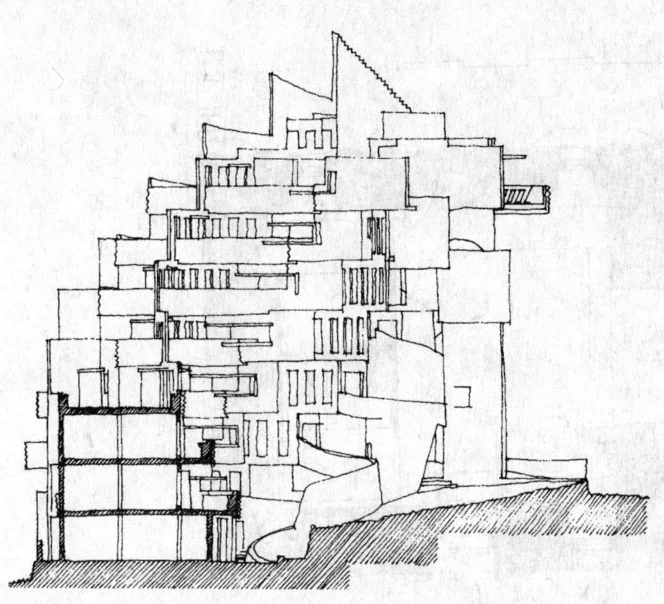

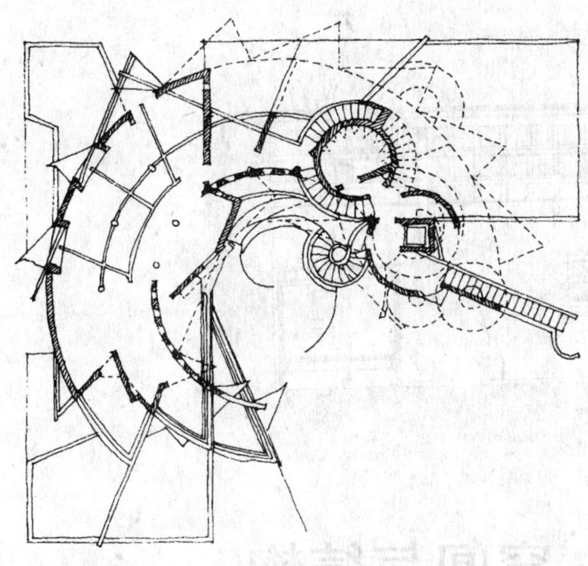

位于Tel Aviv近郊的这所公寓是复杂的螺旋形构图，由圆和方的片段组成。居住单元就分布在这些几何形体相互重叠而出的空间中。

海科尔设计的Tel Aviv公寓楼参见：《L, Architectured, Aujourd hui》1991年6月，第12页。

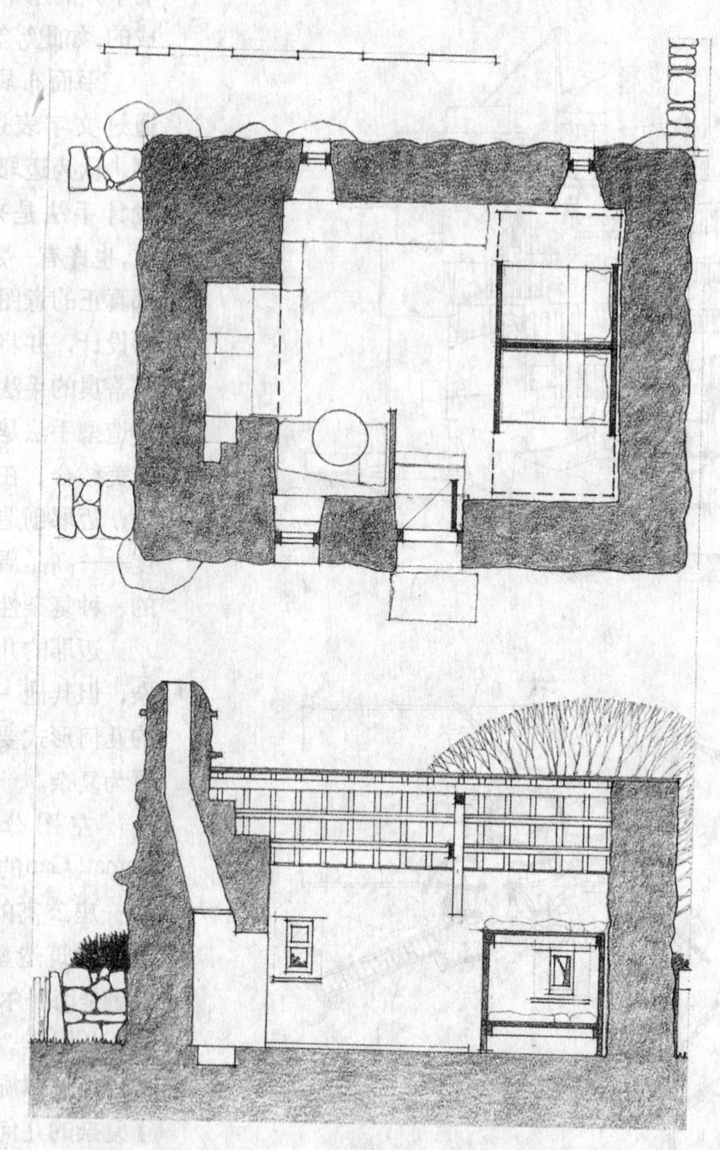

第十章　空间与结构

空间与结构

空间与结构都是建筑的基本组成部分。结构是建筑的基础，也是空间组织的手段之一。空间与结构的关系并非总是十分简单和直观的，它是建筑设计需要研究的一项重要课题。

对待二者的关系有两种不同的态度：一种是采用一定的结构去创造所需的各类空间；一种是以既定空间为基础，去选择适宜的结构形式。

因此，二者的关系可以宏观地归纳为以下三个种类:结构秩序主导型;空间秩序主导型;二者协调融合型。建筑历史中，以上三种关系在各类建筑中都有所体现，可通过以下例证加以说明。

有人还提出第四种分类，认为结构与空间的秩序可以互不干涉、相对独立、共同存在，各自遵从一定的逻辑,互不限定。

正如“建筑之几何”一章中所述,按照“制造几何”的产生规律，结构趋向于按自我内在的几何形式生长；而关于“自然几何”与“社会几何”的论述,认为不论人或其他物体，不论是个体还是群体，都有自身特定的几何形式。明确这些几何概念的相互关系对于建筑设计至关重要：它们之间既具有概念上的相对独立性，又相生相融,协调共生,是一种辨证的对立统一关系。

一个关键之处是，一旦结构体系建成，它即不仅仅适应于空间形式，还要对空间的生成发挥作用。

古希腊半圆形剧场向室内的演化过程就是一个很好的说明。从这一演进过程中可以看到：空间的需求与结构的创新从产生矛盾，到寻求相互调和的各种可能方式，直至最终矛盾解决的全过程。

典型的古希腊半圆形剧场，受到人们坐在山坡上可以很好地观看表演这一经验的启发，进一步演化出这样的布局方式。其三维空间形式是将社会几何、理想几何和自然地形融于一体的建筑成就。由于它还处于露天建筑这一阶段，因而没有受到巨大屋面所必须的结构几何的严格限制。

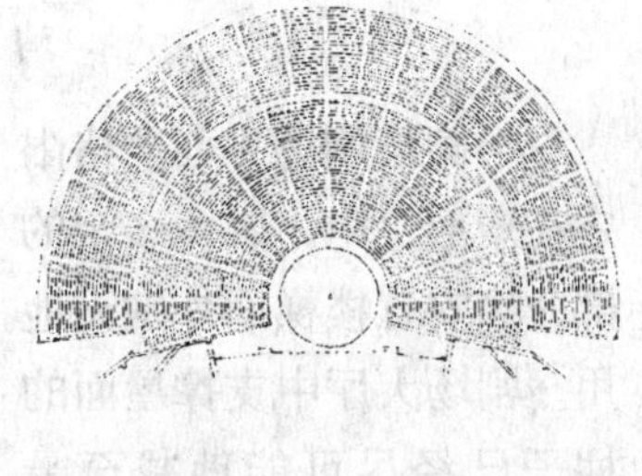

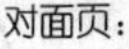

对面页：

在这个名为Llainfadyn的村庄中，建筑结构的目的是分隔形成空间，并用作住宅。结构和空间是“共生”的关系——相互依存、相互作用。

随着发展的需要，古希腊剧场开始由室外向室内演化。这意味着新的剧场必须开始考虑相适应的新型结构形式了。

为适应室内剧场的需要，新的结构体系采用了规整的矩形平面。但相对于大型剧场空间对无视觉障碍的需要，这种平面的局限性仍然很大。

毫不夸张地说，古代希腊人的做法仅仅像是将一枚“圆钉子”楔进“方形孔洞”的做法这样简单。可参见建于米利都城 (Miletus) 的这座议会大厅的平面所示。

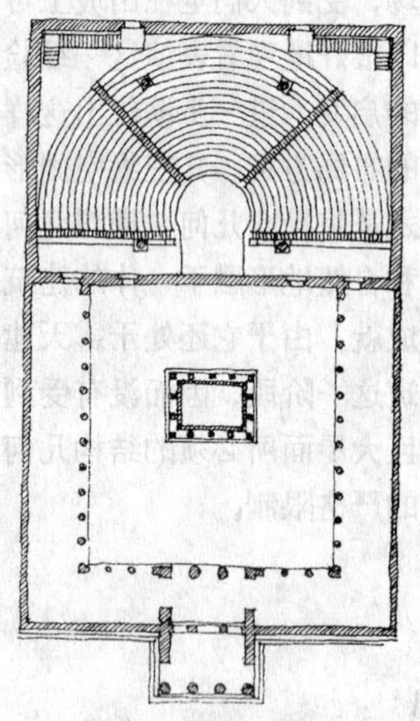

半圆形剧场平面严格限定在矩形之中，四角多余的部分除安置楼梯间外别无他用。剧场大厅中支撑屋面的柱子已经尽可能地减至最少，共为四根；前排两根柱子似乎界定着剧场的中心，而后排两根柱子对视线的干扰较大，柱子的位置并未严格依照结构需要排定，而是参考座位布局稍加调整。

公元前15世纪末建于雅典的一处相对而言较新的议会大厅，也是采用同样的结构手法，只是规模上略为减小了。据推断，四根柱子两两一组，在纵向上与外墙共同支撑着两道结构主梁，从而将大型屋面划分成较为适宜的三部分。

其他一些实例中，观众席往往参照矩形的空间结构直接加以排列，如图中建于普里安尼城 (Priene) 的教会平面所示。

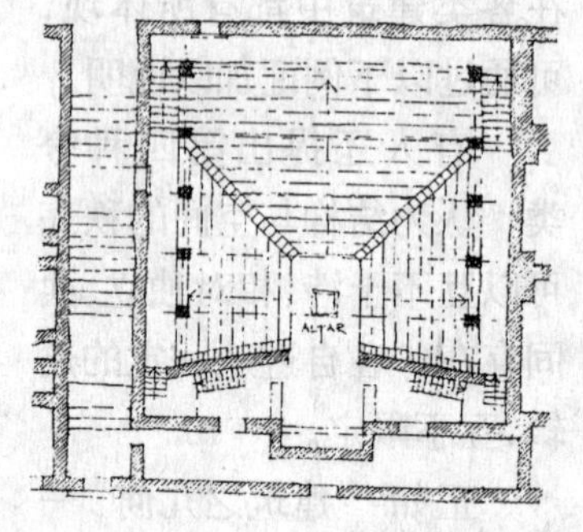

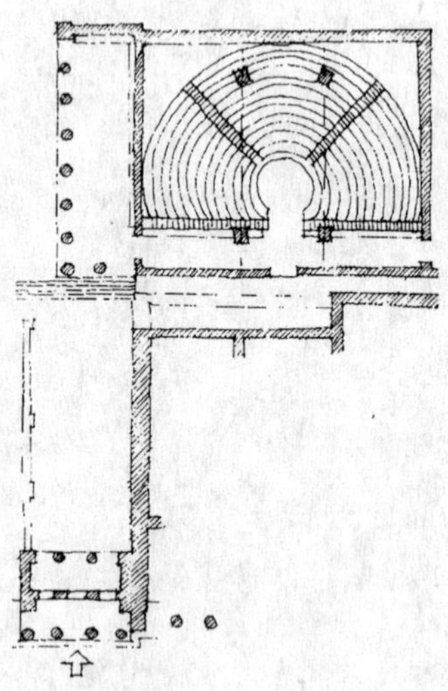

在雅典的议会大厅中，观众厅设计成矩形平面。支撑屋顶所需的柱子尽可能减至最少，并精心安排出它们在平面中的位置，以减少视线的干扰。

文艺复兴时期的建筑师安德鲁·帕拉第奥，在Teatro Olimpico（AD 1584年）里构思了一个椭圆形的剧场，意在弘扬古代剧场的精神。为缓和观众厅里弧形排列的座椅和矩形外墙间的不协调感，帕拉第奥紧挨着后排座椅设计了一排拱廊。立柱并不承重，仅用作装饰性元素。舞台的环境处理要更复杂一些，精心雕饰的屏墙产生出虚幻的透视景观。

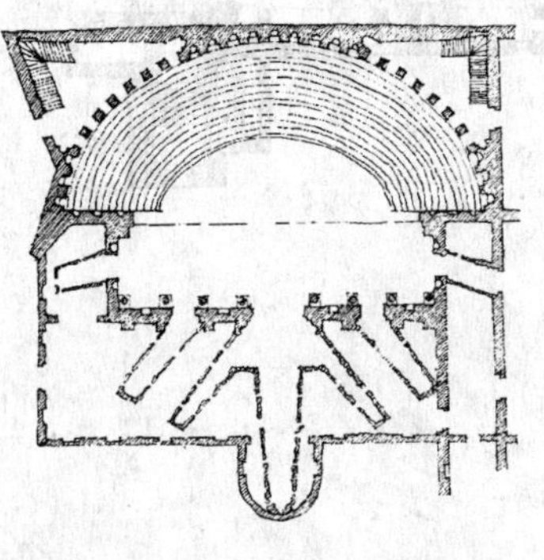

坐席紧密排布在矩形平面里，就像是半圆形剧场的局部片段一样，在结构形式上也作了相应调整。原来的剧场往往以柱列等分屋面，以便选择最经济的跨度搭设木梁。而在该建筑中，柱子是贴近外墙排列的，使中间跨尽可能加大，从而将观众席的视觉干扰减至最小。

早先的大跨建筑中，柱子在结构中不可或缺。这是古埃及卡纳克（Karnak）阿蒙神庙中的巨厅平面，建于

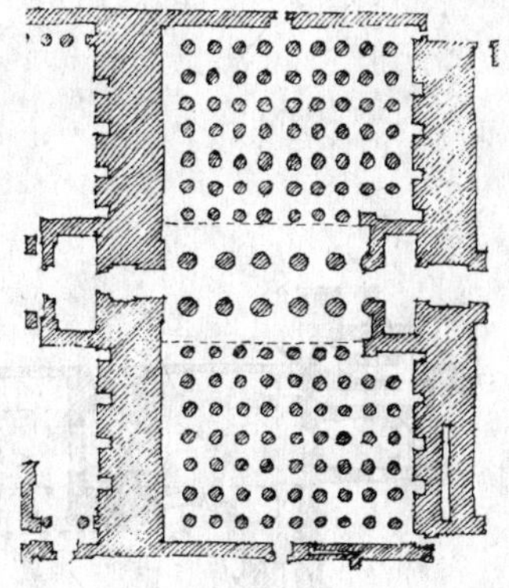

公元前14世纪。由于结构所限，不论空间上做何用途，都不得不排列着密如森林的巨大石柱，最小的柱径也有3m之长。

石柱密布是古埃及神庙的一个显著特征，这种结构用于表演建筑中将是十分棘手的问题。这是位于埃莱夫西斯城（Eleusis）的泰莱斯特林（Telesterion）神庙，建于公元前6世纪，是用来举

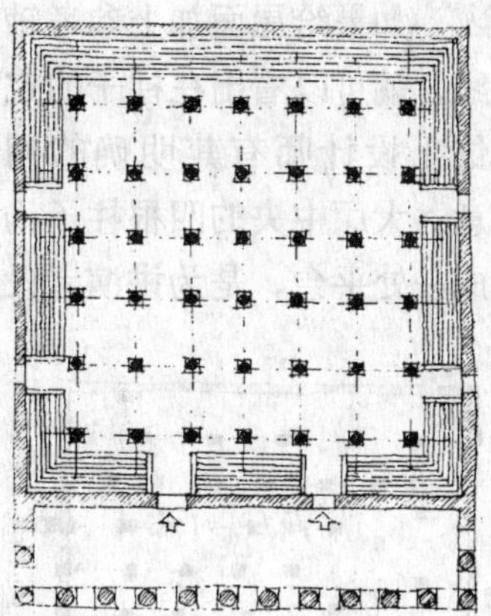

行神秘的传统宗教仪式的场所。平面的中部是支撑着屋面的规则方格状柱网，四周布置着观众席，而密集的柱网严重地遮挡了观众的视线。

另一张平面是位于大城镇中心的瑟塞斯林（Thersilion），建于公元前4世纪。与前者相似，柱网仍对视线造成了干扰，进步之处是已经能够根据功能要求，对柱网做出适当调整。因此，柱网已不如先前那么井然有序，而是多少显得有些散乱无章。

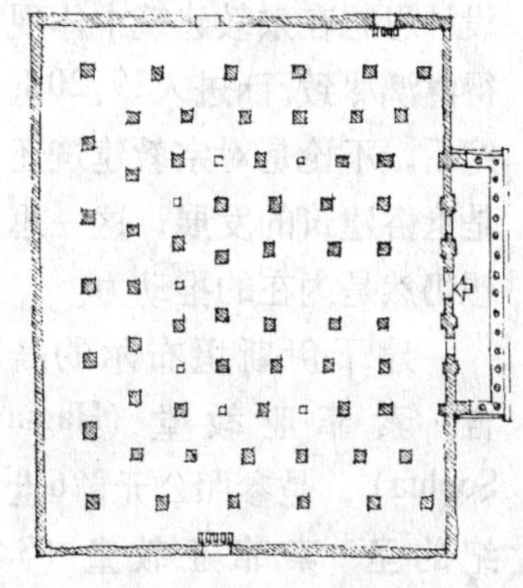

如果给屋面加上参考轴线，就可以看出在柱子的定位上设计师有其明确的用意：大厅中央的四根柱子构成一处平台，是为讲演者设

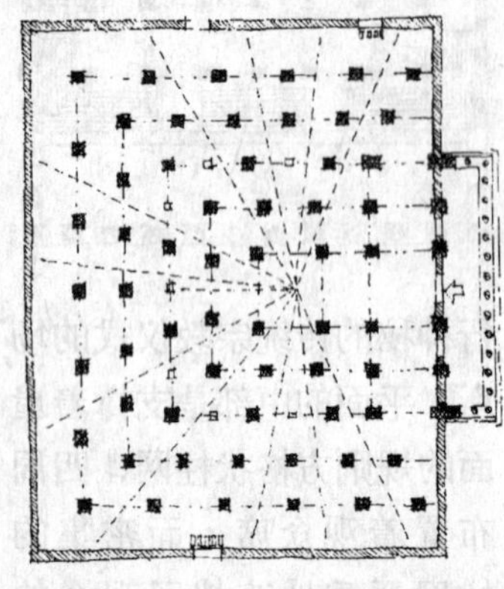

计的讲坛。为使空间有更好的视线和更好的音质效果，柱子没有按正规的方格网设计，而是根据讲台对视线的要求有所偏移。

纵观历史上的许多伟大建筑作品，结构都是其空间形式的决定性因素，适用结构所蕴含的几何秩序也就是最适宜的空间秩序。尤其在罗马风和哥特风时期，这种设计思想在宗教建筑中体现得淋漓尽致。而进入19、20世纪后，不论是对宗教建筑还是世俗建筑的发展，这一思想仍然是内在的推动力。

建于伊斯坦布尔的哈吉·索菲亚教堂（Hagia Sophia），是参照公元前6世纪的圣·索菲亚教堂（S. Sophia）设计的。与后者一样，结构就是建筑的全部。空间秩序体现在结构形态中，每一处空间细节都对应着特定的构造形式，教堂中央的圣坛通过巨大的穹庐顶标识而出。

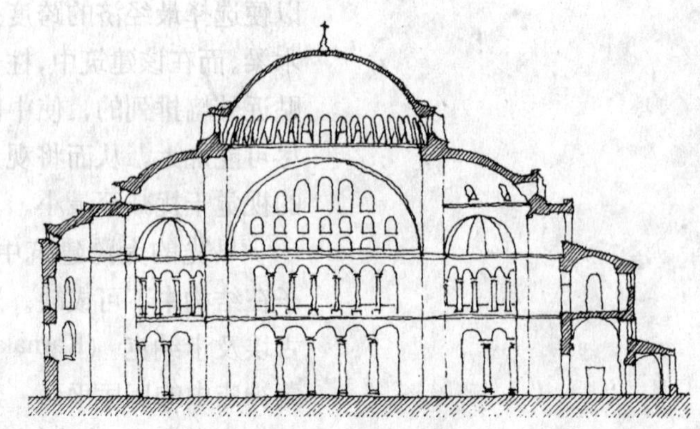

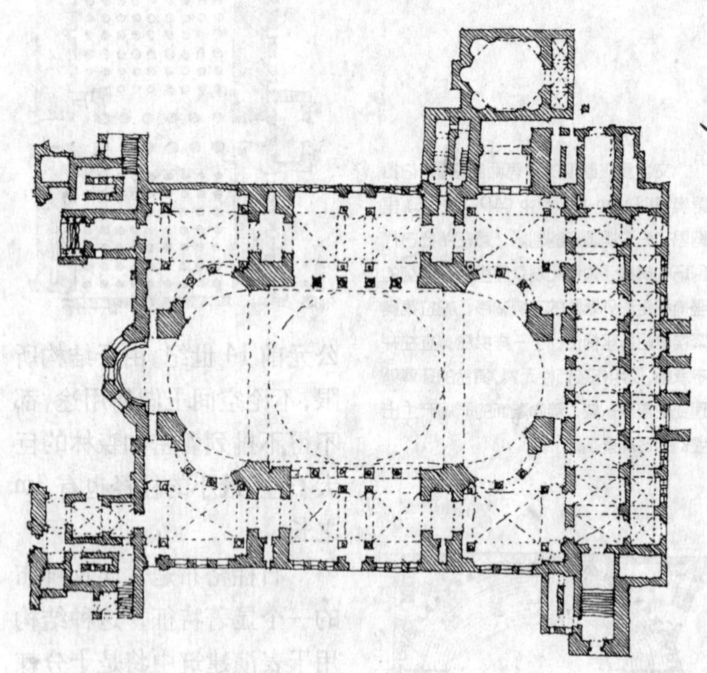

空间与结构的这种密切关系在中世纪的教堂和主教堂中也有着充分体现：神堂、礼拜堂、教堂大厅等等，都是由既定的石砌拱券结构建成的。

哈吉亚·索菲亚教堂和其他一些中世纪教堂都是用石材建成的。结构秩序与空间秩序的这种一致性，通过其他建筑材料同样也能体现出来。

混凝土技术的先驱者，法国建筑师佩雷运用混凝土代替石材，对中世纪教堂的

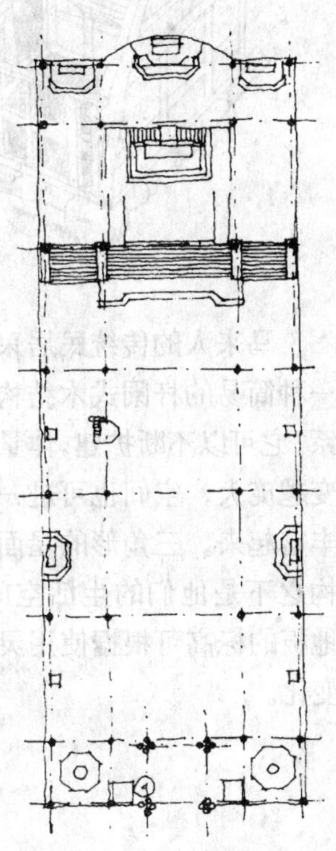

结构与空间关系进行了重新演绎。上图是圣母教堂(Notre Dome)，位于巴黎雷瑞米(Le raimy)郊区，建于1922年。它的体量要比兰斯主教堂 (Rheims Cathedral)小一些，但由于钢筋混凝土远比石材的强度大，且易于构造，所以需要柱子来支撑的楼板面积大为减少，同时使柱跨显著增大。但两座教堂中结构与空间形式的一致性并未因建筑材料的不同而改变。佩雷设计的教堂中，所有的场所同样也都由结构标识而出：主祭坛、次祭坛、讲坛、洗礼池等等都具有相应的结构形式。

宗教建筑的空间设计实际上很简单，空间秩序与结构秩序也易于结合，而这种结构秩序又进一步强化了宗教建筑所特有的精神秩序。在世俗建筑中，结构秩序与空间秩序可以呈现出更强的一致性。

单独一个房间中，结构与空间的这种同一性是显而易见的：整体空间由屋顶和

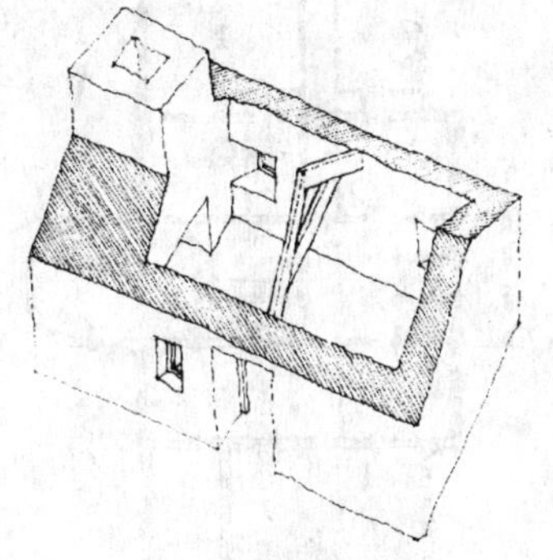

墙面组成，屋面有时用木屋架支撑，所起的作用同上例中的混凝土梁柱一样。与后者不同的是，木屋架似乎对于下部空间的形式没有必然约束。这幢房屋的墙体就兼有两种相互依存、密不可分的功能：既是围护墙又是承重墙。

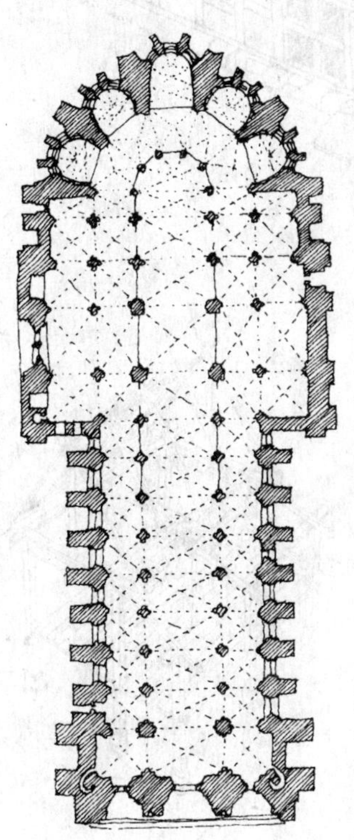

在兰斯(Rheims)教堂中，空间秩序由建筑结构的形式所规范。

奥古斯特·佩雷作品参见：

《混凝土技术》，彼德·柯林斯(Peter Collins)著，1959年。

用承重墙结构建造的大型建筑中，往往以小型房间的相互组合来形成较大的空间。这一类型的房屋在经济强盛的维多利亚时代曾建造过很多。

将承重墙与围护墙分开设计的建筑也不乏其例。一般情况下，大多采用木构架承托屋面，形成承重体系，而围护结构由非承重墙来充当。这种建筑既可以是一个单独的房间，也可以是多个房间的组合体，而根据结构几何来组织和划分房间仍是传统的设计手法。

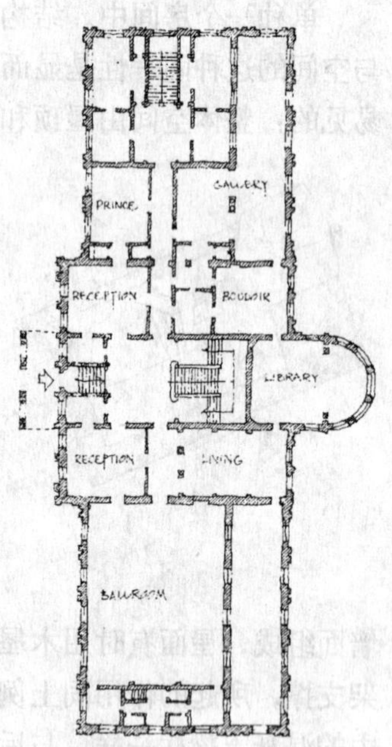

这所房子，两端的结构单元分为上下两层居室，中间两个结构单元形成中央大厅。外墙由彩色木框填充上篱笆而成。

木结构房屋的平面多为矩形，但也能设计出复杂的空间划分来。

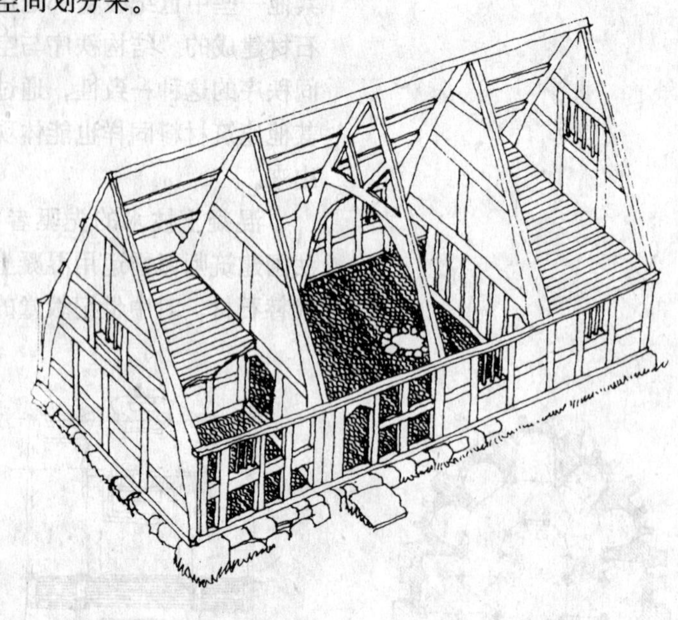

马来人的传统民居采用一种简易的杆阑式木结构体系。它可以不断扩建，体量越变越庞大，空间也可进一步丰富起来。三角形的屋面结构之下是他们的生活空间，地板的标高可根据使用灵活变化。

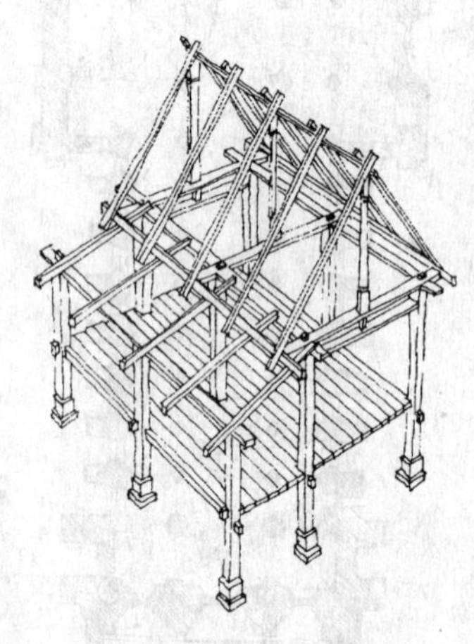

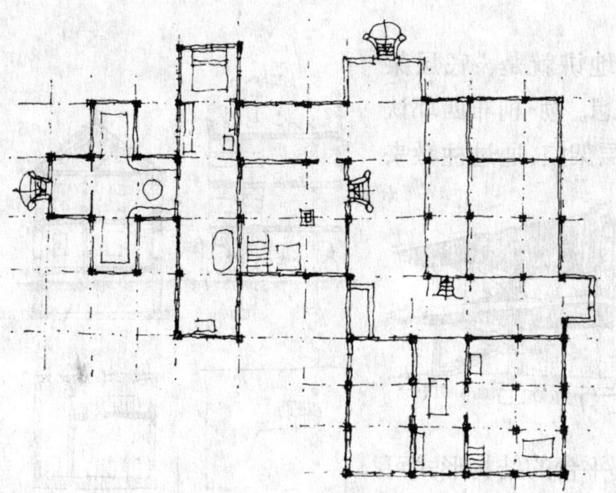

在这座马来西亚传统住宅中，方形的木框架体系始终主导着空间的形成。

马来西亚住宅参见：

《马来西亚住宅》，Lim Jee Yuan著，1987年。

这个例子完全是以矩形平面来组织空间的。在“制造几何”一节中曾讲到，圆形与矩形是结构常用的几何形式。历史上，很多居住建筑都采用了圆形平面和锥形屋顶。

有些建筑师，尤其是20世纪的建筑师们，在设计中常常有一种争议：适用于居住的空间形式不一定必然是圆形或方形，决不应该将生活和居住仅仅限定在既定的结构形式中。

20世纪30年代的德国，夏隆在其许多住宅设计中，将空间的实用性放在首位，而不是更多地考虑结构的几何秩序。这里再举一下摩尔曼住宅的例子。居住空间冲破墙体的严格限制而伸入花园，可以在此弹琴、就餐或栽植花卉，对实用功能的考虑超过了对结构秩序的重视。

卡萨·罗马奈里参见：

《建筑评论》，1983年8月，第64页。

卡萨·罗马奈里（Casa

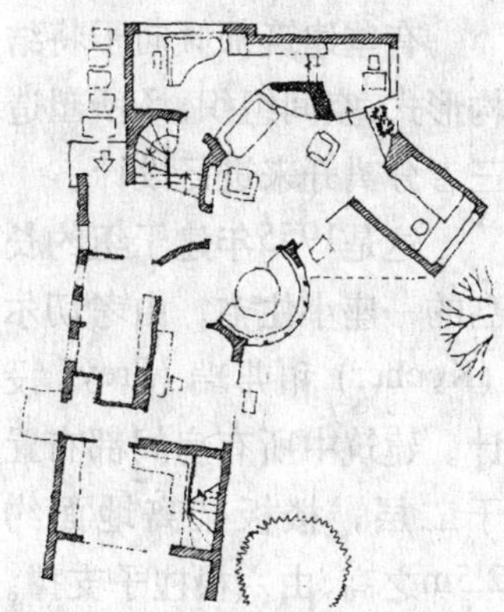

Romanelli）住宅同样也具有复杂的平面，它是由意大利建筑师马西里（Angelo Masieri）和卡罗·斯卡帕设计的，1955年建于意大利北部的城市乌迪内。不仅平面是由许多复杂的几何形式组合成的，其空间构成是由更为复杂的几何形式重叠而出的。空间并非由平面直接生成，而是在墙体和柱子的立体构成中产生出来的。该住宅的结构形式较为复杂，丰富的空间细节由此塑造而出。

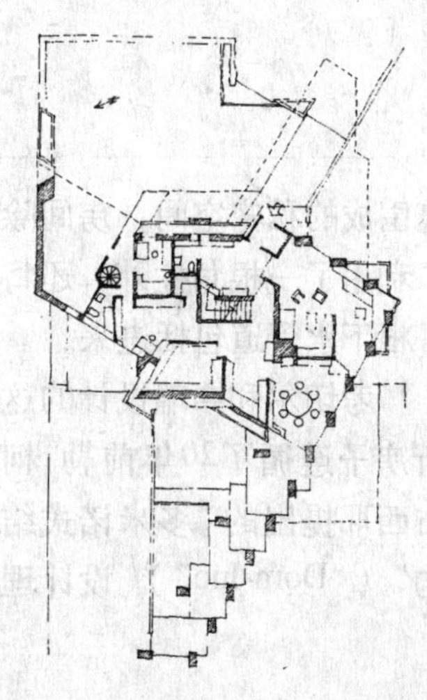

有些建筑师倾向于将结构形式、空间组织、场所塑造三者分离开来进行设计。

这是1955年建于纽约长岛的一座小住宅，由考切尔（Kocher）和弗瑞（Frey）设计。建筑中所有房间都布置于二层，楼板架离地面约2.5m之高，由六根柱子支撑。楼板的一端以一部旋转楼梯与地面相连，屋顶是露天花园。这是主要生活层的结构布置图，居住空间的范围已由平台的面积所限定，六根柱子在平面中排布规整，但并未进一步制定具体的空间划分。旁边的图纸显示出空间的具体布局：墙体是非承重结构，卧室是由可移式隔

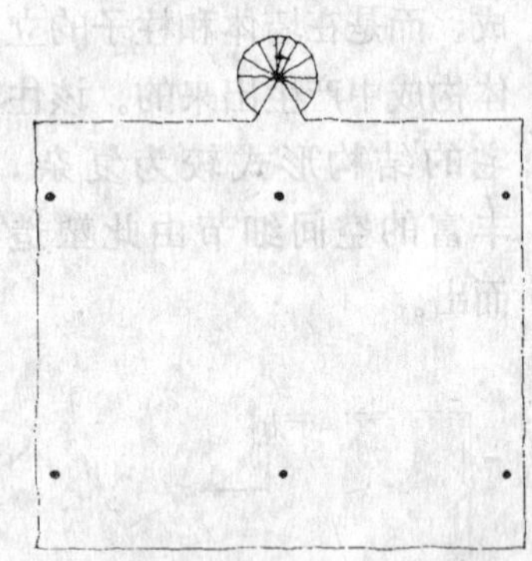

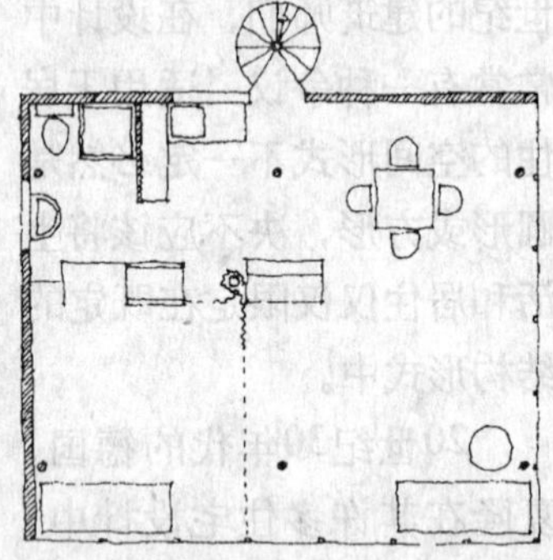

墙围成的私密空间，房间除了利用了一根角柱外，还将一根下水管道包括进来。

考切尔和弗瑞设计的这所房子遵循了20年前勒·柯布西耶提出的“多米诺式结构”（“Dom-Ino”）设计理念，通俗地讲就是“底层架空”的思想。勒·柯布西耶认为，将底层架空、通过柱墩来

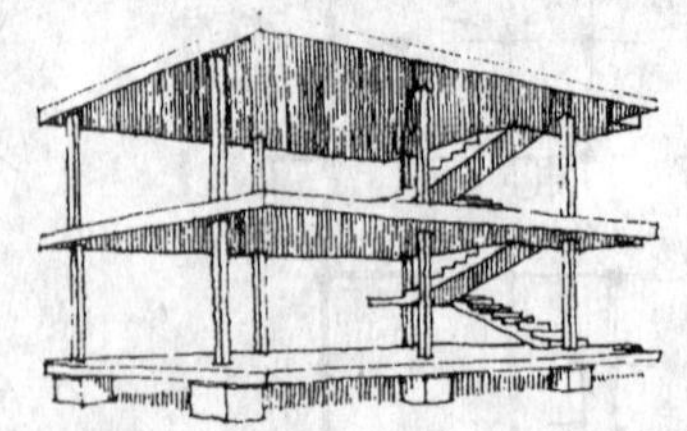

支撑上部平台的结构形式可以为设计带来一系列的好处，就像连锁反应一样，不仅使底层空间可以自由地交通，还可进一步将上部空间从结构的限制中解放出来。

勒·柯布西耶应用“底层架空”的思想设计了大量的建筑。密斯·凡·德·罗也从事了许多这方面的设计实践，以试图打破结构对空间的限定。两人的设计有一些共同之处：都不排斥结构对空间构成所起到的积极作用；都在探索如何在水平楼层内组织和进一步塑造空间的方法。

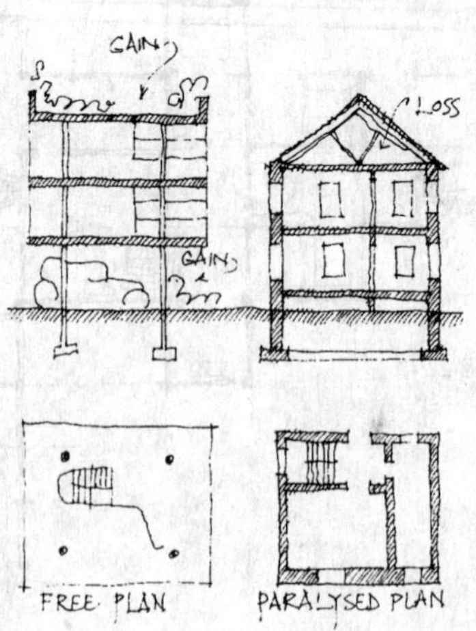

这是勒·柯布西耶所作的一张建筑分析图，用以解释将建筑首层架空所能带来的好处。

长岛住宅参见：

《现代住宅》，F.R.S.Yorke著，第6版，1948年，第218页。

萨伏伊别墅于1929年建于巴黎近郊的普瓦西(Poissy)的一个社区内。很明显,由于建在一座特大型都市的

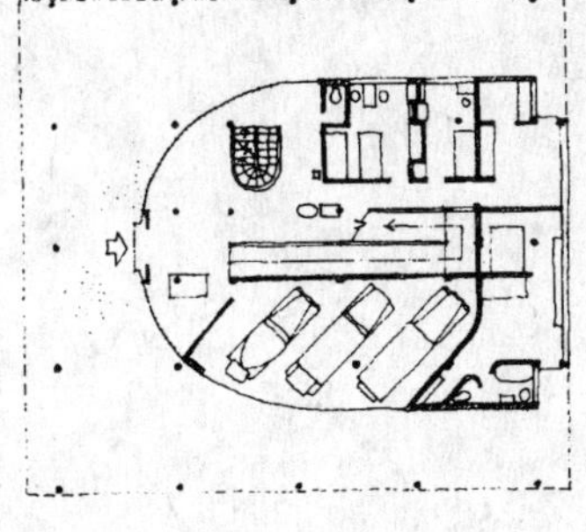

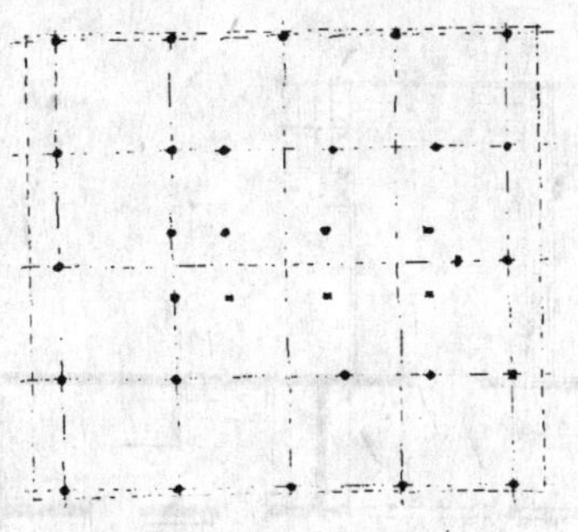

聚居区内,受环境现状所限,建筑采用了不规则柱网。虽然建筑结构在平面中并未明确地限定出空间的具体用途,勒·柯布西耶在柱网布置上显然有引导具体功能的用意。平面的中央,柱网之间形成一条长长的坡道,另外一道楼梯也紧依一根柱子设计,主入口由另外两根柱子明确界定出来。

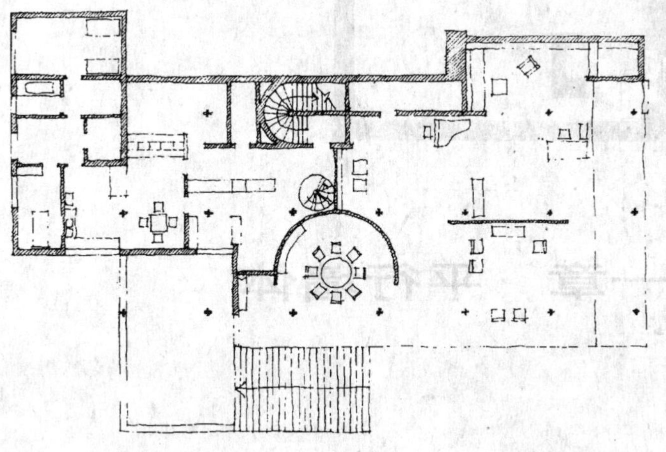

密斯·凡·德·罗设计的吐根哈特住宅(the Tugendhat House)位于捷克城市布尔诺,1931年建成。该建筑的柱网十分规则,柱子的截面都是一样的"十"字形,柱网的设置同样对空间布局发挥着引导作用:两根柱子与一道半圆形隔墙划分出餐饮空间;另外两根柱子辅助形成起居空间;在平面的右上角还利用一根柱子围成书房。

密斯在1929年设计巴塞罗那博览会德国馆(the Barcelona Pavilion)时,几乎已摆脱了结构与功能的束缚,将空间完全从结构中解放出来,仅通过一些固定的透明或半透明玻璃幕墙加以简单引导而成。

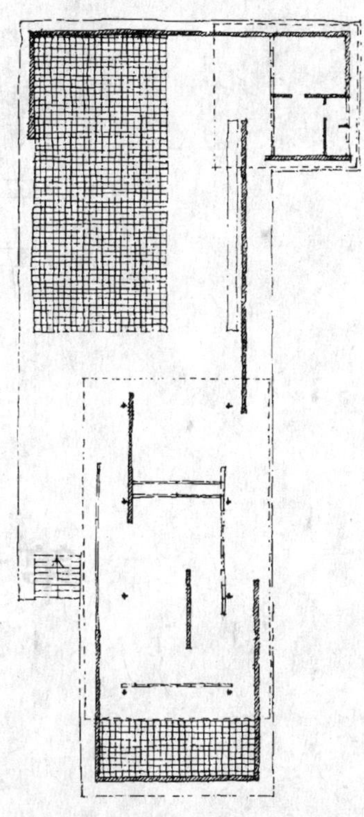

第十一章　平行墙体

平行墙体

平行墙技术是一项最古老最简单，同时也是最实用的建造技法，早在史前建筑中就已有应用。直至20世纪，

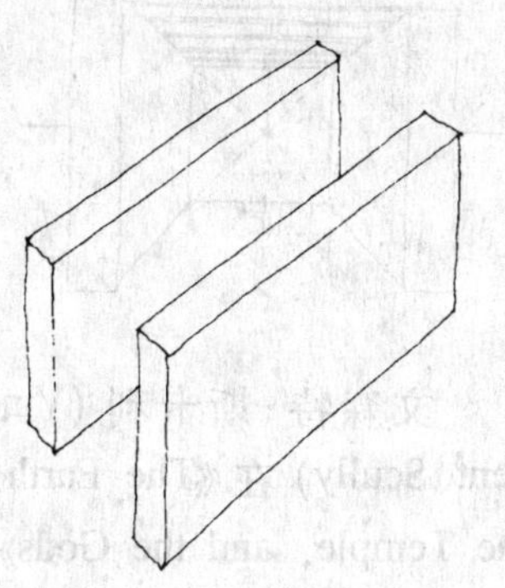

建筑师们才对之有了巨大的推进，创造出大量新的手法来。平行墙技术虽已取得巨大发展，但还会有更为广阔的开发前景。

易于实施是这一技法的一个显著特点，在两道平行墙体之上架设屋顶与其他方法相比再简单不过了。

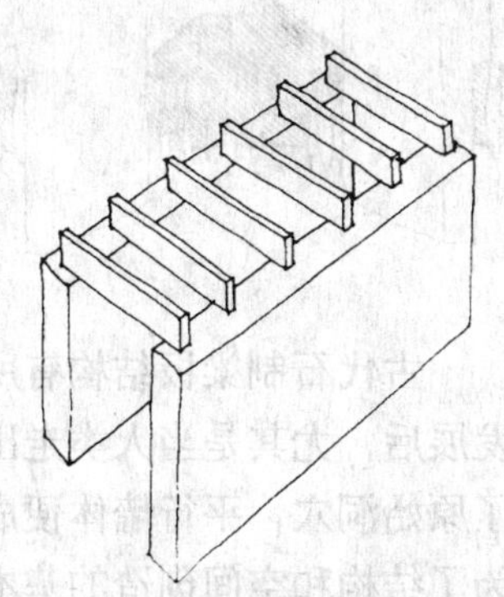

做法虽然简单，但平行墙体并非不能创造建筑细节。这方面的例子在古代各类建筑中已屡见不鲜，它所带来的新奇与振奋因我们的熟视无睹已显得“平淡无奇”了，但相信这些精湛的技术细节还会为人们不断地应用和发挥。

在“建筑之几何”一章中，尤其是“六向加中心”一节中讨论到：地球上的各类建筑都以各种方式与大地、天空、四个自然朝向以及几何中心有着千丝万缕的联系，平行墙技术尤其与自然朝向休戚相关。平行墙对方向具有良好的控制力，合理地运用将使场所变得更为安全，并具有良好的方向感和内聚力。

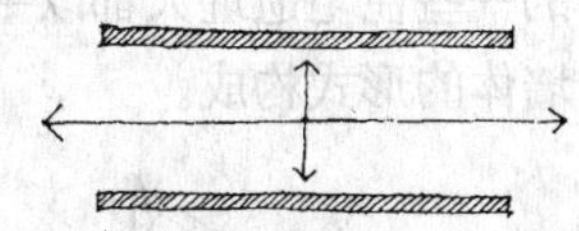

屋顶可以用来遮风避雨，墙面则可通过对两侧的控制，形成前后贯穿的笔直通路，也可以增加一道非承重的后墙，使房间三面封闭，进而形成单一的前入口，就像自然界的洞穴一般。

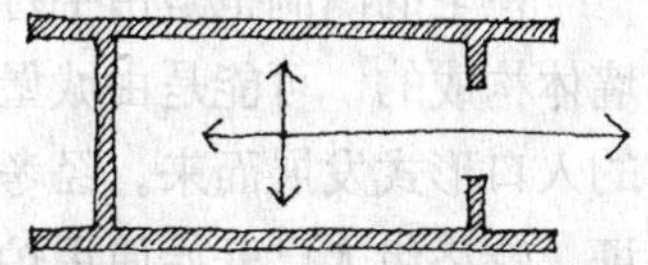

这种方向感可以通过两道平行墙体所界定的狭长空间创造出来。所形成的笔直的交通流线可纵贯空间，从两端均可出入；或是在通道

对面页：

在大量的建筑中，空间组织都是通过平行墙体的运用形成的。

的一侧加墙，使路线在建筑内结束。

这些特征在远古的建筑中随处可见。

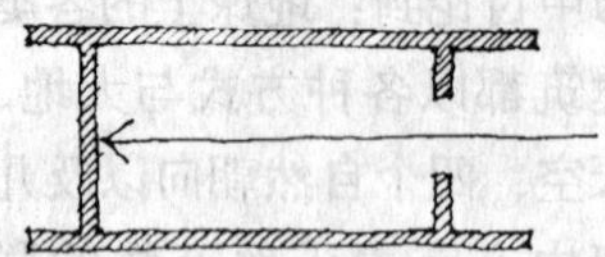

19世纪考古学家施里曼(Heinrich Schliemann)发现了一座古城遗址，据考证，可能是古代的特洛伊城(Troy)，著名的《荷马史诗》曾对该城有过描述。城中的一些住宅遗址大都以平行墙体的形式构成。

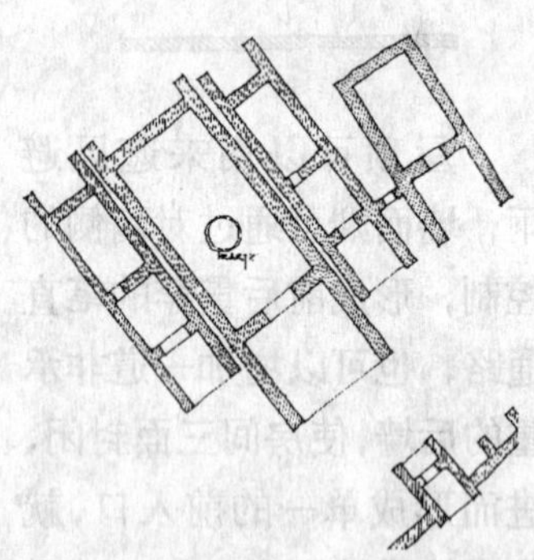

住宅的门洞也是由平行墙体构成的，可能是由城堡的入口形式发展而来。经考证，特洛伊人已开始使用炉膛这一构造形式，但从所发掘的墙体遗址中没有发现二者相互结合的痕迹，因为从室内朝向及轴线为出发点并结合整个空间形式所探明的几何中心上，没有发现这一构造曾经存在的遗迹。

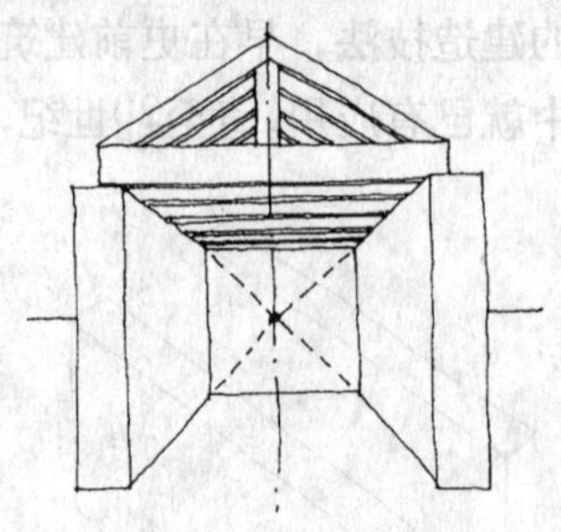

文森特·斯卡利(Vincent Scully)在《The Earth, the Temple, and the Gods》一书中讲到，古希腊人往往运用平行墙体形成的方向和核心将住宅与远山圣地联系起来，进而形成轴线对应关系。

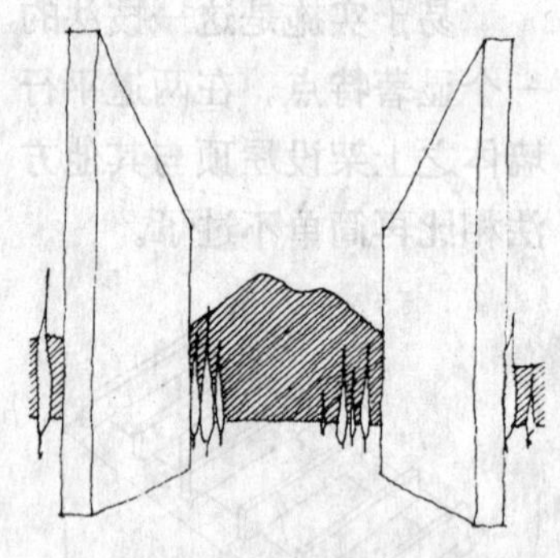

古代石制梁板结构有所发展后，尤其是当人类走出了原始洞穴，平行墙体便成为了结构和空间创造的基本手段；平行墙体自然而然的结构秩序加之出色的建造效果，很快成为人类征服自然的新手段。

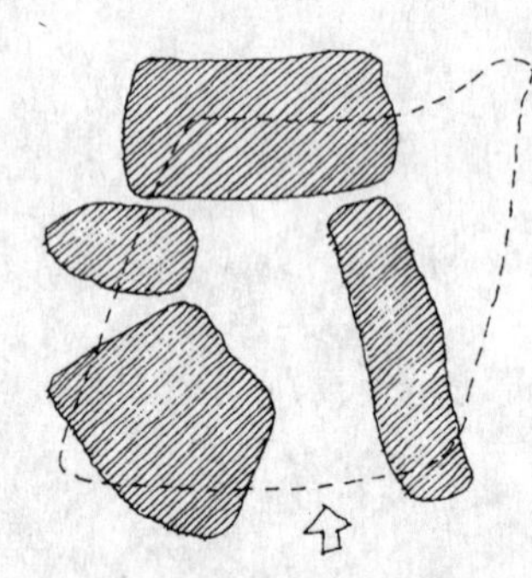

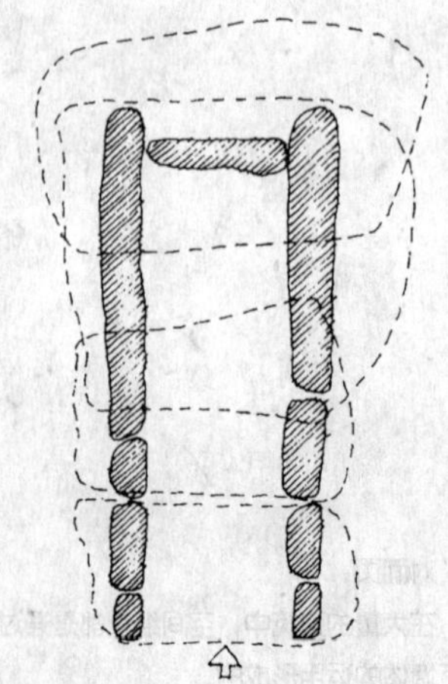

这一技术在住宅以外的其他建筑类型中也应用广泛。古代的希腊神庙通过平行墙体建立起与环境紧密相连的轴线关系；罗马风时代

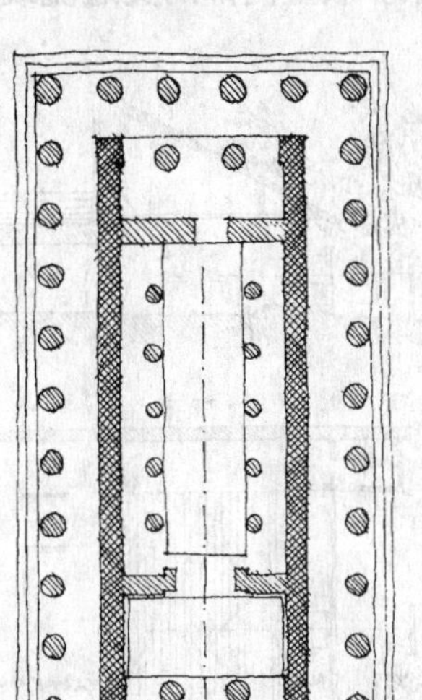

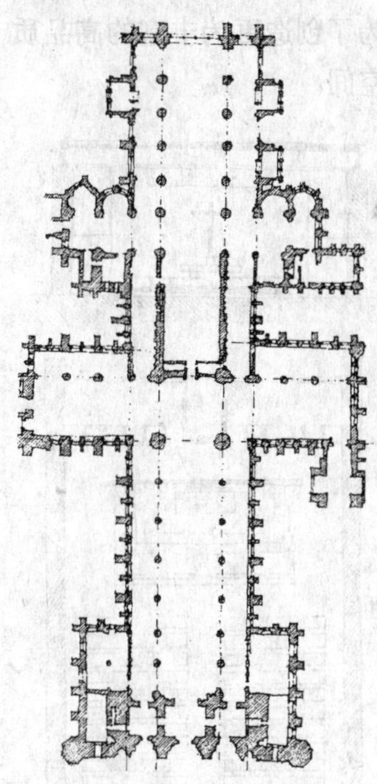

的巴西利卡（Romanesque basilica）式建筑则通过大进深的墙面产生强烈的透视效果，进而强化出祭坛的核心方位；哥特式教堂通过同样的方法标识出祭坛，不同的是，祭坛正上方高高隆起的穹窿顶成为更强烈的标识手段。

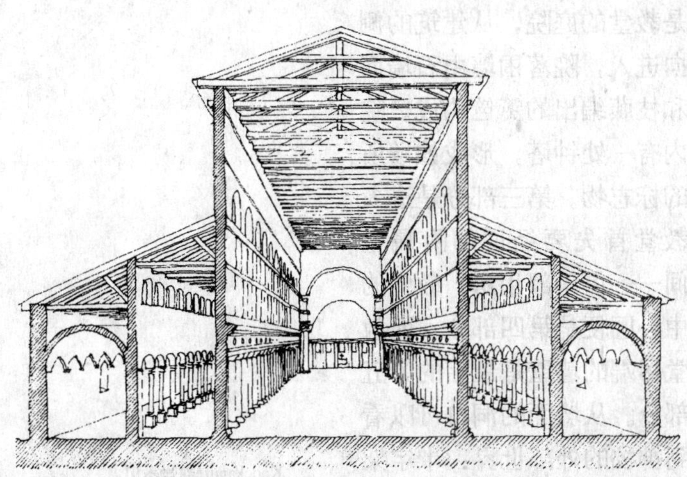

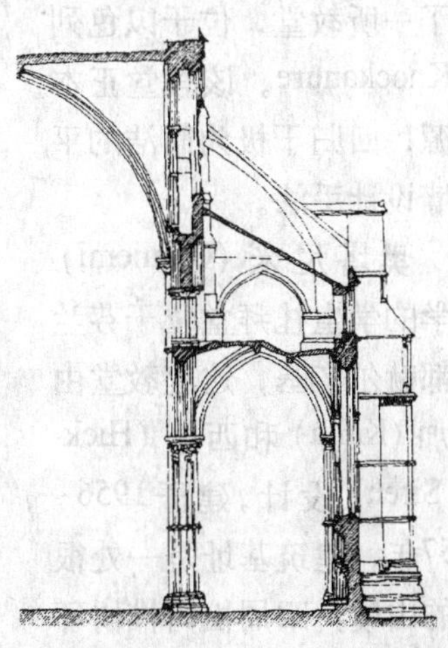

进入20世纪，建筑师们以更加丰富的手段发展着平行墙技术，当然，其着眼点是为了创造更为丰富的高品质空间。

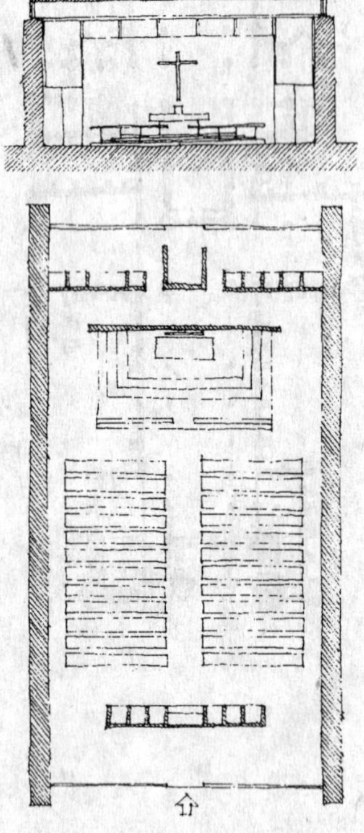

迈克尔·斯科特（Michael Scott）在20世纪60年代设计了一所教堂，位于以色列的Knockanure。该教堂正本清源，回归于极为简洁的平行墙设计手法。

奥塔尼米（Otaniemi）大学的学生礼拜堂位于芬兰首都赫尔辛基，这座教堂由凯加（Kaija）和西伦（Hiekki Siren）设计，建于1956~1957年。建筑基址是一处很小的山坡，四周松树桦树环抱，浓阴密布。教堂由两道平行墙体构成，引导出一条起伏有致、由神秘走向精神净化的路线。两道平行墙体将教堂从树林中鲜明地标识出来。教堂内部的交通流线从

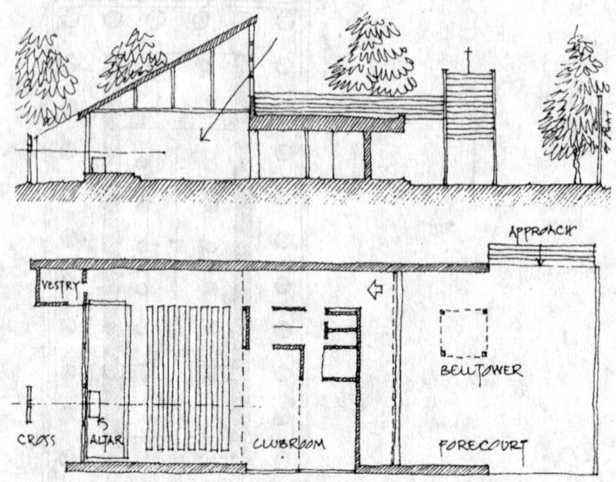

右至左，在平面及剖面中显而易见。这两道纵向墙体控制着室内交通流线的方向。贯穿教堂内外的交通组织，可以将建筑划分成五个部分。

第一部分是毗邻教堂主入口的外部环境。第二部分是教堂的庭院，从建筑的侧向进入，院落围墙由石墙面和枝藤编出的篱笆构成。院内有一处钟塔，形成该场所的标志物。第三部分是进入教堂首先要经过的附属空间——俱乐部用房。教堂的中心区便是第四部分。而教堂尽端的墙壁是最后的第五部分。从墙面的洞口可以看到神秘的外部世界：十字架正位于前方的树林之中。平

Knockanure教堂参见：《世界建筑》，1965年2月，第24页。

芬兰教堂参见：

《今日芬兰建筑》，Egon Tempel著，1968年。

面左上角伸出的一小块空间是洗礼堂，它是教堂内外环境的过渡空间。即便信徒们坐在教堂大厅的座位上，也都能看到室外那一方竖立着十字架的自然环境。

20世纪50年代，斯堪的纳维亚的许多建筑师们都热衷于在实践中对平行墙体系的运用和创新。下面的例子是1960年建于芬兰的科米(Kemi)的墓地教堂。由西帕里(Osmo Sipari)设计。它的两道平行墙体的断面形式均为三角形，十字架与灵台的轴线并不平行于这两道墙体，而是作了90°的垂直转换。因此，为了使入口同十字架保持一致的方向，将它开在一侧的墙面上，而不是直接设于平面的后部。平面中还有两道重要的墙体：一道从教堂内部延伸而出，与环境相融合；另一道与平行墙体垂直，形成墓地入口和教堂主入口的连接点。

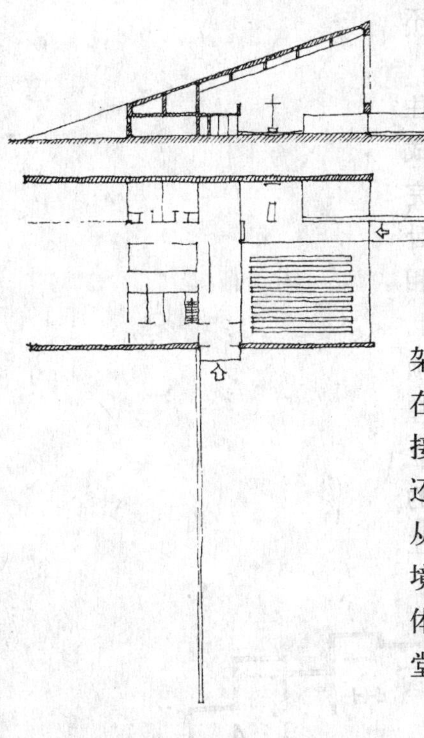

在住宅设计中，平行墙思想也应用广泛。平行墙的一个突出特点是易于不断重复、延伸和扩建，并能用作阳台的支撑结构，更重要的是，

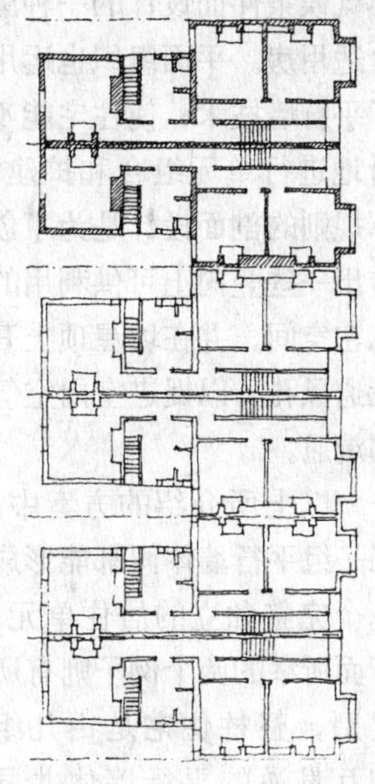

在两道平行墙体间可以安排完整的居住单元。

美国建筑师克雷格·埃尔沃德(Craig Ellwood)1952年设计的好莱坞某公寓就是在每一组平行墙之间产生两套居住单元，构成了四户四院落的组团建筑。

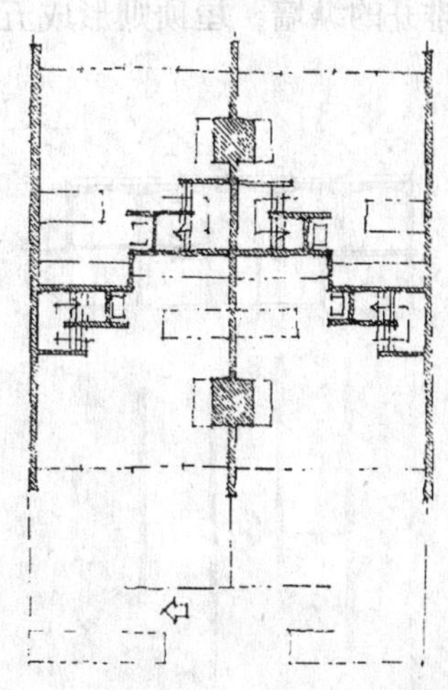

退台式建筑参见：

《英国退台式建筑》，斯特凡·穆特修斯(Stefan Muthesius)著，1982年。

右图是查尔斯·柯里亚(Charles Correa)为适应炎热气候条件而设计的一种廉价适用房。平面组织也运用了平行墙技术，使住宅能不断地进行单元组合和扩建。不规则的剖面设计是为了创造出一些竖向上可供利用的私密空间，并在坡屋顶上开设通风孔，以促进室内空气的流通。

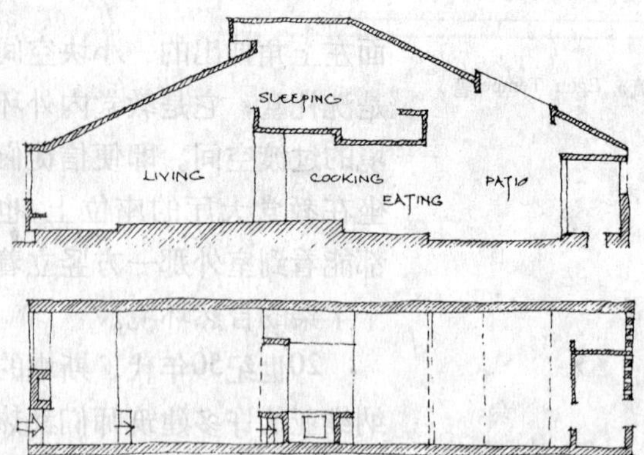

以上所介绍的方案中，每一组平行墙体间都能形成一个完整独立的居住单元。下面所举的两个例子则有所区别，整栋住宅是由几组相互贯通的平行墙体共同组成的。

本页底部和下页的左下图例，就是对建筑师施内布利(Dolf Schnebli)设计于瑞典的这所住宅方案的解析，该住宅建于20世纪60年代早期。从剖面图可以看出，建筑的承重结构是六道一字排开的纵墙，屋顶则形成五个连续的筒形拱。不难看出，墙体既是建筑的承重结构,又是进行空间组织的基本元素。

在传统做法中，平行墙体还产生出另外两个朝向，建筑师往往将其中一面封闭起来，另一端保持开敞，这样便形成了空间的主朝向。入口常常设计成大面积玻璃通窗形式，既能遮蔽风雨又不失良好的视野和采光。

施内布利设计的这所住宅就由一系列的平行墙构成的。有的平行墙之间形成完整独立的空间单元——卧室；有的则是几组平行墙相互贯穿,共同构成一个空间。当然，墙体开口的程度必须限制在结构可以承受的合理范围之内。炉膛是一处独立存在的结构形式，其布置的方位往往与墙体垂直。该住

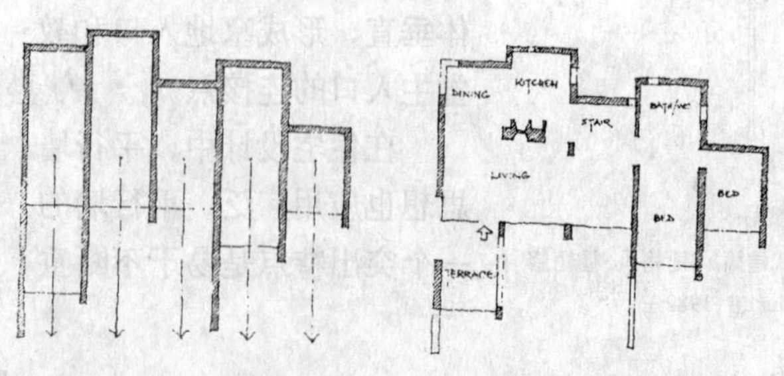

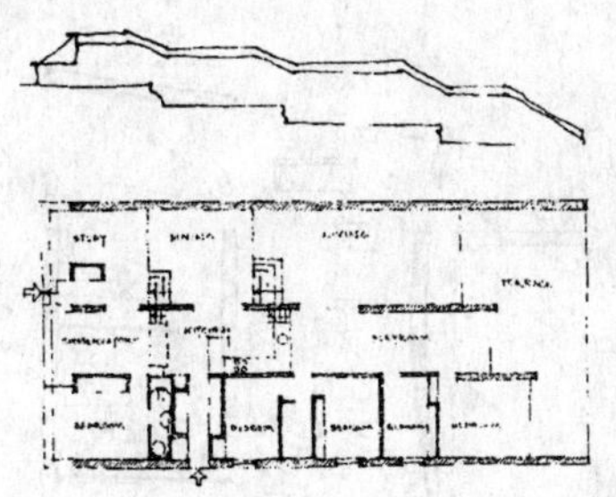

这状平行墙特征显著的建筑由诺曼·温迪·福斯特(Norman Wendy Foster)和理查德·罗格斯(Richard Rogers)联合设计。使用者从入口到阳台的活动线路与墙体的肌理相一致，随着地势顺坡而下。四道墙体创生了三个不同的功能分区：会客区，包括书房和起居厅；中区，包括储存室、厨房和活动室；私密区，主要安排为卧室。

希腊夏日住宅参见：
《世界建筑》，1965年2月，第128页。

多尔夫·施内布利设计的Lichtenhan住宅参见：
《世界建筑》，1966年3月，第112页。

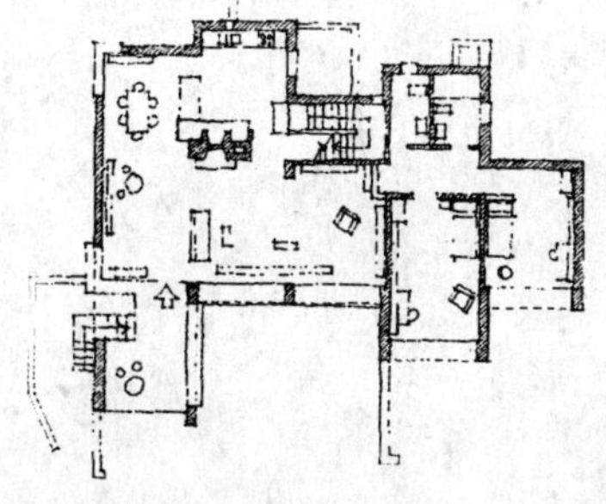

宅还设有一处阳台，同样由一组平行墙体构成。

这是建于希腊半岛的一所夏日住宅，设计者是艾利斯·康斯坦丁蒂斯（Aris konstantindis），他的设计手法是在一组平行墙之间创造出多种空间。

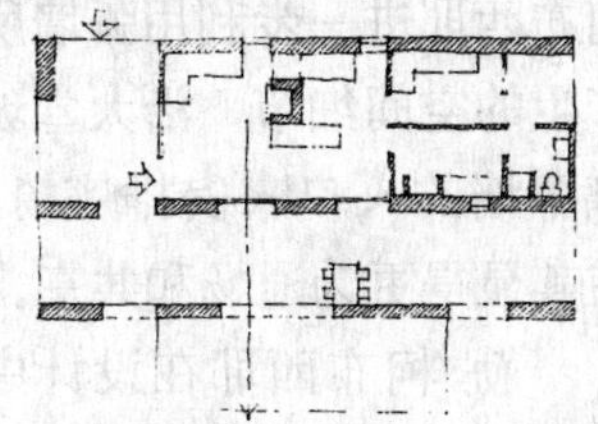

从平面可以看出，房间的主朝向与平行墙体相互垂直，在图中显示的是由上至下的朝向。住宅通过三道平行墙面分割出四个组成部分。第一部分是位于平面上侧的入口前院；第二部分是在前两道平行墙之间生成的居住空间，包括起居厅、餐厅、厨房和一间车库；建筑的第三部分是由中间和下侧平行墙体构成的一处凹廊；第四部分是面向大海开敞的露台。建筑的主体结构是天然石材砌筑的石柱和钢筋混凝土屋顶。房间中，壁炉是起居厅与餐厅间的自然分隔。住宅门厅的石柱尺寸与其他柱子完全一样相同，但布置方向扭转了90°，使较长的两边沿纵向布置，以加大门厅的净宽，便于车辆停放。

有些建筑师的设计手法与传统有别，采用非正交平直的墙体来构筑平面，或是在整体布局中，将个别墙体扭曲一定的角度，从而使空间产生一些新变化。

下图是建于巴黎南郊大学城中的学生公寓的首层平面，是勒·柯布西耶于1931年专为瑞士留学生设计的，该建筑被称为瑞士留学生宿舍（the Pavillon Suisse）。

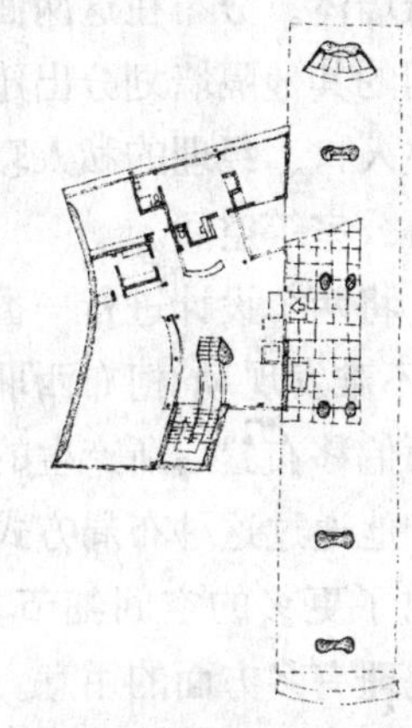

点划线所示的区域是一块大型的矩形平台，支撑在六组粗大的石墩之上。紧贴建筑正立面形成一处宽敞的廊道，将学生公寓的主入口隐匿在后面。

进入主入口，右前方一眼望到的就是迎宾台。迎宾台之后是经理的私人寝室和一间办公室，左侧是一部楼梯，直通楼上的学生公寓用房。

学生区没有设计成规则的矩形平面，而是将一道外墙设计为弧线形，楼梯间也不是笔直的，而是紧贴着弧形墙面向二层蜿蜒爬升。很显然，整个平面并没有遵循传统的平行墙的空间组织方式。

在此，我们不妨将该平面修改回各道墙面垂直正交的传统布局，与勒·柯布西耶所设计的真实平面进行一番比较。在假想图中，学生区活动平台一侧的墙面是一道平行墙体，平面右侧是另一道平行墙体。分布在这两面墙之间的其他隔墙划分出建筑的主入口、经理的私人寝室和办公室等空间。

将两个设计进行一番对比，不难发现勒·柯布西耶将墙面偏移布置后所产生的效果。他通过这种布局方式创造出了更多的空间细节，这种处理有多方面的用意。第一，使私密空间的面积相对有所提升；第二，将墙面弯曲，利用了路线和视线不一致原理，在私密空间、公共空间、学生用房之间产生了一定的视觉分散，减少了使用的相互干扰；第三，除了迎宾台与入口直接对应外，楼梯间根据相邻的弧形墙面也采用相应的曲线形式，避免了视线和路线简单重合而可能产生的单调感，同时也增强了空间的私密性。最后，勒·柯布西耶进一步利用弧墙所产生的空间细节，沿大堂玻璃幕墙的入口来安排座椅，使其显得更为通畅和共享。

勒·柯布西耶在设计中经常采用或是内凹或是外凸的弧墙面，为平直的墙面增添细节变化。早在20世纪20年代早期，设计瑞士留学生宿舍之前，他为拉罗歇（La Roche）设计的一所住宅也很有特点，该住宅坐落于巴黎的西北城区。住宅的二层是一个私人展厅，从地面升起的一道短墙和三根柱墩支撑着这一空间，用来陈列拉罗歇的个人藏画。展厅平面

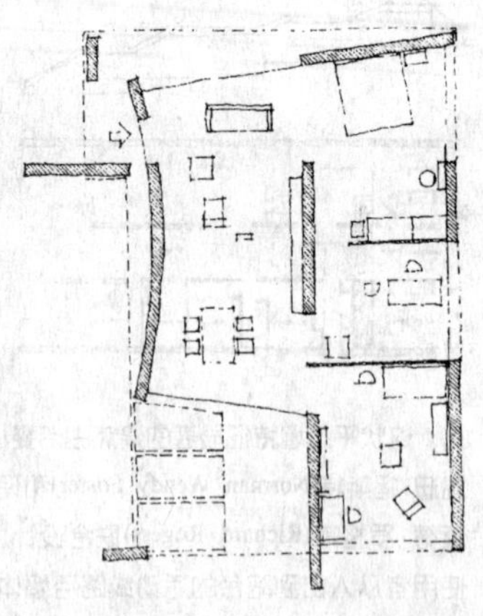

在1936年举办的Bristol建筑展览会中有一个小型住宅的平面图，建筑师马塞尔·布鲁尔和F.R.S.Yorke在设计中将其中一道墙体变弯，手法与勒·柯布西耶的瑞士亭很相似，当然在细节上各具特征。

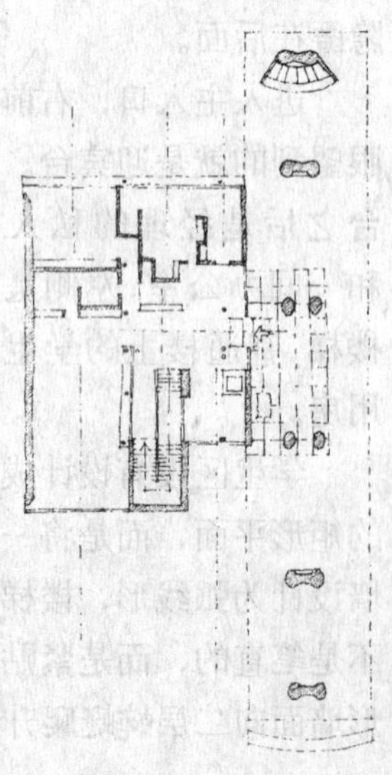

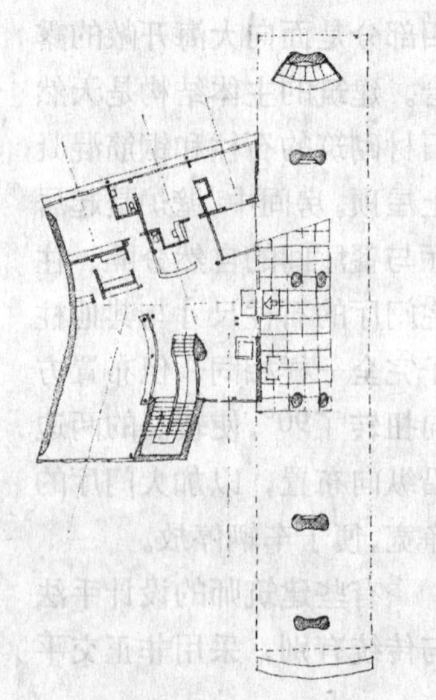

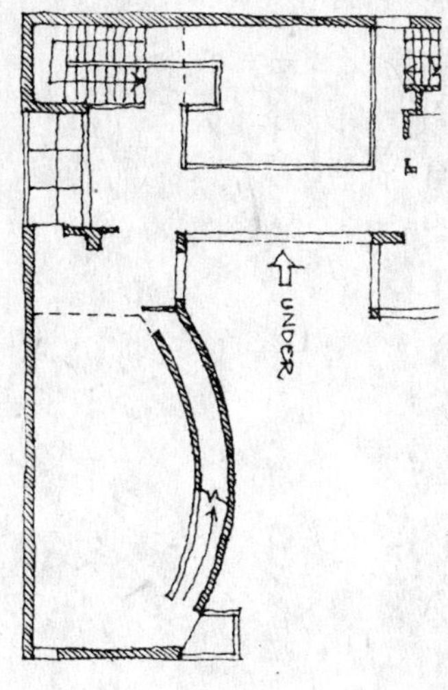

由一道直墙和一道外凸的弧墙构成，紧贴着弧墙是一段弧形坡道，可直抵二层。弧墙和坡道的引入，使房间有了更多可以驻足的空间。这条坡道在建筑上表现为一种步移景异式的自由散步漫道，从室外地坪开始，直至屋顶花园结束。经过安排在三层通高的大厅中的一部楼梯，可以进入展室，紧接着登上坡道，可以到达二层的书房。走出书房，便是屋顶花园。弧墙的立面构图中也很重要，向来访者暗示出住宅前门的位置所在。

理查德·麦克·科麦克(Richard Mac Cormac)设计的英国兰开斯特大学新图书馆，是为纪念英国艺术评论家约翰·拉斯金而建的。该设计运用平行墙的设计手法。棱形平面封闭感较强，突出了对内部空间的保护意识。内部空间完全以平行墙体加以划分，组织出廊道和专用房间。

在荷兰艾哈姆附近的桑斯比克公园，有一处极富雕塑感的亭子，设计师是阿尔多·万·埃克(Aldo Van Eyck)，建成于1966年。该建筑探索了平行墙设计中的一些新手法。

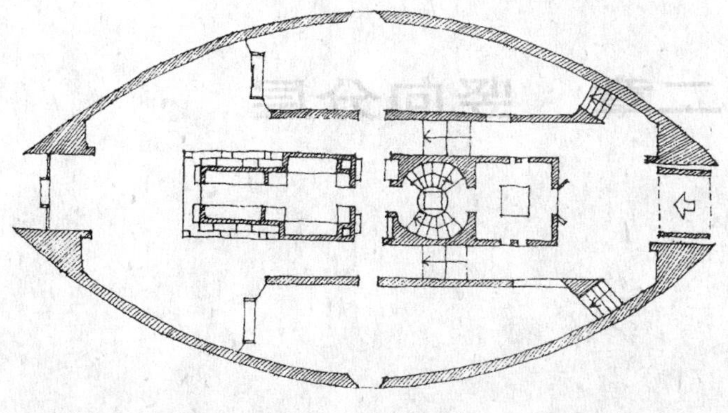

从概念上讲，阿尔多首先为建筑基址安排出6道简单而一致的平行墙体，墙体高3.5m，墙间距均为2m宽。墙顶上支撑着半透明的玻璃顶棚，墙与墙之间形成这座亭子的几何通道。

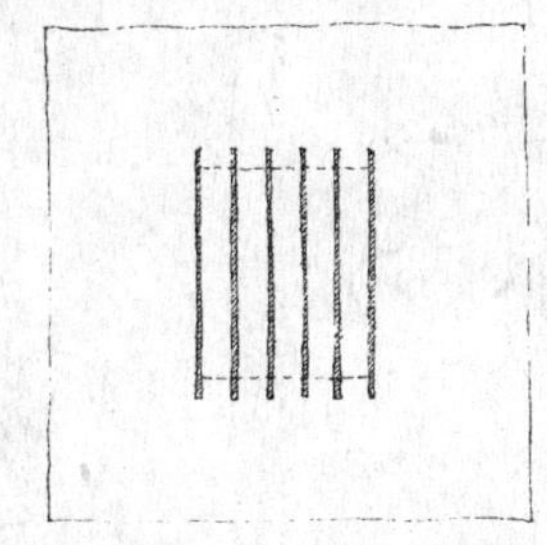

阿尔多将平面中的墙体频繁地打开一些洞口，局部墙面还增设了几处半圆形转角，从而造就出展示空间所适用的平面形式。通过上述处理，平面在横向上产生更多的相互联系，洞口使新的交通流线和视线可以在墙体间自如地游移和转换，最终塑造出富于雕塑感的展示空间。

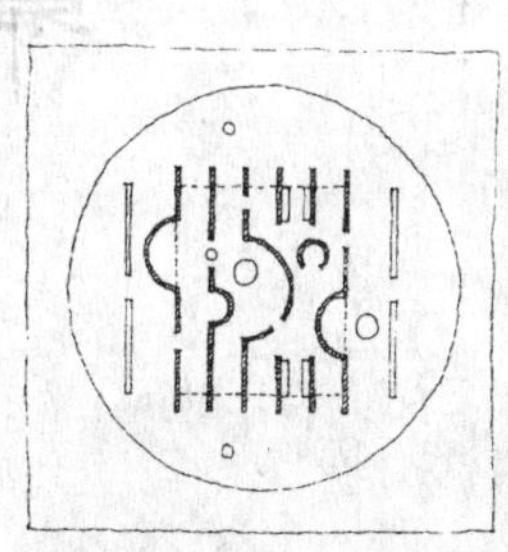

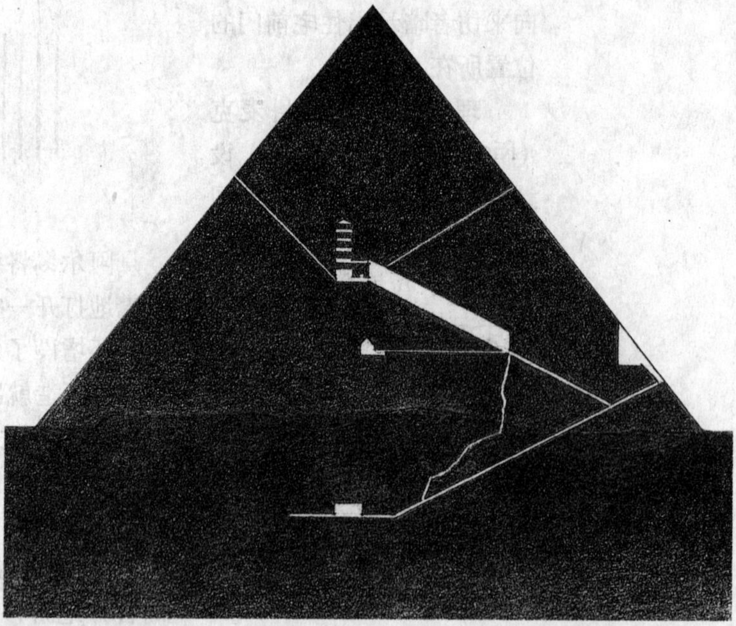

第十二章　竖向分层

竖向分层

如果人类能在三维空间中自由活动，人居建筑会产生巨大的变化。由于受重力的制约，人的活动往往在水平范围内进行，建筑的重点因此更多的着眼于平面的设计。人类活动的这种特点决定了二维平面的重要性。

有些建筑师遵从甚至追求这种设计思想，热衷于在二维平面中对人居行为进行严格地限定，并将空间严格规范在屋顶和地板限定的水平向度中。

德国建筑师密斯·凡·德·罗就致力于对二维平面中人居空间的刻画。这在其众多的作品中都有体现。这是“五十乘五十”住宅(Fifty-by-fifty House)的平面，设计于1951年，但是方案一直没有实现。住宅空间由一块方形硬化地面和上部的屋面共同构成。

它的结构方式十分简单。屋顶由四根柱子支撑，每根柱子均位于方形屋盖各条边的中点上，住宅的外墙采用玻璃幕墙。

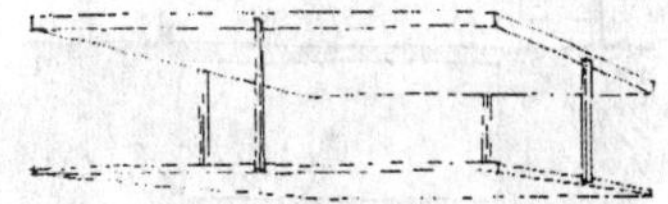

所有室内空间完全在屋面和底板之间的水平向度中进行组织，畅通的玻璃幕墙不会对视觉造成任何遮挡。

“五十乘五十”住宅就是这样一座单层建筑。设计直接从地面标高开始，对场地进行了深入的规划。室内地坪无任何标高变化，既没有下沉的地面，也没有升起的平台，更没有其他竖向布置的层面。整栋建筑简洁明快，没有任何超出正方形平面范围的凹凸部分。

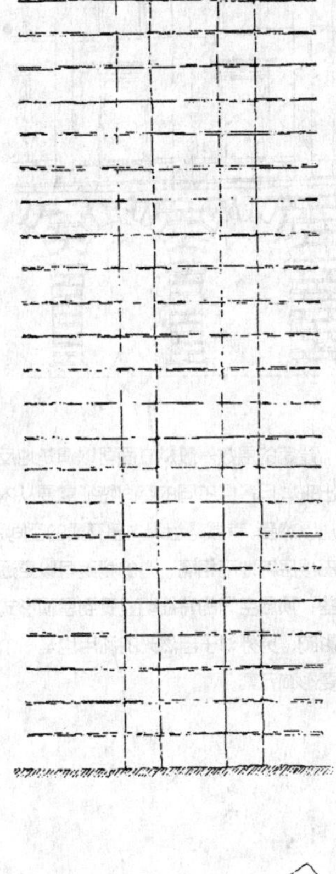

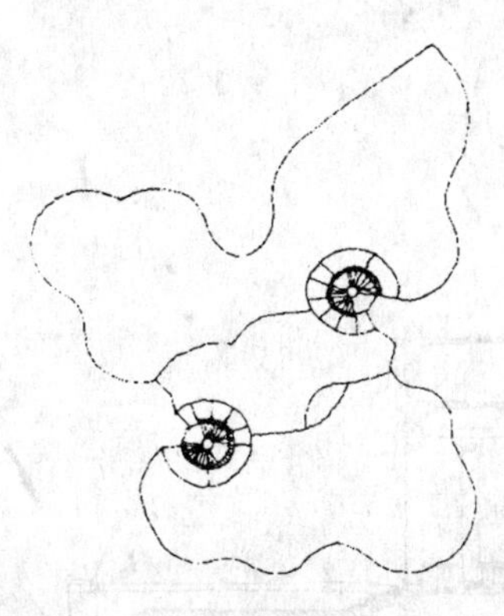

1922年，密斯·凡·德·罗设计了一座摩天楼，平面极不规则，但水平分区仍很清晰。

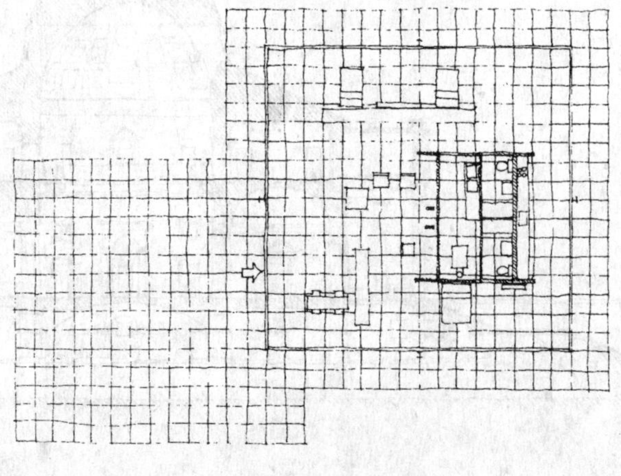

这是意大利建筑师M·扎奴索(Marco Zanuso)设计的一幢小住宅的局部剖面，1981年建于科莫(Como)湖畔。

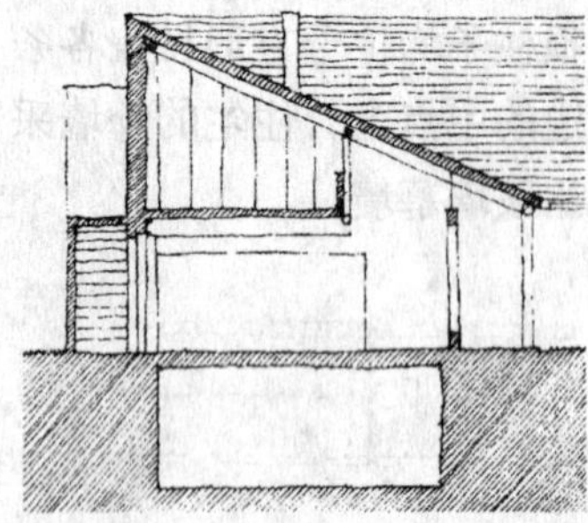

建筑共三层，每层都各有特点。首层与户外环境融合易达。地下室是开挖土方而成的一个不大的房间，室内昏暗阴冷。二层主要用于卧室的布置。屋顶是沥青油毡屋面，为了便于排水，设计成坡状。

竖向分层是标识场所的一项重要内容。

下图是建于肯特的梅雷沃斯城堡，房屋体量相对较大，同样分为三层，这是该城堡的剖面图。设计者是科伦·坎贝尔，建于1725年。主要平面如第122页图所示。

首层空间是一处半地下层，从功能上讲，相当于地下室。其顶板设计成筒拱形，用以承托上部各层的重量。由于是半地下室，室内显得较为清凉，但采光相对不足。

最主要的功能集中于半地下室之上的第二层内，由于建于地面之上，空间显得开敞而舒适，是一处可自由摆放钢琴的豪华大厅。

第三层安排了一些其他房间，住宅中部是一座贯穿上下的中庭，中庭的正上方是高大的穹顶结构。

建筑的层数一般从立面可以清楚地反映出来，但各层不同的空间特征需要从内部加以感受。首层是组织内部交通的空间，上部楼层与地面相隔，有的相距可以更远一些；顶层空间的特征明显受到屋顶形式的影响，另外对于自然光的利用也是一个主要影响元素。

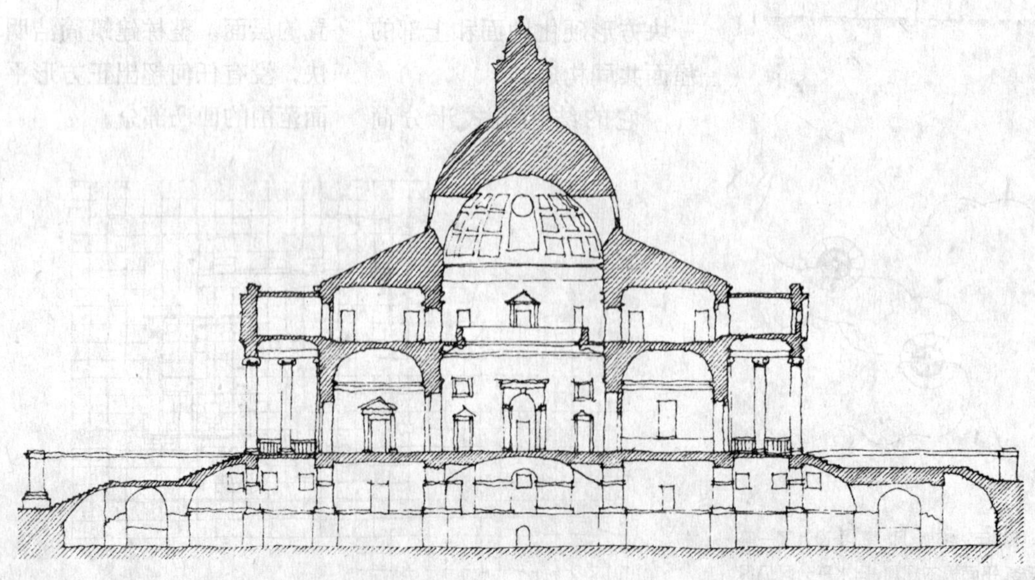

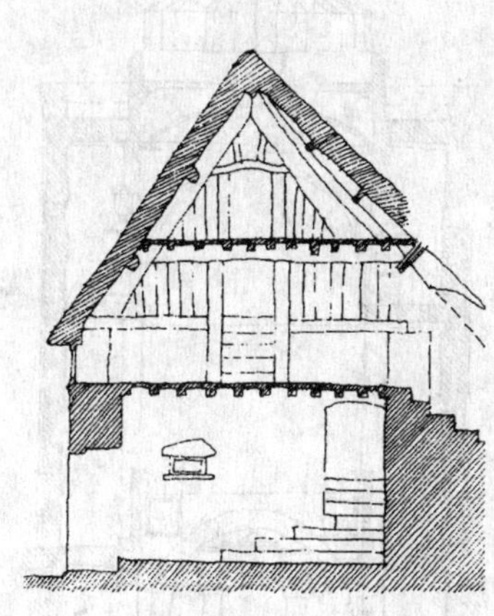

在欧内斯特·吉姆森的石井式住宅中，屋顶结构含有两层空间。他试图运用这一手法一方面研究建筑的体量感，一方面强调出屋顶显著的造型地位。

这是乌普沙拉大学（Uppsala University）图书馆的一个片断，建筑顶层是一个大报告厅。作为石砌结构，以下部的小空间来承托上部的大空间是比较容易实现的，反之则往往行不通。小空间里的墙体和柱子可以用来支撑大空间的地板。

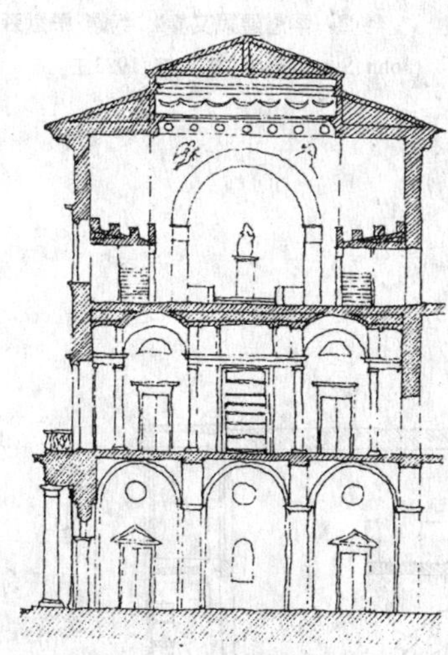

建筑物竖向分层的手法大致上都很相似。这是瑞典建筑师布隆恩（Fredrik Blorn）于1837年设计的一栋农业试验楼。

首层是大楼的入口（之所以称之为首层，是因为它完全建在地坪以上），首层之下设有地下室，它是结合建筑基础的土方开挖设计而成的，既开发了地下空间，同时也是上部结构的箱形基础。二层的设计十分特别，没有通过楼板与首层明显隔开，而是以阁楼的形式对坡顶之下的闲置空间加以利用，并结合屋面造型形成的。屋顶剖面的外轮廓为三角形，为便于阁楼的使用，其内截面通过结构变化设计为拱形。

相似的竖向设计也体现在意大利的这栋农村住宅中，是由吉奥瓦尼·西蒙尼（Giovanni Simonis）设计的，如右图所示。建筑的每层各具特点：一层的楼板为拱形，上为二、三层；三层的屋顶带有一个突出墙面的窗子，设于屋檐之下；顶层是结合屋顶结构设计而成的阁楼；各层均以楼梯相连，梯段的倾角与屋面坡度一致，使屋顶与通往阁楼的楼梯形成密切联系。

20世纪20年代，勒·柯布西耶激进地倡导多层建筑的

设计思想，在他提出的新建筑五要素中，提出建筑应底层架空，并带有屋顶花园。

勒·柯布西耶将这些思想融入到自己的住宅和其他一些建筑设计之中。设置屋顶花园，可以使人沐浴阳光；首层架空，可以使空间更畅通无阻，便于人们行走和活动。

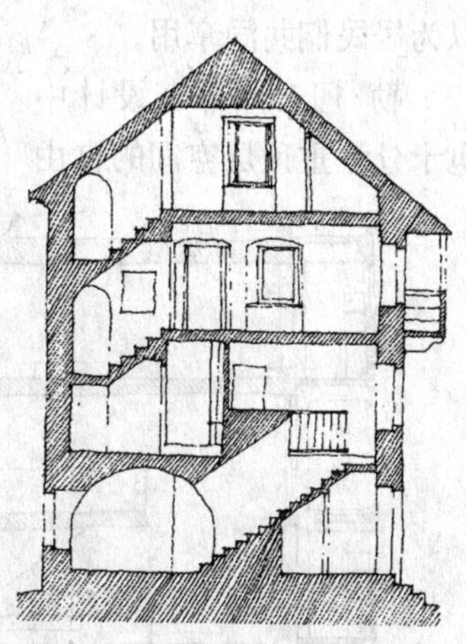

勒·柯布西耶在室内空间的标高变化上，也做了不少创作尝试。他1930年在希腊Carthage设计的这所小住宅中，使建筑的各层贯通，屋顶花园带有顶篷，以便在希腊炎热的烈日下遮阴。

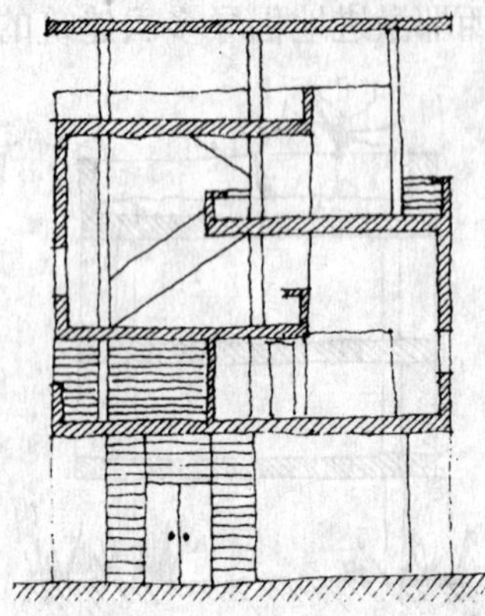

马赛公寓的联合居住单元（Unitesd' Habitation）是他在二战后设计的一座大型住宅。从纵剖面上看，居住单元交错组合，走廊围合在中间，空间利用率很高。剖面所示仅为建筑的很小一部分单元片段，这座公寓共能容纳337家住户，大约1600人左右，大厦的公共服务设施可以为居民们共同享用。

勒·柯布西耶在设计中也十分注重顶层空间的自由度。下层空间常常受到顶板和上部空间的严格限制，因而接受从顶部洒下的阳光的可能性很小。顶层屋面因其不再充当任何空间的楼板，从而为运用天井采光创造了条件。由于没有层高上的使用限制，同时也可以充分利用竖向尺度。

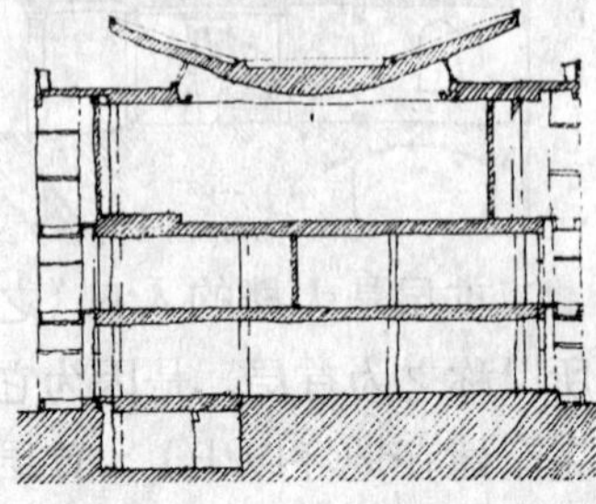

勒·柯布西耶在1954年设计而成的阿迈德·拜德联合大楼（Millowners' Association Building For Ahmedabad）中，充分利用了建筑的结构特点，将小型空间设置在下部楼层，而将大尺度空间安排在顶层。这样一来，使大跨度空间——报告大厅的屋顶向外凸出，赢得了充足的采光。这与梅雷沃斯城堡设计中，将建筑的中央大厅设计为通高的穹顶来突破结构限制的手法同出一辙。

在屋顶设置采光天井，将下部楼板打断，约翰·索恩（John Soane）设计的空间可以让阳光畅通地倾泻而下，直至建筑的底层。在建筑的特定部分安装坚固的玻璃顶，也可使阳光充分地照射进室内。这是他的私人寓所的局部剖面图，该处是陈列其个人收藏的雕塑品及精美建筑细部的空间。

约翰·索恩参见：

《约翰·索恩建筑文集》，约翰·萨默森（John Summerson）等人著，1983年。

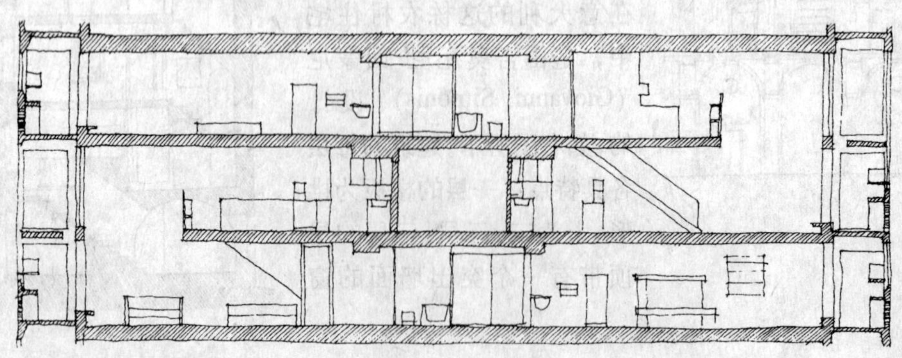

有时，通用的竖向分层手法也可以有所变通。在罗伯特·文丘里（Robert Venturi）设计的这所房子里，顶层是拱形结构，仿佛上面还有重量需要承托。首层则顺应不规则的场地随形生变。住宅的主入口设在中间层，通过一座小桥来连接室内外空间。

根据前文所述，在“神庙与村舍”一章中讨论过，神庙原型的设计思想意在通过高出地面的平台，创造出超脱陈俗的建筑意境。表演用的舞台、住宅中可自由摆设钢琴的高雅客厅都是这方面的例子。

在 Schloss Charlottenhof，有一所别墅位于波茨坦的无忧宫（Sanssouci Palace at Potsdam）外伸的基址中（在今天的柏林附近），设计者是德国建筑师辛克尔，他在该建筑中设计了一处高出地面约3m的阳台式花园。

花园与建筑位于同一标

高上，下层空间是佣人的住所。入口大厅前的一段室外楼梯成为外部环境与建筑相连接的纽带。

勒·柯布西耶设计的萨

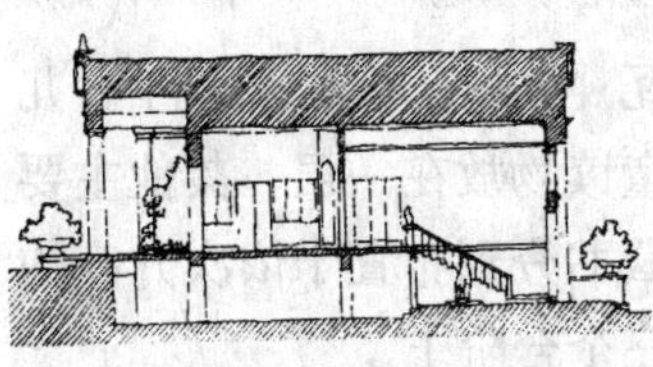

伏伊别墅也共分上下三层：一层设有入口大厅，佣人房和车库；二层设有起居厅和卧室，外墙上还附设着一处开敞式阳台；屋顶上设计了一处日光浴室。设于住宅中央的一条坡道将三个楼层贯穿于一体。

图书馆是一类竖向设计较为特殊的建筑类型。传统意义上，图书馆大都建在架空的楼层之上。大致有以下几种原因：（在有效的防水材料产生之前）避免潮湿；提高贵重期刊的安全度；将大型空间建于小型空间上方，符合结构的使用要求。

剑桥大学神学院图书馆

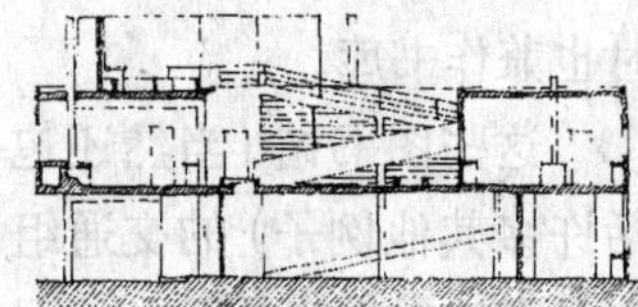

（the Library of Trinity College in Cambridge）由克里斯托弗·瑞恩（Christopher Wren）设计，建于1984年。瑞恩遵循了学院旧图书馆的模式，将新馆建于二层之上，下部是十分开敞的凉廊。

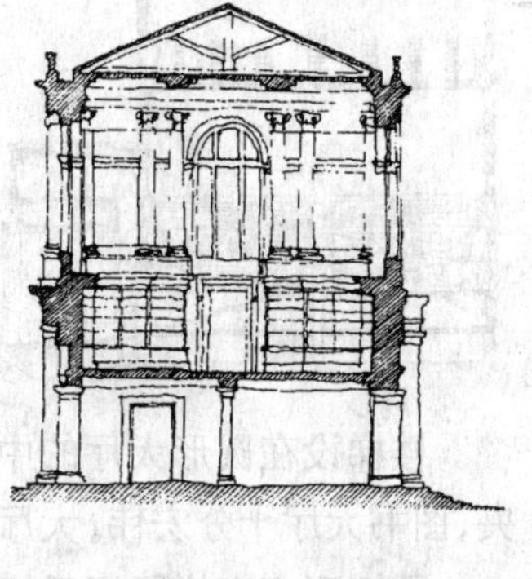

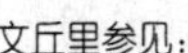

文丘里参见：

《文丘里、斯科特·布朗及其伙伴：关于住宅和居住》，帕帕扎基斯（Papadakis）等著，1992年。

申克尔参见：

《建筑设计作品集》（复制本），卡尔·弗里德里克·申克尔（Karl Friedrich Schinkel）著，1989年。

巴黎圣日内维夫图书馆(the Bibliotheque Ste Genevieve in Paris)由建筑师拉布鲁斯特(Henri Labrouste)设计,建于1850年。同样,也是二层以上才用作图书馆,屋顶为钢拱结构,由下部的小型空间的墙体和柱子支撑。

径直地穿过首层的柱厅,从建筑边角的两部楼梯朝上走几级踏步,然后在反向折回,便到达了二层的图书大厅,大厅既是借阅处,同时也兼作书库。

这些图书馆(当然还包括许多其他例子)的交通组织另有一层用意,即:由一层到达二层的藏书空间寓意着读者向更高知识境界攀登的过程。该用意为瑞典建筑师格纳·阿斯普伦德(Gunnar Asplund)所借鉴和发挥,设计出了斯德哥尔摩图书馆(the Stockholm City Library),建于1927年。

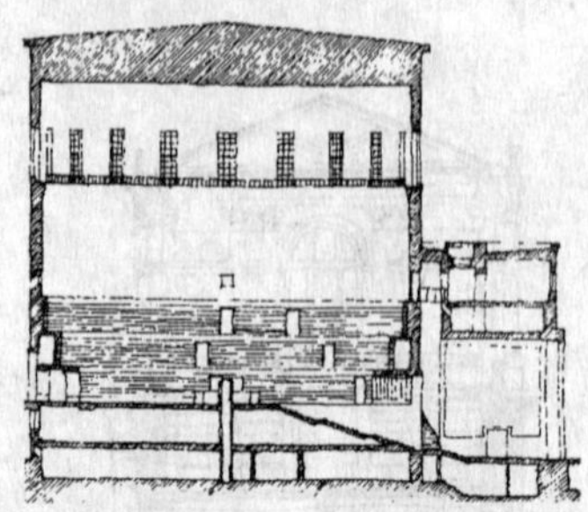

楼梯设在圆形大厅的中央,图书大厅十分宏伟。大厅内一圈矩形高窗增强了采光效果,光线随着时间的推移,在墙面上投射出的光影随之缓缓变化。围绕圆周设计出三层台阶,书架就布置其上。每层台阶均有各自的通道,期刊借阅台设在大厅中心。

芬兰的维普里市立图书馆(the Viipuri Library)中,将书架布置于多层台阶之上,直至接近屋顶处,读者往往由下而上进行检索和查阅。该方案的设计者是阿尔

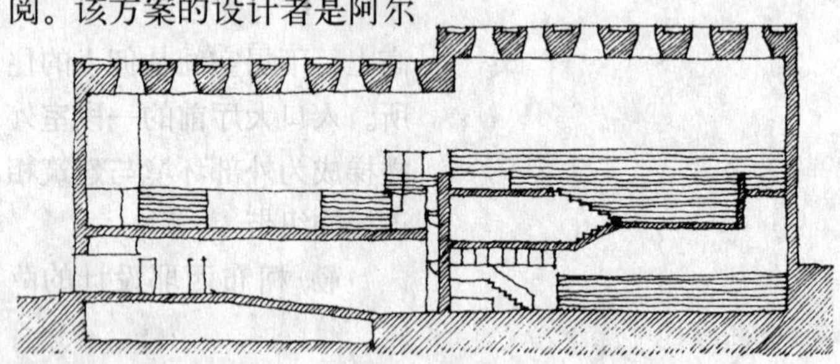

瓦·阿尔托,建于1935年。儿童读物放在一层,其他主要藏书分别布置于依次升高的三个台阶上。

上半部分的采光由均布于屋面的圆形采光天井提供,光槽设计为圆锥形,槽壁很厚,使阳光可以均匀地洒落到室内空间。

克兰菲尔德大学(The Cranfield Institute)图书馆由诺曼·福斯特(Norman Foster)设计,建于1992年。书库同样设于二层以上,首层包括一个报告厅和一些研究室。

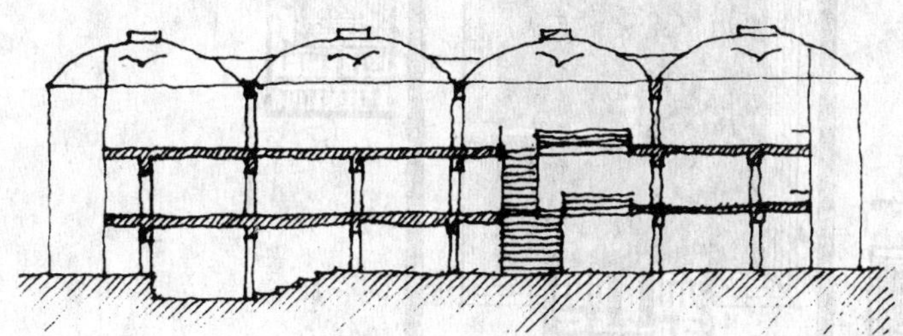

就像拉布鲁斯特设计的图书馆一样,该建筑也采用钢结构,屋顶为拱形。建筑中,一部单跑楼梯将各个楼层贯穿于一体。手法既与阿斯普伦德十分相似,又借鉴了阿尔托的设计特点,通过采光天井将光线均匀地引入空间的各个角落。建筑的下部空间,柱子密度增加了一倍,以满足结构上的要求,承托书库的荷载。

巴黎的新国家档案馆(The New Natonal Archive)建于20世纪90年代早期,由斯坦尼斯洛斯·菲舍尔(Stanislaus Fiszer)设计。剖面图显示出许多不同的竖向层面。主要分为三层,每层又各分出两个夹层空间。首层设计了一处中庭,中庭内布置了一条通往以上各层的坡道,还安排了办公与管理用房。底层建于地面之下,主要用作库房。建筑的顶层十分开阔,并充分运用了自然采光。不同的楼层,菲舍尔设计的楼板厚度各异,这与空间的具体功能有关。尤其是,这一手法既能突出周围空间的水平划分,又因为斜开的天井洞口,使阳光能够从中部泄入,从而烘托出中央大厅的主导地位。但是由于结构所限制只有在顶层才能自由地进行空间变化。中央的借阅大厅可通过斜屋面的天井进行采光,两侧的夹层空间安排书架、电脑等设施。

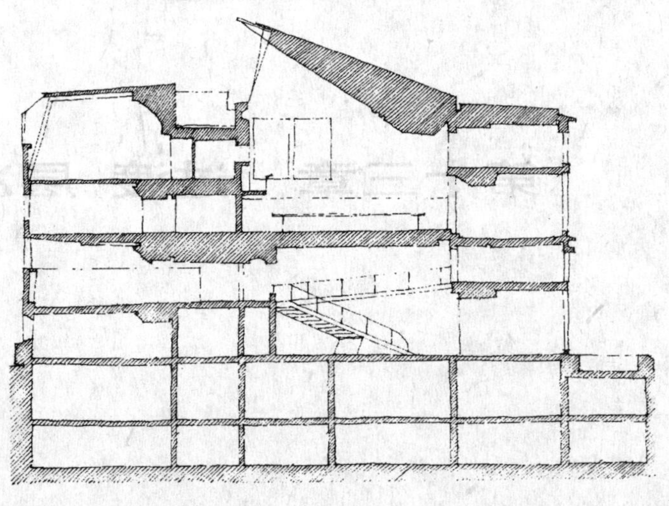

巴黎国家档案馆共分三层,地面两层,地下一层,每层又各带一个夹层。地下层用作商铺,第二层包括人口大厅和办公用房。查阅室、书库和计算机房设在顶层。屋面不受任何结构的限制,因而设计成斜坡状,敞开的一侧可以充分接纳阳光。

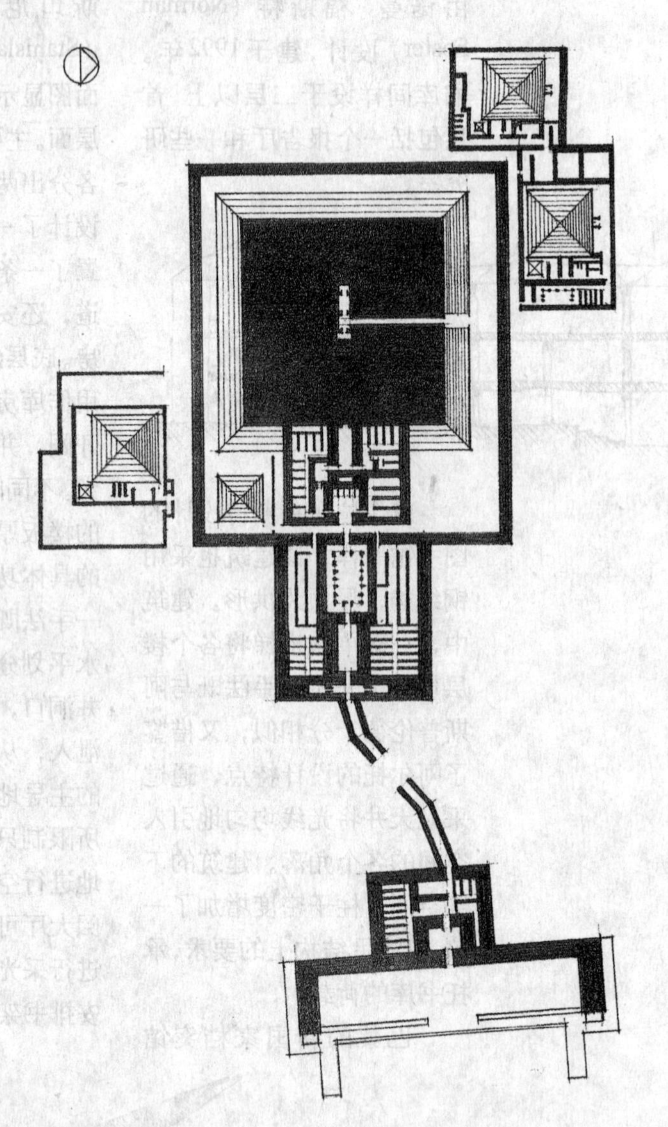

第十三章　过渡 层次 核心

过渡 层次 核心

门廊不仅是建筑人口的标志，同时也是内外部空间的过渡场所。

进入古希腊神庙前要经过山门，而山门本身也是一栋独立的建筑。图中所示的是雅典卫城的山门，它是从俗世通至圣地的过渡和转折。

对面页：

古埃及金字塔群也可被视为是由生至死的一种过渡空间。从尼罗河谷地直至屹立着金字塔的沙漠之间形成一系列的空间层次和过渡。金字塔的塔心处是法老的墓室，祭庙和金字塔的塔基紧紧相连，其连接点是这一系列空间象征性的转折。

步移景换，建筑的体验包含在运动之中。不论是从外部环境进入室内，还是行走在观赏室内空间线路的不同进程中，即使是很小的空间，也不可能在瞬间一览无余。因此，体验建筑离不开运动。

人们往往认为场所是一处可以驻足停留的地方，如：一处露天市场、一间客厅、一张工作台等等。其实，这是一种静止型空间，或称为建筑空间中的节点。而将这些静止型空间彼此相连的建筑路线也是一种场所。它在空间的逻辑构成中至关重要。

“动与静”这两种不同场所类型的特征由其所构成的基本及限定元素所决定。静止型场所的特征可能受到与之相同的路线特征的影响，而建筑内通道的特征反过来也可能为它所通往的静止空间的特征所影响。走在通往行刑室的廊道中，行刑室内设置着执行死刑用的电椅，阴森恐怖，对特定空间的心理感受同时也左右着行走在这条廊道之中的精神体验。在到达金字塔中心法老的墓室之前，人们要在冗长的通道内躬行，作为法老墓室漫长的过渡空间，通道本身为墓室营造出不可或缺的神秘氛围。

即使是在大众化的世俗建筑中，过渡空间也是建筑体验的重要组成。如一所住宅的户门是公共空间和私有空间的明显分界线。许多宗教建筑运用的形式多样的入口通道同时也是入口的标志。如英国教堂墓地的停柩门（Lych-gate）；进入古希腊神庙必经的高大门廊（propylon）；中国寺庙的山门和前院。这些建筑手法都是在为一些静止的场所——如主殿和祭坛烘托氛围，使它们看似远离喧嚣、与世隔绝。

注：停柩门是教堂墓地或公墓举行葬礼所用的带有屋顶的大门。

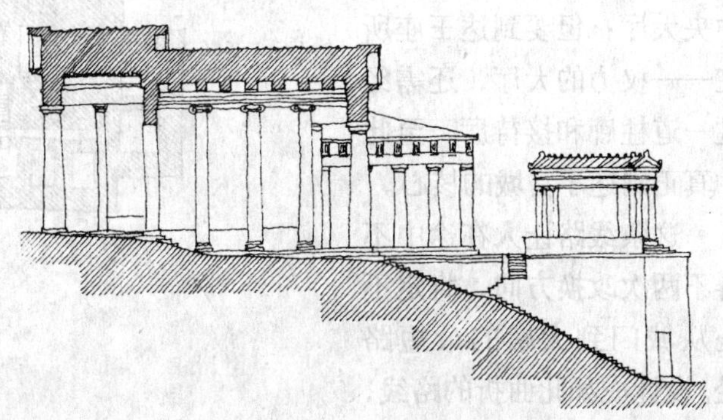

过渡空间的重要之处在于它可以使静止空间彼此相连，推进着场所对特定功能更为充分的表达，静止空间彼此间往往具有一定的序列和层次关系。例如，当进入一所住宅时，往往要经过一系列过渡空间，由开放空间逐渐走向私密空间。由此，这种层次和过渡在建筑的逻辑中心——建筑的空间核心达到高潮。

这是古希腊梯林斯卫城（Palace of Tiryns）的平面图。它建于3000年前，是一座建于山岗上的城堡。从图上部的城堡入口到最后的王座所在——中央大厅，需要历经一系列层次有致的场所。

入口广场由厚重的墙体建成，紧接着进入一条狭长的通道，其间经过两重城门，到达一处小型的内院广场。它是两重正式入口的第一个，经过这个小广场，可进入另一个内院广场，然后经过另一个入口才能进入城堡最里边的庭院。此时，建筑空间已远离尘世，由内院可直抵中央大厅；但要到达王座所在——权力的大厅，还需经过一道柱廊和接待厅，至此才真正到达了宫城的核心。

这条线路让人在途中不得不两次改换方向，肯定不是从城门到大殿的最短路径。设计成如此曲折的路线，

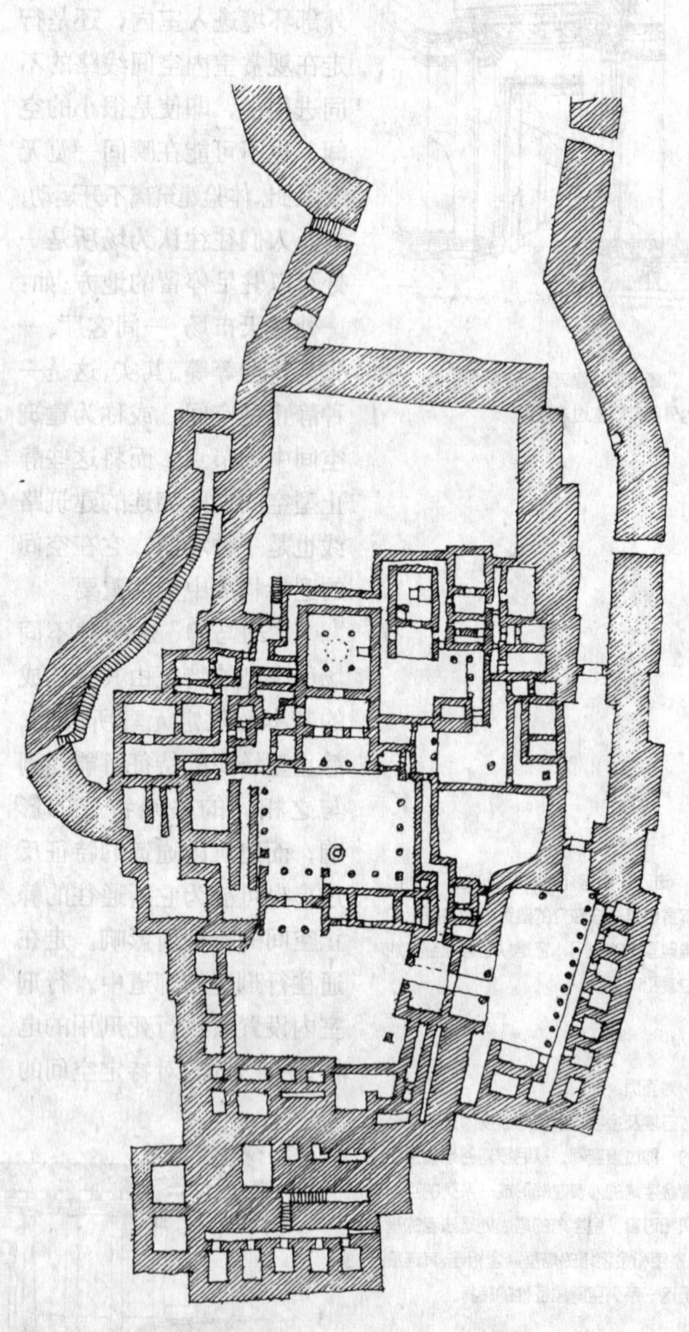

希腊建筑参见：

《希腊建筑》，A·W·劳伦斯著，1967年。

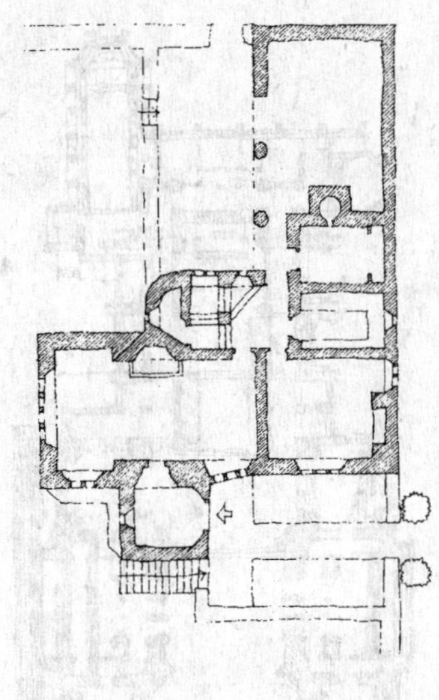

吉姆森住宅参见：

《当代小型农村住宅》，劳伦斯·韦弗著，第54页，1912年。

也许会使山路的坡度有所减缓，但也使得宫城的核心部分层层包裹在城堡之中，并由此产生一系列的过渡空间，便于在外敌入侵时层层设防，防御性质很明显。

过渡、层次、核心在最平淡不过的建筑中也会有所运用。左图所示的是欧内斯特·吉姆森设计的自由住宅的首层平面，建于19世纪末，位于萨布顿（Sapperton）的考特斯沃德（Cotswold）村。

住宅的主入口位于图的右侧，由一条乡间小路引入。整座住宅的核心就是位于起居厅里的壁炉，起居厅是全宅中最大的房间。从入口小路到达建筑核心首先要经过两簇灌木丛（它们宛若站在宅前的卫兵）。通过由齐腰高的矮墙构筑的门道，可进入一个窄小的入口前院，沿着石板路两侧围起两道花池，通过拱门可进入一个石砌的门廊（两侧有几步台阶可下至花园里），住宅的前厅就嵌在厚厚的墙体中（因为在二层的这个位置设有壁炉，因而需要较厚的墙体构造）。进入宅门，眼前便是起居厅。如果说乡间小路是公共空间，那么，入口小院就是半公共空间，入口门廊可视作半私密空间，而最后的起居厅就应是私密性空间。空间序列和自然的过渡安排，造就出从公共空间向内部空间转化的层次关系。这正是吉姆森想要达成的匠意所在。

从后门进入建筑也要经历类似的空间序列。进入院门就是后院，棚屋面向院内一侧的墙面开敞，两根大柱子支撑着屋面；住宅的后门就设在屋檐下的拐角处。

与此同时，弗兰克·劳埃德·赖特正在设计位于伊利诺州丘陵公园的威立茨住宅（The Ward Willits House），建于1902年。而在吉姆森设计的住宅中，炉膛作为建筑的核心，安置在平面中心偏右的位置。这个方案中，停车场是建筑内外、公共与私密空间的过渡场所。进入住宅大门的线路由平面右下角开始，停车库是由建筑出挑的过街楼空间形成的。当车辆驶入停车库，走出车门，头顶上是可以遮阴的顶棚，循着三步台阶登上小平台，便直抵住宅的前入口。由对角线方向走过不大的门厅，就会再登上几级踏步，然后会突

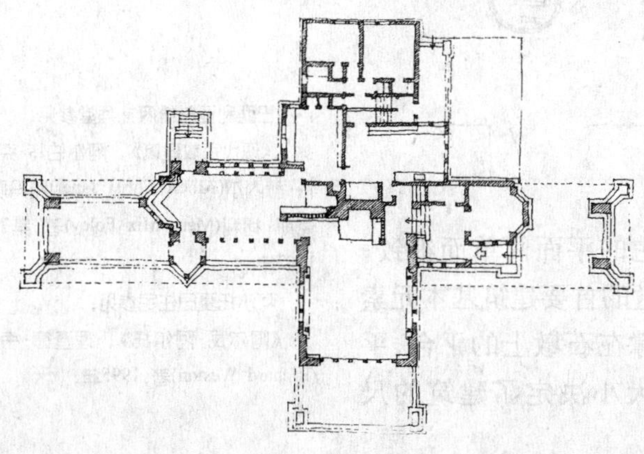

然向右拐，这样就进入到主要的起居厅。起居厅里，炉堂设计在拐角处，布置在一道屏墙之后，以避免和入口直接对视。

过渡和层次往往连接公共空间与私密空间的通道等场所。正如在威立茨住宅中所采用的手法一样，建筑师们常常避免使用通直的路线，因此，当行人接近或走入一所建筑时，会被引导人一系列逐次递进的空间体验之中。

过渡还可为不同的空间提供缓冲区域，对于“内”、“外”部空间尤其如此。这种作用有其实际效果，如通风状况良好的大厅有助于保暖，同时也产生一定的心理影响，如人声嘈杂的街道和寂静的教堂所形成的鲜明的感官对比。

1953年，阿尔瓦·阿尔托在莫拉特塞罗岛上设计了一所夏日别墅（the Summer House on the island of Muuratsalo），平面是由四周高大的墙体围合出的方形空间。生活区沿方形平面的两条边展开，在一侧留出了另一处方形的院落空间。该庭院成为人居空间与外部自然环境之间的过渡。院墙之上开有通敞的洞口，人们可以直抵湖滨堤岸，尽情地欣赏优美的景色。

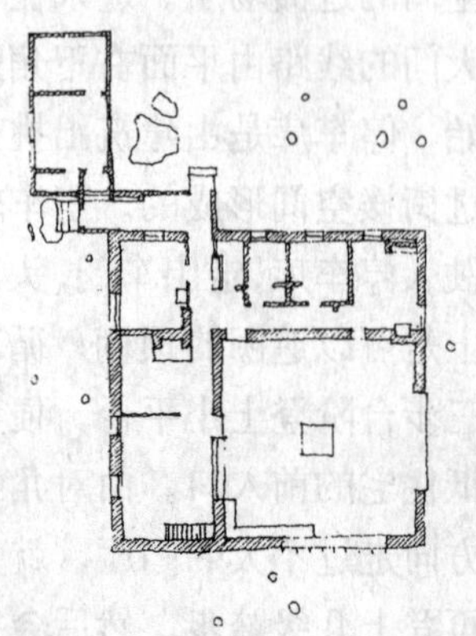

过渡、层次、核心的设计理念并非仅为居住建筑所有，在不同类型的建筑创作中都能加以运用。其运用方式既可以直观而简单，也可以规模宏大，还可以是复杂多变的。下图是巴西首都巴伐利亚的总统府里的礼拜堂，由奥斯卡·尼迈耶尔（Oscar Niemeyer）设计，建于1958年。

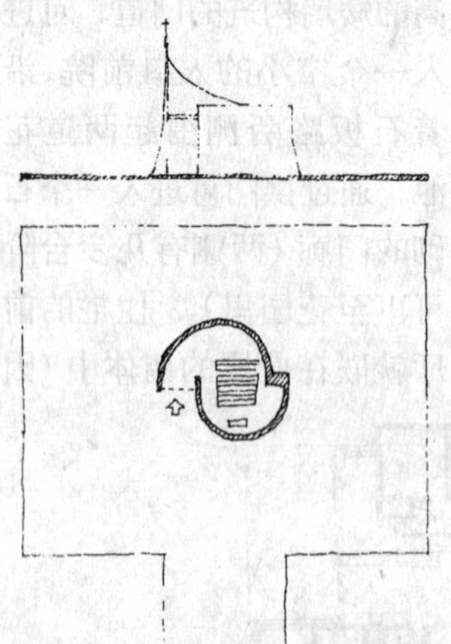

它的平面简单而细致，礼拜堂的首要建筑基本元素是支撑在石墩上的平台，平台的大小决定了建筑的尺

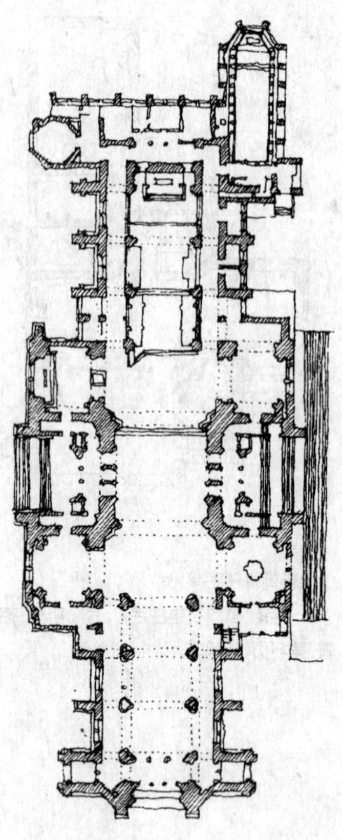

在利物浦大教堂的平面中，Sir Giles Gilbert Scott在外部环境与神堂之间创造了一种等级秩序，在神坛和外界之间十分巧妙地架设了一段隔墙。同所有中世纪教堂一样，这座建筑明确界定了俗世和圣迹之间的层次和过渡。

巴西利亚总统府礼拜堂参见：

《现代宗教建筑》，阿尔伯特·克里斯特·赫内尔(Albert Christ Janer)和玛丽·米克斯·福利(Mary Mix Foley)著，第77页，1962年。

阿尔托夏日住宅参见：

《阿尔瓦·阿尔托》，理查德·韦斯顿(Richard Weston)著，1995年。

巴黎歌剧院参见：

《建筑类型学史纲》，尼古劳斯·佩夫斯内(Nikolaus Pevsner)著，第85页，1976年。

度。有一座平坦的大桥连通着这处平台，祭坛就布置在平台之上。一道简洁的白色墙面将祭坛遮掩其后，墙面为两道半弧形墙体，向上显著地升起，墙端的尖顶上架设起一道十字架，这种设计方式使祭坛显得庄严神秘。教堂由外而内的空间虽很简单，又可分为很多的阶段：通过桥面走向平台；接近教堂；继续前行，进入壳体一样的入口。这种过渡是渐进式的，绝不是一蹴而就形成的。而作为限定元素的光线，也从教堂的入口洒入，在弯曲的墙面上昏暗地递变着，涤荡着。

巴黎歌剧院是一座雄伟的巴洛克风格建筑，由查尔斯·加涅尔 (Charles Garnier) 设计，建于1875年。剖面形式有所简化，能说明内部主要空间关系即可。歌剧院的核心空间是音乐厅阶梯状的舞台和观众席，从外部城市的世俗世界到达充满神奇色彩的剧院内部经过多层的空间过渡，在这里可以演出歌剧或芭蕾舞。

过渡空间分为几个阶段。第一阶段是剧院高大陡急的入口台阶，使人可跨越俗世进入虚幻世界。第二阶段是建筑的主入口，通过厚重的剧院外墙可进入第一座大厅。第三个阶段是站在大厅内向里望去，可以看到第二道大厅中巨大的楼梯间，楼梯间内雕梁画栋，在强烈的灯光映衬下，显得流光溢彩，雍容华贵。整个大厅本身就像是一座辉煌的大舞台，观看演出前，熙来攘往衣着入时的观众们便成为这一舞台的演员。最后的过渡空间，就是舞台台唇上巨大的拱形装饰结构。

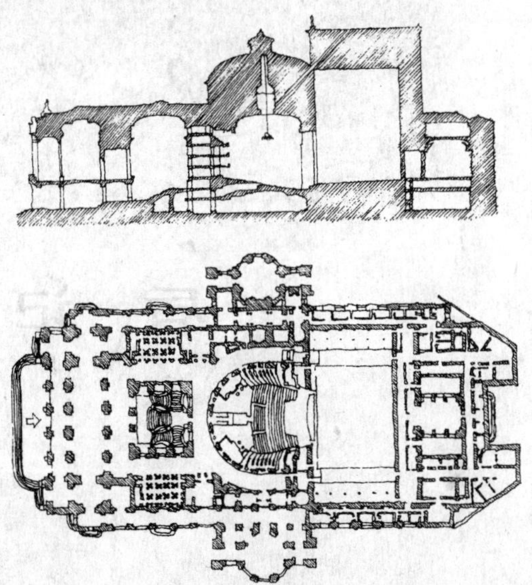

巴黎歌剧院中，在城市街道至剧场里的舞台之间安排了一系列的过渡空间。

后 记

后记

本书的理论框架尚不完整，未尽之处还有很多，还需不懈地探索才能最终完善。

由于篇幅所限，还有一些我所能知的论题尚未包括进来，如“数据化空间”(datum place)——它建构出一处参考体系，据此可以判明方位；“下挖空间”(places made by excavation)——不是建造而是通过地面挖掘形成的空间；“准空间”(places between)——介于墙体之中，与过渡、层次、核心等设计手法相关，它介于建筑内外环境之间，是一种非“内”非“外”的空间；“暗示性空间”(implied place)——它是一种无法用建筑基本元素及限定元素清晰表达的空间，但可由空间细节暗示而出；另外，还要简单提及“异型建筑”的概念(non-orthogonal architecture)——它是打破结构正交垂直及六向加中心的传统手法，采用非常规布局的一类空间。

书中涉及到的专题也有许多未尽之处，各个专题本身就可进行全面系统的研究。几何在建筑中的作用还可进一步深入探讨；平行墙体许多技法细节的解析仍不够透彻；“神庙与村舍”中空间维度的哲理和意境还可继续归类和研究。

本书意在为专业人员开辟出相关领域，而不是理论上的翔实论述。其实这一点也无法做到，因为建筑领域之大难以穷尽，书中所涉及到的恐怕仅仅是沧海一粟。

说一千道一万，建筑首先应理解为对场所的标识，这是本书的立足点。建筑是对场所进行的一种标识——即标识性场所，这在第一章中就已深入探讨过，它是其他章节的基础。如基本元素不是用来自我定义的，而是定义场所的；对“神庙与村舍”的概念认识不同，定义方式也就不同；“六向加中心”的原理就是用于标识的场所；平行墙体与构造是为了促进建筑的竖向生长，并有助于形成空间的层次、过渡、核心，最终达成对场所的标识。

这是建筑设计及分析的关键。认为建筑就是“房子”，其设计是一回事；认为建筑是对场所的标识，那么设计又是另一回事。对于后者，其侧重点会从物质形态深入到行为空间，认为房子并非结果，而是探索结果的手段。

这一思想其实并不新鲜，但意义重大。全书大部分内容，包括最后所列的参考文献中，都各有侧重的贯穿着这一论点。

这一思想需要不断强调，以免被人们所忽视，更因为这一概念容易被其他看似重要的问题所掩盖。现实中，建筑处于合同义务及经济因素的重重重压之下，而建筑真正的本质——“存在的合理性”则被轻易地忽视了。

随着历史的发展，一些其他影响因素逐渐成为人们关注的焦点。此消彼涨，“标识场所”这一建筑概念被逐渐淡漠。人们更易于用看待有形世界的观点来思考问题。即，不是将建筑作为抽象的概念——场所，而是代之以具体的形式来思考问题。

首先，许多建筑理论所隐含的观点易于对人产生误导，它们往往将“建筑”一词当作一种特殊的房屋分类。如尼古拉斯·佩夫斯纳(Nikolaus Pevsner)有句名言：“自行车棚只能说是一种再普通不过的房子，而林肯大教堂却是一座伟大的建筑。”如此以品质为据来评价建筑，无疑可以取悦建筑史学家们，但另一方面却使建筑的真实定义陷于混乱。

将建筑理解为“场所的标识”有其充分的理论判据。车棚与教堂都是建筑，二者或许有功能和质量上的差别，车棚用来存车，教堂用于信仰和崇拜，但它们的设计者都应称为建筑师，只是其中一人可能在某些方面更优秀罢了。

将建筑理解为对场所的标识，以此观点，每个人在某种程度上都可充当一名建筑师。在客厅里布置家具是一种建筑行为，为城市作整体规划也是一种建筑行为。不同的是，事情轻重有别、程度各异，责任要求也不尽相同。

因为建筑涉及到合同义务与巨额投资，有的国家将建筑的相关责任上升为法律，指定专门的技术人员来组织实施。有些国家（包括英国在内），建筑师是具有法定地位的技术职称，另建有一套相应的评定标准，该标准就是建立在建筑是“标识性场所”的理解之上的。毋庸置疑，这是建筑师们（不论是否已取得法定专业职称）为了满足人类的生活与工作需要，将客观世界改造成有用场所的。建筑与医药、法律、宗教一样，负有相同的社会职责。评判的标准千差万别，每一个人都有自己评判事物（健康、诉讼、信仰等）的不同标准，但专业的标准则需要由受过专业训练、具有经验、必须履行合同义务的人员承担专门的责任。

其次，理论上的故弄玄虚掩盖了建筑是“场所的标识”这一本质，有些理论派别提出自相矛盾的所谓“少空间”（placeless）的建筑概念。在此不再提及其他一些的细节，如奥斯瓦尔多·斯彭勒（Oswald Spengler）在1918年出版的《西方的衰落》（The Decline of the West）一书中对所谓“无限”的执著追求；密斯·凡·德·罗致力于创造的所谓“万能空间”（universal space）；也可从所谓“反街道”（anti-street）的大量城市规划中看到。1931年，瑞典建筑师阿斯普伦德做了一次关于此类规划的报告，并宣称：“场所让位与空间！”

再次，掩盖这一概念的第三个原因主要是技术原因，人们越发重视具体的建造技术而忽视了标识场所的基本思想，同时也因为许多传统场所类型在当前已逐渐失去了现实意义。

“炉膛”不再是建筑的必然组成部分。热源由锅炉所取代，它可隐匿在壁柜或管井中，通过管道和暖气片散热；随着古埃及法老执政时代的结束，“墓穴”与建筑日益疏离；商品经济中“露天市场”为商店所取代，现在又逐渐受到电子购物和互联网的冲击；最具意义的是，传统的讲坛、望台、舞台等建筑形式被小小的电视荧屏所取代，政客们可以同公众“面对面”的演说，而观众们不仅可以“看”到更为遥远的事物（甚至是月球或太阳系中更远的星球），并且能随时随地通过电子视窗“观赏”演出。

当代，是有框画面不断激增与盛行的时代。正如“建筑——形成框架”一章中所述，图片里的作品与真实的建筑毫无二致，但人们无从获得亲历实境的场所感受。绘画、照片、电影、电视这些“画框里的艺术”都概莫能外，尽管可以演示出充满动感的三维实景，还是无法替代亲身的感受。即便如此，人们能身临其境、亲历亲为的建筑毕竟有限，通过图面来丰富建筑体验是通行的方法。至于那些人们所努力模仿、媒体经常点评的优秀建筑，其中绝大多数也只能在图片中看到。这就容易将设计引入误区：即更加注重建筑的视觉效果（甚至是图面效果），进一步削弱了对“场所的标识”建筑理念的认识。

毫不夸张地讲，投身于大型工程的建筑师们往往关注这样的问题：屋顶是否漏雨，还有没有其他技术隐患；是否满足了各方要求，以免使业主陷入代价高昂的法律纠纷。而对于其本职工作——场所的标识、空间的塑造是否还有差强人意之处，已是休与关心的话题。当然，这种对可能影响到个人工作、前程的各种现实与潜在问题的关心无可厚非，但疲于应付各种技术细节、处世之道、合同与法律的相关义务之类琐事可能使建筑师们无暇顾及本职工作，甚至变得急功近利，错误地认为场所的标识与塑造在设计中无足重轻。

炉膛、墓穴、市场、学校、图书馆、博物馆、艺术馆、会议厅、车间、办公室……均因技术进步而受到挑战。技术进步使场所空间更加复杂化、混合化，这是大势所趋，但也不是说场所的概念已不再适用了。

同语言一样，建筑无时无刻不在使用中变化与发展着，旧的类型不断消亡，新的类型又不断涌现。建筑必须面对崭新的场所类型。如：电视、电脑、航空港、自动取款机、高速公路等，这些都是前所未有的新生事物。但也有不少传统场所仍然有用。如：卧室、餐厅、走廊、花园、客厅，等等。

* * *

以上表述是本书的理论实质所在。但本书的主要目的是介绍建筑作品及其相关技法，并通过融会贯通的理论框架对之进行解析。

这不是说整个理论框架易于理解，甚至已十分完备。也不是说书中所论述的主题既适用于所有的既成建筑，又能完全应运到新的创作中去。

十分明显，不同历史时期的建筑思潮或不同的建筑师，在其相应的领域中，都是各有侧重、各有所长的。在建筑创作领域里，不同的主题，或独立或部分地都受到不同程度的重视。某些建筑师或建筑流派可能注重空间与结构的关系，而另一些人则可能对结构的秩序性有所忽视，而更侧重社会几何体系在场所组织中的作用；有的建筑师侧重作品对“六向加中心”原则的运用，而另一些人则恰恰认为反其道行之效果会更好；有的人强调作品里对限定元素：如光线、声学、触觉的运用，有的人则偏爱于基本元素的应用：如墙体、柱子、屋顶。这些设计手法变化多样，没有穷尽。

建筑不是要构筑系统，而是在进行判断。就如写作、谱曲、立法乃至科研一样，都是构思、观察进而发生兴趣的过程。建筑无疑是一项创造性劳动，通过不同的视角观察人与自然的相互关系。

因此，建筑也应属于政治、经济的范畴。之所以属于政治范畴，是因为建筑没有绝对的“对”“错”之分，是否“有益”才是其真正的标准（这里的“有益”是指当权者做出的判断）；之所以属于经济范畴，是因为建筑作为商品属于市场。每一栋新建筑，要想成为一件成功的商品，取决于是否能赢得“消费者”的青睐。关于这一点会引发一些争议：对于建筑师而言，到底“谁”是他的“消费者”呢？

不论我们所面临的现实多么的令人不安，多么的复杂与不确定，作为创造性行业——建筑总能为自己找到合理可信的解答。

假如我们不以物质形态的观念（物体或房子）来理解建筑，不生硬的以正规的类型、风格、结构、技术将它进行归类，而是将之视为设计的参考框架（本书的主题和“筛子”）来理解，就可能建立既贯通如一、又不僵化限定的理论分析框架；进而从已有建筑作品的深入解析中，获得益于今后创作的新理念。

建筑不应仅仅局限于“它是什么或曾是什么”这样的简单分类，探索标识场所的新方法在于不断地开拓与创新，建筑的生命就维系于此。人类不懈努力的各个领域，如音乐、法律、科学——都需要以知识为基础，继而使求知者站在这些平台之上，能够继续他们的建构与发展。建筑就是如此。

实 例 研 究

实例研究： 菲兹威廉姆学院礼拜堂(FITZWILLAM COLLEGE CHAPEL)

参见：

《建筑师》第 25 页《神圣的航船》一文,1992 年 7 月 1 日。《建筑评论》 第 26 页《光线里的梦幻》一文,彼得·布隆德·琼斯著,1992 年 4 月。

英国剑桥菲兹威廉姆学院的小礼拜堂由建筑师普里查德（Maccormac-Jamieson Prichard） 设计，建于1991年。该建筑体现了本书讨论过的众多主题，因而分析起来简明易懂。

主要平面

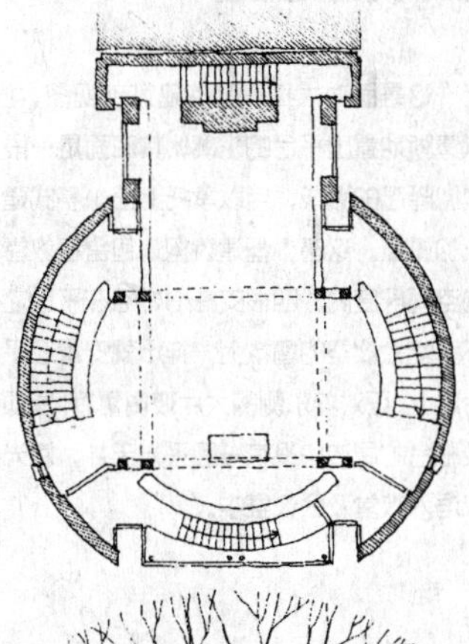

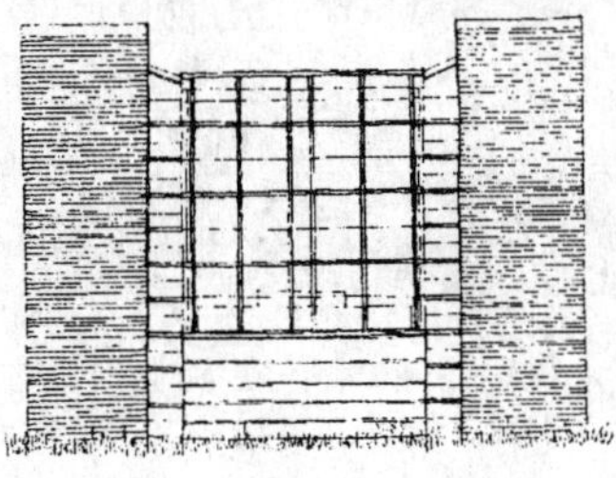

立面

场所的标识

这所礼拜堂紧临一幢现有学生公寓的山墙扩建而成，该学生公寓由拉斯顿（Denys Lasdun）设计，建于1960年。礼拜堂正前方保留了一棵大树，位于学院广场的正中央位置。平面设计为圆形，同树的几何形式相一致。建立这样一个场所的目的是进行宗教仪典与祭奠活动。圆形的砖石墙面如伸展的双手将礼拜堂紧紧环抱起来，整座教堂是一个纯粹的圆柱体。

基本元素及复合元素

礼拜堂采用的主要建筑元素有：墙面、平台、方亭、祭坛、凹室、支柱和玻璃幕墙。

教堂的大平台支撑起建筑的主要空间如下页剖面图所示。平台抬离地面一段高度，使教堂的室内空间与大地相分离，但站在室内，透过外墙上大片的玻璃幕墙又能清晰地看到对面的大树及广场，使人感觉与外部环境隔而不离，内与外联系紧密。平台之上是一座祈祷亭，亭子的平面为正方形，平面的四角立着四对支柱，每组中的两个柱子在结构上是相互独立的：内圈的四个柱子支撑着上部的正方形屋面；外圈的四根立柱支撑起礼拜堂的次要屋面，它是一圈斜向顶板，架设在柱子与圆形外墙之间的次要空间上。

祈祷亭的正中就是祭坛，它是一张小桌子，上面铺有红色的台布。

平台之下不大的空间是教堂的半地下室，主要用于会议与研讨，与外部世界较为隔绝。因为是半地下室，其地板要比室外地坪略低一些。地下会议室感觉相当闭塞，其顶板相当于教堂的基础，是结构中的主要承重部分。会议室四壁厚重的石砌墙墩与上部空间的柱网是完全对齐的，墙墩砌筑成斜坡状，使上部荷载能更好地传向基础结构，充分体现出结构的整体性与稳固性。

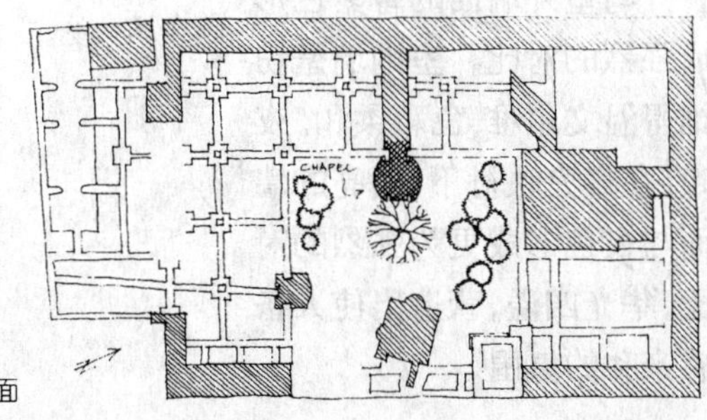

总平面

不论是平台还是祈祷亭，不论是亭子中的祭坛，还是整个地下室，都完全围合在两道环形外墙之间，形成教堂完整的圆形平面。平面在正立面处切去一截，形成一处断面，并以大面积玻璃通窗镶嵌而成，使建筑正前方的那棵古树清晰地凸现在人们眼前。

虽然整幢建筑对上述元素的运用简洁而直观，但所生成的空间中却不乏精心雕琢的建筑细节。细节之美并不仅限于对尺度与图式充分研磨和表达的静态美，更在于将时间因素融会其中的真实的动感之美；外墙面作为维护结构并不承重，增进了平面造型的自由度；大平台兀立于地面之上，使建筑超脱于尘世之上；礼拜堂中的祈祷亭创造出独特的空间形态——凸现着祭坛这一空间的核心与主题；地下室成为整幢建筑里最为特别的部分；框架结构承担着地板与屋面的重量，并辅之以整个空间的形成；玻璃幕墙不仅充分引入了自然光线，也为建筑创造出通畅的对外视景。

建筑的限定元素

• 光线

清晨，徐徐升起的一轮红日，透过婆娑的树影与朦朦的窗棂，为礼拜堂洒进斑驳的霞光。

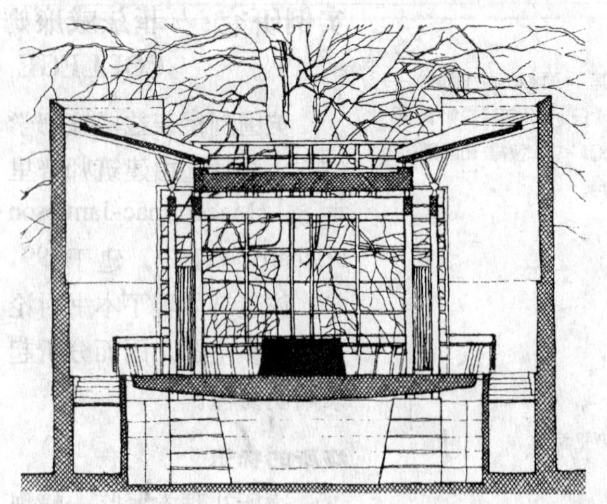

这是面对大树一侧的建筑剖视图，可以清晰地看出平台的轮廓，其底面是一段微微隆起的弧线，用以承托上部小亭式建筑的重量。这座小型建筑构造包含在教堂的空间尺度内，四根支柱恰好落在平台之下教堂会议室的墙墩上。神坛就安置在平台之上，正对着东侧的大片玻璃幕墙。屋顶及平台的周边均设有一圈采光天井，使光线泻入教堂及会议室中。

不论是礼拜堂还是平台之下的地下部分，其顶板上都设计了一圈采光槽，可使阳光向下倾泻，在四面墙壁上映射出律动的影迹；阴郁的日子里，光与影交织，如轻纱般朦胧；明丽的日子里，刀光剑影，炙烈的阳光在墙壁上透射出鲜明的图景。太阳缓缓地游移，光线婉转迂回，室内景观也因之律动着、幻化着，绝无雷同之处；而每当夜幕降临、华灯初上时，礼拜堂被映衬得像是晶莹剔透的灯笼，又如暗夜里光明四射的灯塔，别有一番景象。

• 色彩

与室外墙面的青紫色形成强烈的对比，室内墙壁粉饰得温文尔雅、色彩柔和。夜晚，在灯光映衬下，明亮的墙面与夜色形成更为强烈的对比，华光四溢，营造出使人备感亲和的氛围。

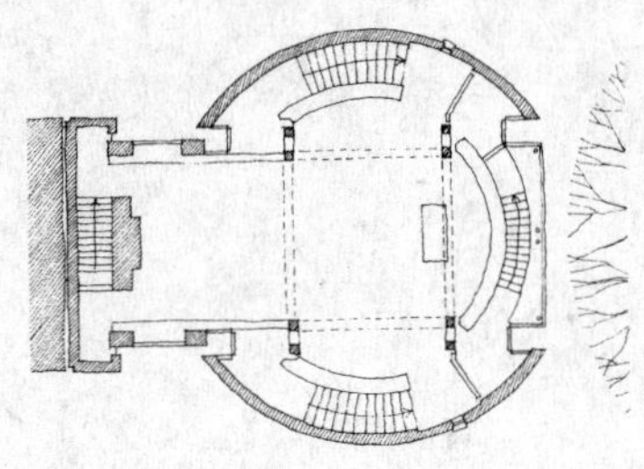

教堂平面包括一处方形的小亭式建筑构造，其四向与外墙间形成教堂的次要空间，包括由教堂入口处升起的两段楼梯，位于玻璃幕墙下方由会议室引出的牧师专用楼梯，以及教堂后部形成的风琴席（教堂中的专用场所）。

地下平面中安排了教堂的主入口以及用以承托上部楼板的四道墙墩。

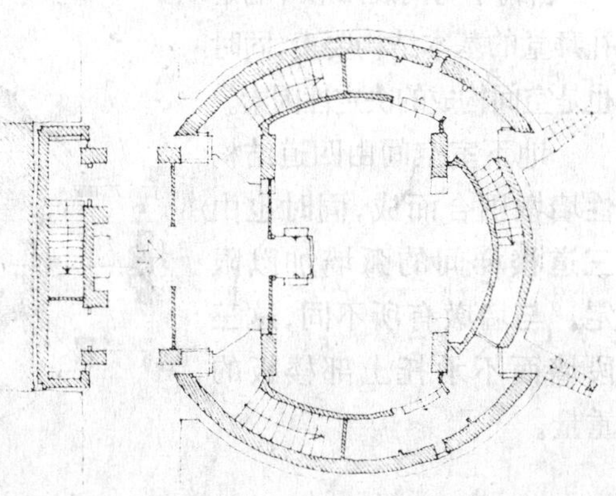

元素的多元影响

平台既是上部空间的地面，又是下部空间的顶板；玻璃幕墙，既可在白天为人们打开优美的风景线，暗夜里又在室内光源的映射下，似水晶灯笼般流光溢彩。

祈祷亭既是礼拜堂的空间核心，又是安置祭坛的场所，还辅助外墙共同形成了周边四向的次要空间：风琴席靠近教堂的后墙；两段弧形楼梯从主入口一侧升起；而牧师的专用楼梯将平台下方的会议室与上部空间连为一体。

几道内墙不仅构成了地下室的空间范围，也定义出了三部楼梯的不同方位，同时还兼作平台上三段环状座席的基础。

同其他建筑一样，该礼拜堂中的许多建筑元素都同时兼有多元作用：八根柱子两两一组，间隙中安装着立式暖气片；风琴席之上的凹室既是教堂的一段外墙，又围合出另一处楼梯间的位置。

就地取材，因地制宜

菲兹威廉姆学院礼拜堂包含着祭坛以及由之派生出的崇拜空间，正如以往许许多多宗教建筑常常使用圆形空间或神龛来烘托这种“原始”场所的神秘氛围一样，该礼拜堂也是如此。

建筑——形成框架

• “由外而内”的结构生长

礼拜堂的空间结构是在校园原有建筑及周边绿地的共同限定中形成的。圆形的建筑形态本身就是一种象征意义浓烈的崇拜图式。置身于教堂之中，布置在祈祷亭周围的座椅是建筑结构母体中的第一圈子结构；而祈祷亭是子结构中的子结构；祭坛则是子结构中子结构的子结构……就像俄罗斯玩偶一样可以无限地延伸。

• “由内而外”的结构生长

落地大玻璃幕墙对建筑正前方的大树形成框景。从室内望去，形似一幅浓墨淡彩的抽象画，开阔的窗面带来的畅通无阻的视野使内外环境水乳交融。这一点与前文所举的Otaniemi学生教堂的环境设计相近似，该学生教堂将绿茵中的十字架当作外部景观的核心。

神庙与村舍

不论是建筑形式还是建

筑功能，菲兹威廉姆学院礼拜堂都称得上是一处完整的"神庙"。其基座是一处抬离地面之上的平台，祈祷亭就兀立在平台中央。建筑的形态严格遵循一定的几何秩序；材料选择及施工细节都一丝不苟、精益求精。新建筑的前后虽然分别由原有的校园建筑及一棵古树所限定，但礼拜堂自成一体，绝不躬从任何一方。教堂立面采用的砖石于老建筑有着相近的肌理与质地，形成色彩与材质相统一的整合环境。

圆形的在"场"

礼拜堂有着自己特定的在"场"，并进一步限定着祭坛在"场"的空间范围。教堂的在"场"还受到古树在"场"的影响，二者相互适应，共同存在。如果考虑到人的存在，则整个教堂的场所是在上述或动或静、或大或小的多种在"场"的共同作用下形成的。

六向加中心

祈祷亭的六个面从轴心上确定出礼拜堂的六向性。

横向的方向感因内墙的设置而被打断。朝后的视线在风琴席的位置结束；朝下则在平台上截止，只有顺着楼梯缓缓而下，才能感受到地下层的存在。

同其他传统建筑一样，指向天空和正前方的朝向是礼拜堂的主朝向。纵向伸展的方向感因祭坛、玻璃幕墙、古树及东方升起的朝阳之间对齐为笔直的一条直线而得以强化。竖向轴线没有在建筑中被刻意强调（该礼拜堂既没有高耸的尖塔，也没有巨大的穹庐顶，更没有圆锥形的坡顶），而仅仅是通过教堂与祈祷亭在空间上的重叠、在竖向轴线上的统一隐约地表露出来。穿越祈祷亭顶板的平行墙体之间有一个微弱交叉，使祈祷亭这一空间核心及建筑的四个朝向简洁而含蓄地暗示出来。

社会几何

同阿斯普伦德设计的林地礼拜堂很相似，两座礼拜堂及其会议室的内部空间形状都是在对人的行为方式深刻理解的基础上，建立起与之相似的社会几何系统的。

空间与构造

祈祷亭与两段弧形外墙是礼拜堂的基本结构要素，同时也是空间构成的决定性因素。

地下室空间由四道结构性墙墩围合而成，同时也由三道楼梯间的弧墙加以限定。与墙墩有所不同，这三段墙面不承托上部楼板的重量。

这是教堂空间的轴测简图。图中没有表示出连接地下层及上部空间的楼梯的位置，但却清晰地指明了在两段弧型外墙间形成的小方亭，以及建筑的两个主要朝向：顶部和前方的空间关系。

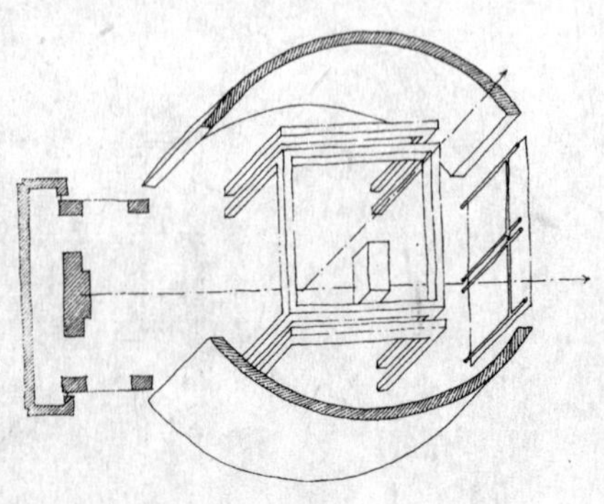

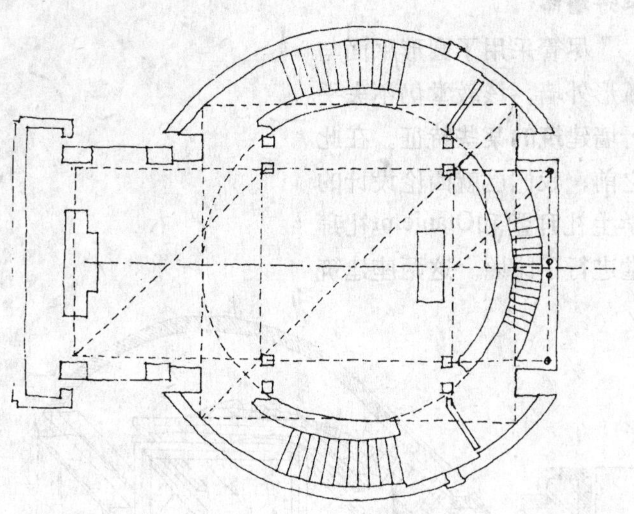

教堂的形状似乎是对几何形体及空间体量强调的结果，整个平面中充满了圆与方的构图。

剖面中的几何关系也并不简单。加上一些关键的辅助线后，你会发现建筑形体与几何元素间存在某种规则的关系。

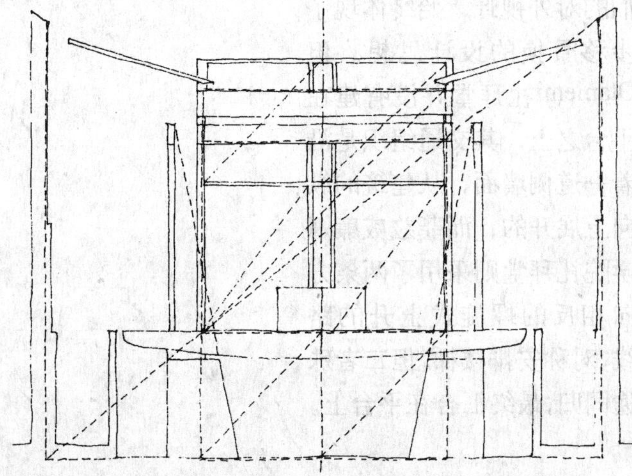

理想几何

在空间创造中，建筑师有时采用的几何形式十分模糊,很难具体地概括出来。但菲兹威廉姆学院礼拜堂的主要几何形式却表现得十分明确:圆与方,圆柱体与立方体的概念性主题十分突出。

祈祷亭是居于建筑中心的立方体，它与室外的大树之间的距离恰为方形边长之半；距教堂尽头恰好等于一条边的长度；在此方位布置着风琴席。平面中,祈祷亭的方形平面之外还存在另外一个方形，较前者大出三分之一左右，其对角线即为两道弧形外墙的直径；祈祷亭的方形边长如虚线所示（横向通过柱子中心，纵向紧贴柱子的外坯，形成一块方形区域）。较大的方形中内切一个圆形，圆周定义出祈祷亭的四根立柱，还定义出弧形座椅距圆心的半径，以及祭坛之后的一段栏杆的位置。

与圆厅别墅相同，两栋建筑剖面的几何构成都不如平面简洁清晰。祈祷亭的立方体也并不单纯，其高度计算由平台板至屋顶的顶板处。剖面图还显示出,地下室的高度等于方形边长的一半，平台板的厚度也计算在内。

从图中可以发现，另外一些元素间也存在这样对应的关系：地下室中墙墩的坡度与祈祷亭外侧立柱的顶端相对齐；礼拜堂的两道弧形外墙的墙顶微微倾斜，其坡度似乎也同两墙之间的对角线对齐，这条对角线从地下室的墙角到祈祷亭一侧立柱的柱基，穿过祈祷亭另一侧立柱的顶端，直至礼拜堂外墙的墙顶之间，形成一条具有多处几何关系的斜线。

过渡　层次　核心

礼拜堂的体量虽然不

大，但内外空间的过渡处理却很精巧。按传统做法，宗教建筑往往要营造多层次的过渡空间来烘托强烈的神秘气氛。(出自克里斯托弗·亚历山大在《模式语言》一书中所提的第66种建筑语言)。

礼拜堂的线路组织遵循“步移景换”的原则，经过一系列层次分明的空间过渡，最终到达教堂的大厅。置身室内，可通过玻璃幕墙对室外风景一览无余。该手法与勒·柯布西耶设计的萨伏依别墅不无相似之处，通过在坡道上的闲庭信步，最后到达屋顶花园，而花园同样是欣赏室外风景的最佳“窗口”。

进入礼拜堂之前，首先要经过一条与旧建筑山墙相连而形成的狭小通道，新旧建筑紧密围合出礼拜堂的入口“门廊”。原打算从此处延伸出一条带有顶棚的廊道，与场地近旁的人行道相互连通，共同构筑一处学院内最为安静隐秘的花园广场，但廊道一直没有建成。步入门厅，经过一处设有前门的过厅即可进入半地下层的会议室。但通常情况下，人们不是通过主轴线，而是登上门厅两侧任意一部弧形楼梯，紧贴着墙面到达平台之上的教堂核心空间。

平行墙体

尽管采用了圆形平面与弧形外墙，该教堂仍不失平行墙建筑的某些特征。在此之前，我们已就西伦设计的学生礼拜堂和Otaniemi礼拜堂进行了比照。这两座建筑

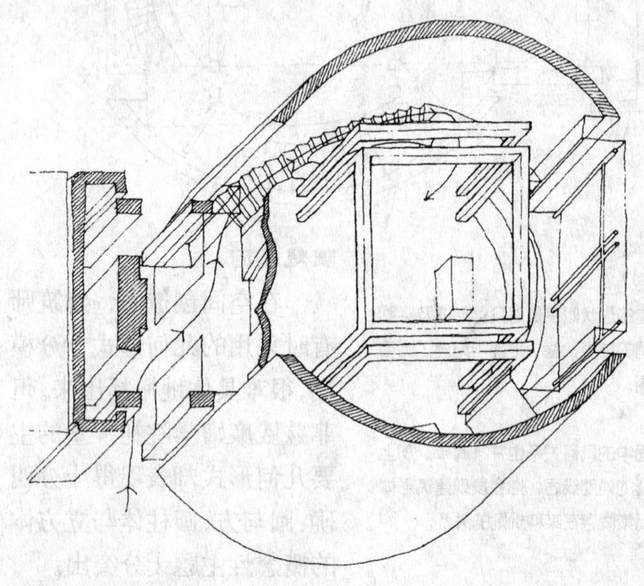

都采用侧墙来形成进而划分教堂的室内空间的；都通过在建筑的横向安排隔墙来引导和形成特定的视线；二者的路线安排都不断变换着人们的对外视野，始终体现了步移景换的设计思想。但Otaniemi礼拜堂并没有建在平台之上，其交通组织是沿着一道侧墙面，从建筑的纵向上展开的；而菲兹威廉姆学院礼拜堂则采用了两条方向相反的螺旋式上升的路线，对称安排楼梯，但二者殊途同归，最终汇合在平台上。

实例研究：施明克住宅 (THE SCHMINKE HOUSE)

参考：

《汉斯·夏隆》，彼得·布隆德·琼斯著，1995年，第74~81页。

施明克住宅由汉斯·夏隆(Hans Scharoun)设计，建于1933年。业主是德国工业家弗里茨·施明克，他在靠近捷克斯洛伐克的边境附近开有一家面粉加工厂。施明克住宅就建在工厂的北侧。

设计背景

建筑基址是一块很大的场地，南面紧邻工厂，北向与东北向的视野开阔，但是该朝向的采光不如南向理想。整块基地略带一定的坡度，从西南缓缓坡向东北一侧。

夏隆设计该住宅时恰逢第一次世界大战刚刚结束，当时勒·柯布西耶等先锋派建筑师们正在大力倡导新建筑运动。1923年，勒·柯布西耶发表了著名的《走向新建筑》一书，推崇远洋巨轮所体现出的机器美学。夏隆也同其他早期现代派建筑师们一样，成为新思想的追随者。

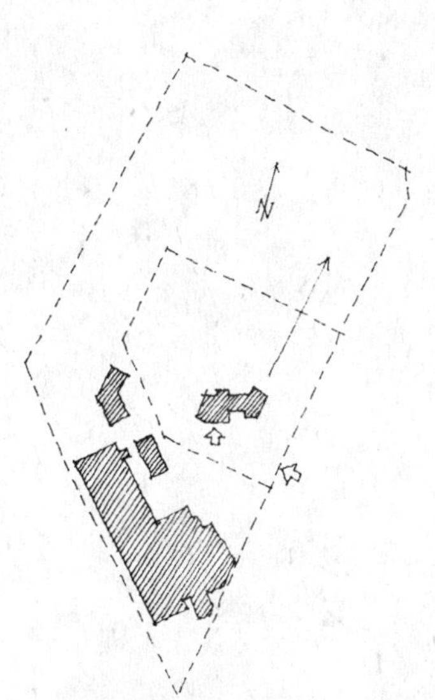

1927年，德意志制造联盟在斯图加特魏森霍夫区(Wessenhof in Stuttgart)举办了住宅建筑博览会，夏隆与勒·柯布西耶、密斯·凡·德·罗、格罗皮乌斯等一道成为该展览的发起人和参加者。

这一时期，钢和玻璃作为建筑材料开始大面积地运用。许多建筑师，尤其是柯布西耶开始尝试自由式的平面设计，如他于1914年提出的

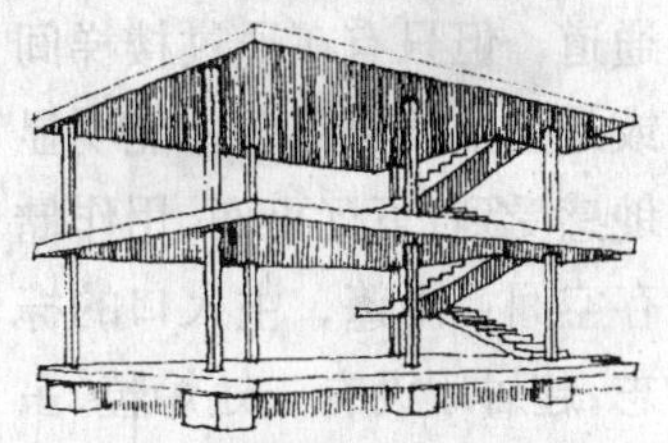

底层架空的设计思想，其于1929年设计的萨伏伊别墅便是这方面的光辉范例。建筑师们还追求通过玻璃幕墙来减少室内外的空间隔绝。同时，集中供热技术的发展使建筑进一步摆脱对壁炉取暖的依赖，而人工照明技术也在长期普及中走向成熟。

施明克是一位富有而又思想激进的绅士。他希望住宅尽可能地体现自己的远见卓识与现代精神，另外，对住宅在功能上也有所奢求，希望空间安排能满足一至两名佣人的工作需要。

场所的标识

夏隆所面临的任务是为界限模糊不清的居住行为标识出各自所适用的特定空间，如就餐、休息、聊天、洗浴、娱乐健身、园艺栽培等等。

建筑的基本元素

夏隆采用的基本元素主要有：平台、屋顶、实墙面、玻璃幕墙和柱子。其中最主要的结构构件是按水平方向伸展的平台和屋顶，二者限定出住宅所含的全部起居空间，也构造出住宅东南端的一处阳台。

其他基本元素还包括：通道，但只有在通过楼梯间或是登上顶层平台才能明显地感受到；下沉平面，用作储存空间；雨篷，主入口的标志；起居厅设有一处炉膛，虽不很华丽，但仍然成为起居空间的核心。另外，紧靠锅炉间设有一处大烟囱，高高地耸立在住宅西侧，形似建筑外观上的某种标志物。夏隆曾打算将烟囱的高度降低一些，以进一步同整座住宅的水平线条呼应，但未能实现。

这些元素构成了住宅的内外环境，但从其运用手法可以看出，夏隆并没有传统地将空间封闭起来或是划分为小室，而是尽量使空间开敞通透。当然，有些空间是必须围合的，如女用卧室、卫生间和小孩卧室。除此之外，主要的起居空间与住宅东侧的主人卧室都不用隔墙封闭得很严密，而是以视线较为通透的玻璃隔断取而代之。

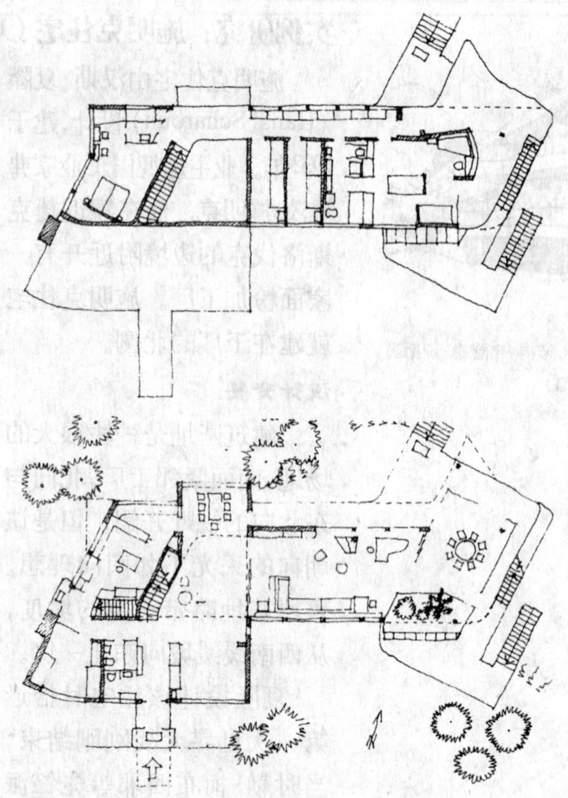

建筑的限定元素

光线是施明克住宅采用的最重要的限定元素。对自然光线及开阔视野的追求是夏隆设计的基本理念。另外，他对人工照明的设计与安排也是不遗余力，尽量使不同空间各具个性化的光学效果。

优雅的景观视野和充分的自然采光是整个设计的神来之笔。场地西南向是光线最充裕的方位，但因毗邻着厂房，环境品质并不理想。因此，在环境设计上对这一朝向有所弱化。为解决采光的矛盾，夏隆利用部分南墙设置了一处温室，其余墙面采用玻璃幕墙，使光线充分泻入室内。而在室内设计中，他尽量使家具陈设面向北向，通过建筑北立面的大面积幕墙来获得良好的视线，以将室外的优美景观尽收眼底。住宅的两层平面中都设有北向出挑的平台，尤其是二层东北侧的大平台以极为尖锐的角度伸出，似乎是为能在夏日的黄昏欣赏到夕阳西下时所洒落的余辉而设计的。

从照明布置图中可以看到夏隆所运用的多种光源。不同的空间采用不同的人工照明，以达成各具特色的光学效果。在琼斯所著的关于夏隆的书中收录有两张照片，显示出起居空间在自然光照和人工照明下不同的艺术效果，并进一步解析了夏隆所采用的不同光源所产生的各种特殊效果。

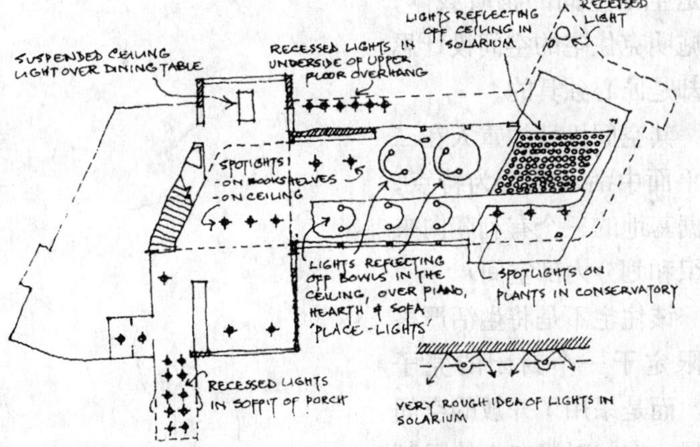

元素的多元影响

住宅一方面提供了舒适的人居空间，一方面又巧妙利用和划分了建筑的基地。局部平面按一定的角度斜向布置，使主入口前方产生出一块庭院。这一手法减轻了入口直接面对室外通道所带来的局促感。而建筑本身的位置又巧妙地将花园与背后的工厂隔离开来，自成天地。

室内空间中，楼梯和炉膛设计也别具一格，它们都身兼多种功能，同时又手法各异。

连通上下楼层的主楼梯就设计在入口门厅的对面，楼梯不是僵直的"一"字形，而是将起步的三级台阶略微弯曲一个弧度，并斜置在空间中。看似很细小的处理，却使整部楼梯的造型顿时活泼起来，显得格外轻盈和舒展。一般情况下，楼梯仅是连接竖向各层的交通节点，在此，

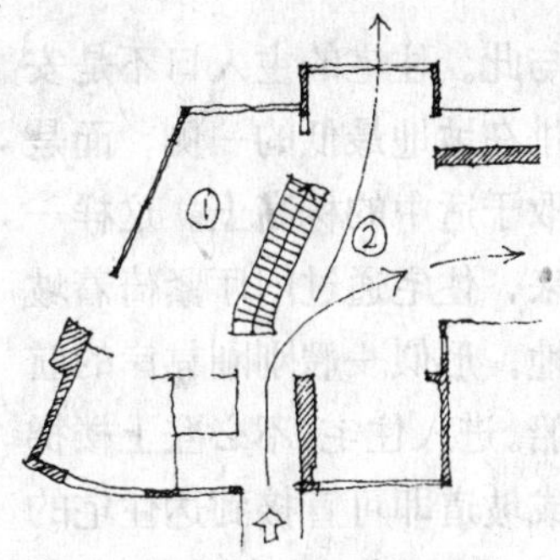

夏隆还利用它来划分不同的功能空间，将杂物空间（如图①区所示）和起居空间（如图②区所示）分隔开来。此外，楼梯还发挥着第三个作用，它正对着入口，并按一定角度斜置，引导行人进入住宅后向右转弯，便可径直进入起居空间。

起居厅中的炉膛既是空间的核心，又是休闲区（如图①区所示）和钢琴区（如图②区所示）的空间划分。

就地取材 因地制宜

夏隆围绕场地北向和西

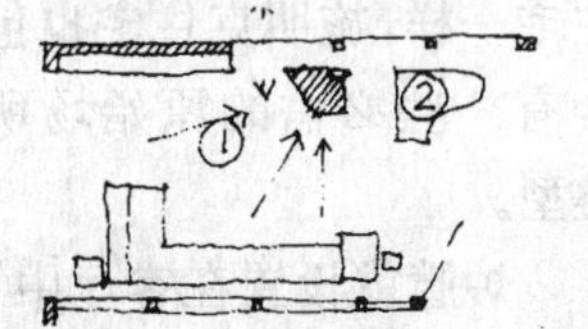

北向的优美景致展开平面设计，同时侧重对地形高差的利用，因而将基地的东侧确定为住宅主体的布局范围，并将主要的起居空间均设置

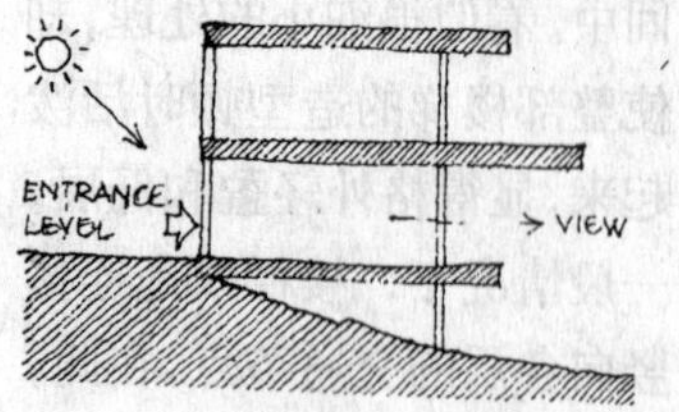

与此。住宅的主入口不是安排在坡地最低的一侧，而是取于适中的标高上。这样一来，住宅通过门厅紧倚着坡地，形似一艘刚刚靠岸的航船。进入住宅，不必登上楼梯或坡道即可直接到达住宅的东区——架离地面的起居空间。对坡度的利用也为楼上主卧室的外伸阳台创造出极好的视野，由于同坡地间具有相当的高差，人们可以尽情地俯瞰大地，就像是站在摇摆不定的船头眺望滚滚碧波时的感觉一样。从很多抓拍的照片中也可以看到，这座小住宅的确就像是一叶悠然的孤舟，姿态安然地停泊在岸边。

原始场所的类型

尽管夏隆并不热衷于传统的设计手法，但同其他住宅一样，施明克住宅也包含有一些必需的原始场所类型。

炉膛就设置在客厅中，其多元作用前文已有所归纳，此处不再详解，这表现出建筑师对于传统生活方式的尊重。当然，对于现代住宅而言，新的生活方式中炉膛这一传统空间也不是一成不变的，还有许许多多更为精彩的细节处理可以替代和选择。

建筑——形成框架

同其他住宅一样，虽然都是生活空间的物质载体，但施明克住宅的空间设计思路却是匠心独具的。

其空间设计注重人在二维平面中活动的行为特点，根据基地的三个有利朝向来组织和划分内部空间。

该住宅不是将生活严格地限定于一个封闭的壳子中，而是采用了开放的空间格局。空间对竖向上的限制较为严格，平直的屋面和楼板强调出建筑在水平方向的显著划分，墙面尽量采用大玻璃通窗，强化出空间与环境共融、开放的特性。

将施明克住宅比作航船，说明其并非一个封闭的建筑体系，形象地讲，倒更像是用来容纳生活的一件容器。自由开敞的平面可以经受住时空延展所带来的一切生活内容的变化，这一点是僵硬封闭的空间形式无法企及的。

下面两张图中，从左至右你会依次看到餐桌、炉膛、钢琴及阳光室中的书桌，原有的圆形的场在现有结构的限制下有所改变，同时也能看出这些元素间的交通流线关系。

上侧的图例显示出平面中的主要视线关系，按方向的不同可分为三种：①在入口处生成的视线；②在起居空间中产生的视线；③站在楼梯或阳光室中产生的带有一定角度的视线。

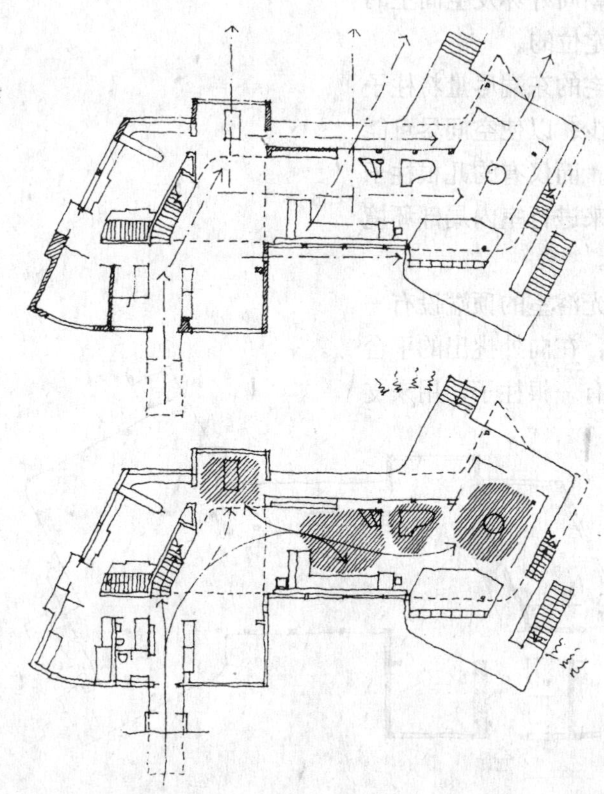

神庙与村舍

施明克住宅有三个主要特点体现着“神庙”的思想：起居空间与室外地坪在住宅的东区通过架高的平台相分离；所用建材全都是机器生产的制成品；结构和设备满足了气候条件下舒适的人居要求，通过采暖可以弥补由玻璃幕墙散失的热量，防水材料的铺设则使平屋顶可以滴水不漏，如此等等。

当然，住宅也具有“村舍”的某些特征：如建筑对于景观、光线、地形的适应和协调，以及进一步将环境因素在建筑中合理地利用。

虽然规整的几何形体更能体现“神庙”的特征，但夏隆并没有简单地采用这种手法，而是从环境因素出发，将采光条件、地形特征、视野优劣、功能与形式的关系等因素考虑进来，最终设计出了自由式的住宅平面。形体虽不规则，但与地形的结合十分完美，因而产生出了强烈的雕塑感，并在住宅东部造型上突出地表现出来。可以断定，夏隆并不是一位形而上学的唯美主义者，优美的建筑造型是其尊重自然、尊重生活的建筑哲学思想的自然体现。

这座住宅的空间布局体现出几何形式间的许多冲突和矛盾。优秀的建筑并不回避这一矛盾的存在。

几何形式

首先，该住宅没有刻意地运用基本的理想几何形式。平面中既没有圆形和方形，其所采用的矩形空间也没有固定的尺度及比例关系。

夏隆着手解决材料的固有几何试样与场地环境间的内在关系。他根据环境现状，决定沿着坡地的两个不同走向展开平面布局。

十分明显，根据地形变化来运用建筑材料，最终生成的建筑并不是一个简洁端正的几何形体。自由空间的塑造，也从不拘泥于僵硬的规则。

该住宅中，各种圆形的在场受到空间的限制，并根据人们的公共活动特点进行空间组合，进而形成餐厅炉膛及其周围的休息区、日光浴室等特定空间。

其次，夏隆很好地把握了室内的视觉效果以及由室内向外眺望的景观视野，他根据通往坡地的最佳视角来确定整个平面的主要朝向。

住宅根据室内外环境特征来进行空间的穿插组合，在方向感的塑造中具有独到之处。竖向上，由于楼板和屋面的限定，使空间更多地在水平方向延展和划分，进而产生灵活的变化。

一进入住宅大门，便可获得明确的前与后的方向感。通过斜置的楼梯间可进行视觉上的二次定位，进而感受到右向居室是空间上的重点，而左侧则相对弱化，使人产生向右引导的视线。

位于住宅顶端的日光浴室在空间处理上也别具一格。其正向大致面对着北面的室外环境，将人的视觉重点引向风景优美的一侧。

其实，住宅中并没有明显的核心场所，确切地讲是一种多中心的空间布局方式。炉膛、餐桌、日光浴室都可以视作局部空间的核心。从这种空间的处理手法不难看出，夏隆在住宅设计中是以时刻都处于活动中的人为空间核心的。

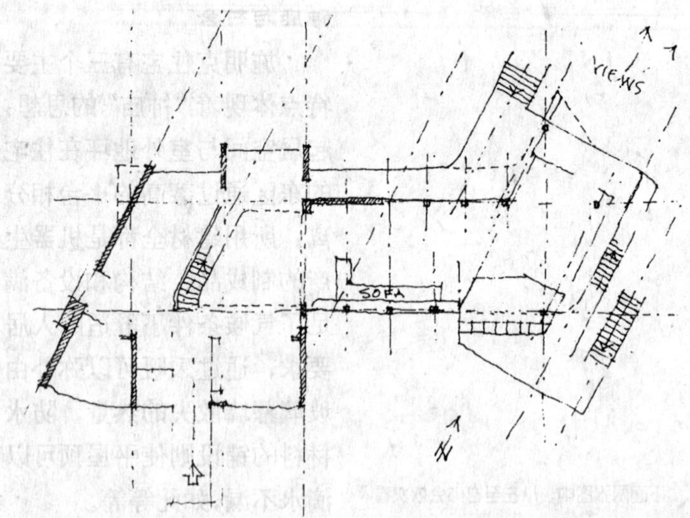

上图中可以看出由房屋扩展生成的一些建筑纹理，它们没有因循材料的自然肌理，而是顺应地形地貌、景观视野、光照方向，并经人工改造而成的。

空间与结构

住宅所采用的是钢结构。柱子的排布并不规律，而是根据朝向好坏及空间上的要求来定位的。

住宅的东端尽量将柱子减至最少，以使空间尽可能的畅通。而仅有的几根柱子还被用来进行室内局部环境的设计。

日光浴室的顶端设有一根柱子；在向外挑出的平台上也立有一根柱子，用来支

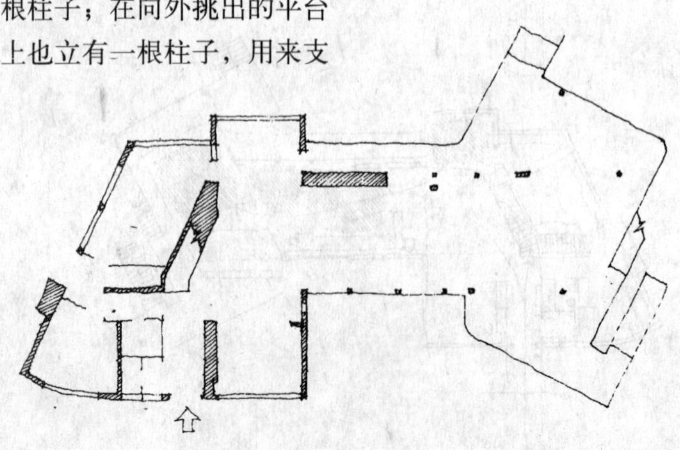

撑上一层平面中外伸的平台。在这里形成一处窄窄浅浅曲折的门廊，拾级而下可进入室外花园之中；第三根柱子位于温室中，该柱子的位置似乎有碍室内的观赏，所以被精心修饰一番，将柱面漆成颜色各异的方格拼贴图案，周围还摆放着美丽的仙人掌加以映衬。

平面的其他几个转角完全由实墙面和玻璃幕墙加以封闭，相比之下空间较为完整。锅炉房和高耸的烟囱布置在建筑的西端，墙面由砖石砌成，因而具有很强的重量感，同东侧轻盈舒展的外伸平台形成鲜明的对比。

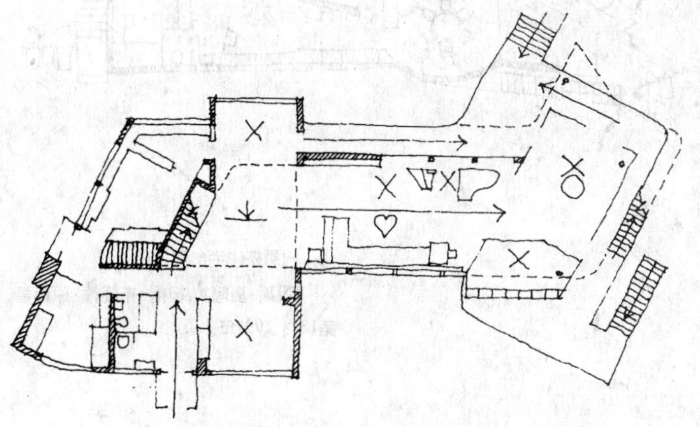

平台是用来休憩和沐浴的安静场所。餐厅、温室、卧室及屋顶花园也都是闹中取静之处。起居厅既是住宅的核心，又是气氛最为活跃的空间，同时是从门厅至日光浴室的必经通道。此外，楼梯、钢琴台、二层的走廊等等也都是活跃空间。

入口前院的绿树浓荫为内外空间营造了某种过渡，这一空间较为闭塞，但与绝大部分通畅的空间相比，丝毫不会影响住宅的整体开放性特征。

夏隆擅长运用灰空间来进行内外环境之间的过渡。他在一、二层中设计了许多外伸的平台，紧贴外墙还设有一处温室，透过温室的玻璃天棚可以望见蔚蓝的天空。而日光浴室是介于起居空间和外伸平台之间的一种半开敞的空间细节。

餐厅通过平台悬挑于坡地之上，大面积的玻璃窗外凸于墙面，在餐桌、窗洞、室外环境之间建立起良好的视景。

较之首层，二层空间的划分要更细致一些，通过几道曲折的墙面方能进入主卧室。主卧室平面大致呈方形，只是将一侧的墙面略微推斜，以扩大北向的视野。斜置的墙面并没有同下部墙体对齐，这种“自由式”布局得益于将承重结构和围护结构分开设置的“底层架空”的思想。

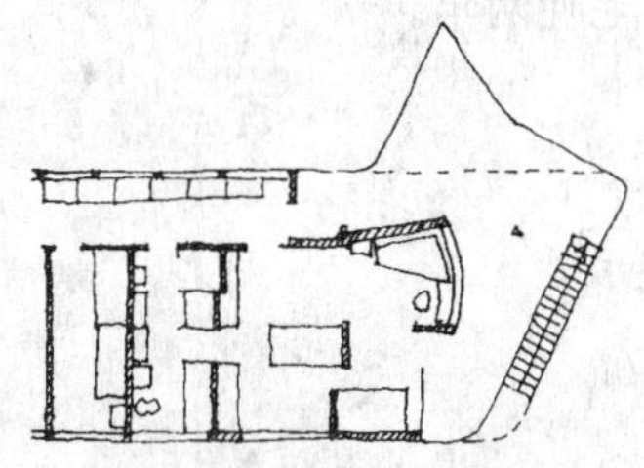

整座住宅的竖向层次十分明确。地下层用作设备间，安放锅炉等其他设施；中间层即地面一层，主要包括门厅和起居空间；顶层，即地面之上的第二层，安排为卧室，站在主卧室的外伸平台上可以尽情地享受阳光，还可在夏日的傍晚纳凉。

后记

施明克住宅是夏隆在纳粹政府对建筑风格施行严厉的限制之前的最后一项作品。与其他一些同行不同的是，夏隆并没有在这种严酷的束缚下委曲求全，而是毅然离开祖国，继续他的设计生涯。这一时期，他设计的许多作品都闪烁着与环境相互融合的"村舍"理念。夏隆从环境出发的自由式平面设计是对纳粹设立的风格禁区的有力回击。右图所示的巴恩茨（Baensch）住宅就是一个很好的例子，设计于1935年，比施明克住宅晚两年。

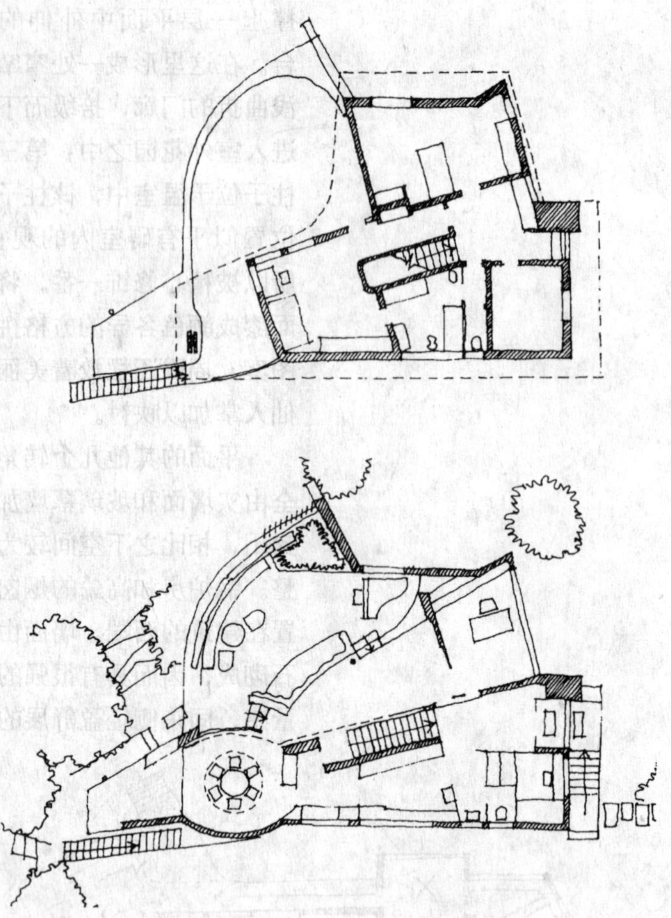

巴恩茨住宅参见：
《汉斯·夏隆》，彼得·布隆德·琼斯著，第13页，1995年。

林间乐园参见：

《理查德·诺曼·肖》，安德鲁·圣(Andrew Saint)著，第112~113页，1976年。

实例研究：林间乐园(MERRIST WOOD)

林间乐园是英国维多利亚时代的一座府邸，由理查德·诺曼·肖(Richard Norman Shaw)设计，建于Worplesdon的Surry，大约是在19世纪70年代中期。

本文不对该住宅进行全面分析，更不多介绍建成后的情况，而是侧重分析其早期方案，因为该方案可以与夏隆设计的施明克住宅进行全面的对比，进而使我们能够对19世纪与20世纪建筑设计的不同手法有一个大致的了解。

林间乐园是一座古典主义风格的英国住宅。业主要求住宅既要有供主人使用的舒适空间，又要充分考虑供佣人使用的服务用房。

肖的方案是砖墙承重结构。这与50年后夏隆设计住宅时所用的框架结构有很大差别，而且，那时也没有开始普及集中供暖系统。

上述因素制约了方案的最终式样。结构的局限使住宅以小房间为主，布局上也很规则。平面下方斜伸出的部分是两层通高的大厅，墙面转角处的凸窗也是通高的，可以望见室外坡地上的花园或更远的风景。整个平面划分成一个比较封闭的小房间，通过一条短小的廊道以及入口门厅可通向室外。

住宅的中部设有一处天井小院，可以将光线引入室内走廊，否则，住宅内部将显得更为阴暗。

窗户实际上是一条条竖向排列的窄长的墙洞，只有大厅转角处的凸窗最近似于现在我们所说的玻璃幕墙。

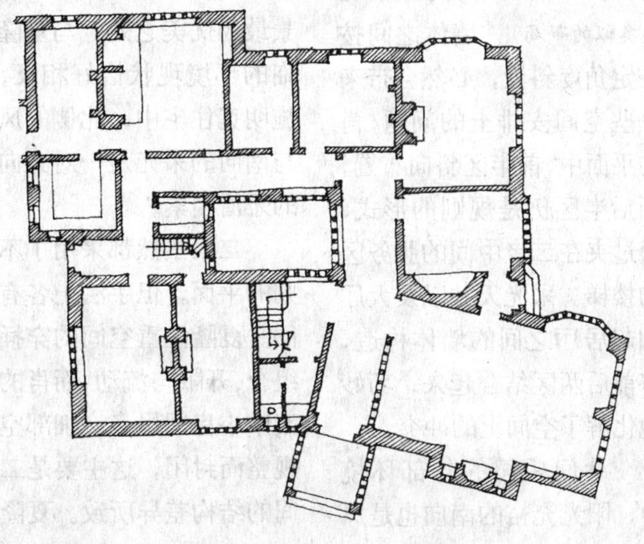

住宅早期方案的布局较为活泼，将前半区完全斜向布置。该方案在许多方面都与施明克住宅颇值一比。两所住宅的建设年代相距50多年，分别建于不同的国家中，看起来似无直接的历史渊源，但林间乐园曾在德国作过介绍，相信夏隆对19世纪的英国住宅风格多少会有所了解。

两座住宅都将服务用房布置在门厅左侧，都带有单独的入口，并通过楼梯间与主要起居空间相隔离。不同的是，林间乐园的服务用房更大一些，占据了整个首层平面的一半以上面积。

两所住宅最显著的共同特点是将局部平面斜向布置。夏隆的平面中，局部外墙斜伸出26°；肖的平面中，墙体斜出29°（注：在本书“元素的多元作用”一章中提到的由夏隆设计于1943年的法尔克公寓，也是类似的布局）。墙体之间按一定角度斜置，必然会带来一些空间安排上的问题，肖的平面中，前半区斜向布置，而后半区仍是规则的形式，通过夹在二者中间的服务区的楼梯、采光天井以及大厅和起居厅之间的墙体构造，将前后两区结合起来，巧妙地化解了空间上的冲突。

林间乐园的外部环境中，阳光充裕的南向也是风景最为优美之处，与夏隆面临的环境现状恰好相反，在施明克住宅中，北侧的风景与南向的采光是一对方向上的矛盾因素。

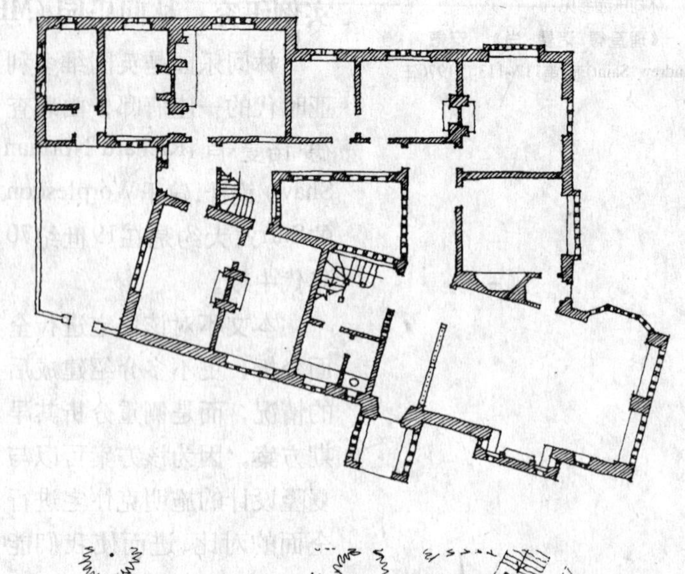

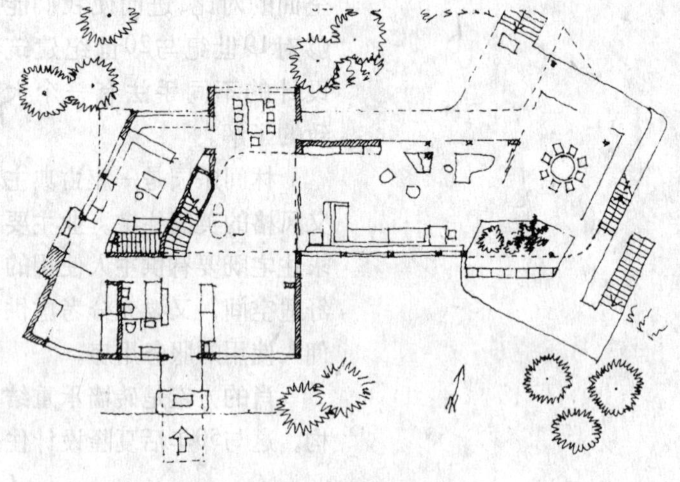

二人虽然都采用了不规则的平面，但手法上各有不同。夏隆注重空间的穿插与组合、开敞与流动；而肖的方案中小房间居多，细部空间规整而封闭，这主要是二者间的结构差异所致。夏隆采

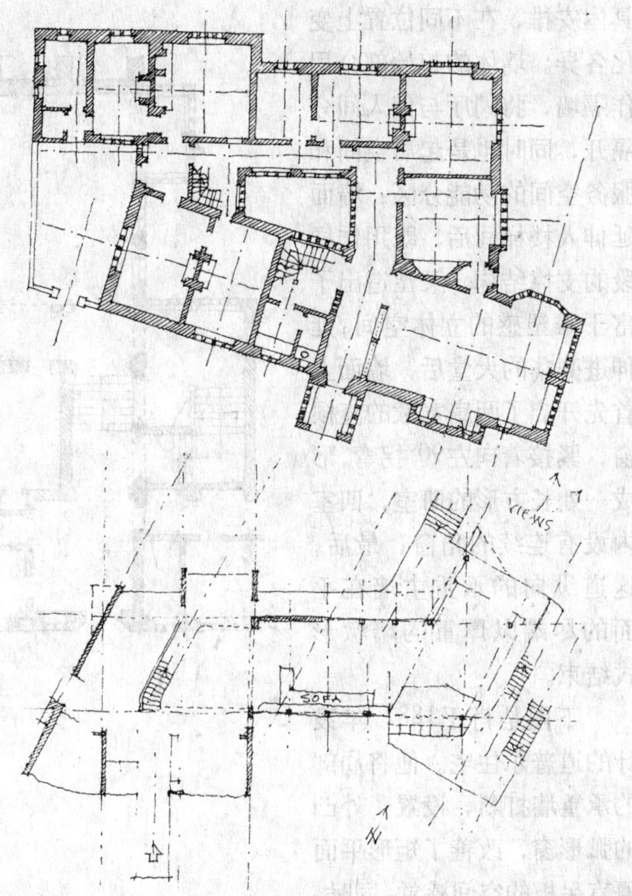

用的框架结构可以使空间布局自由灵活，不须用来承重的玻璃幕墙可以为室内空间带来充足而多变的采光效果。对于这一点，50年前的肖则无法做到，由于受到砖墙体系的限制，承重结构和围护结构无法分离，空间的结构制约较大，只能采用以小型房间为主的组合平面以及开口面积有限的洞窗等设计手法。

通过以上分析比较不难看出维多利亚时期和新时代在建筑设计上的种种差异。两项作品都是类似的豪华住宅，布局手法不尽相同；二者场地条件相似，景观朝向存在差异。当然也有许多相同之处：从功能来说，都带有服务用房、晨练场地、餐饮空间等等；从与环境的关系来说，都很注重室内采光效果和良好的景观视野。

在技术条件对平面的影响上，二者也有许多可比之处。如框架结构与砖墙承重结构的比较，集中供热与炉膛采暖的比较，玻璃幕墙与洞窗的比较……又如，在建筑指导思想上也可加以比较：就整体而言是强调对环境的改造、征服还是强调对环境的协调、利用……夏隆就极为重视对环境的协调和利用，并为此做出了不少有益的探索。但这也并不意味着肖就是被动地局限于时代的技术限制而无任何突破。这是他为维多利亚时代儿童

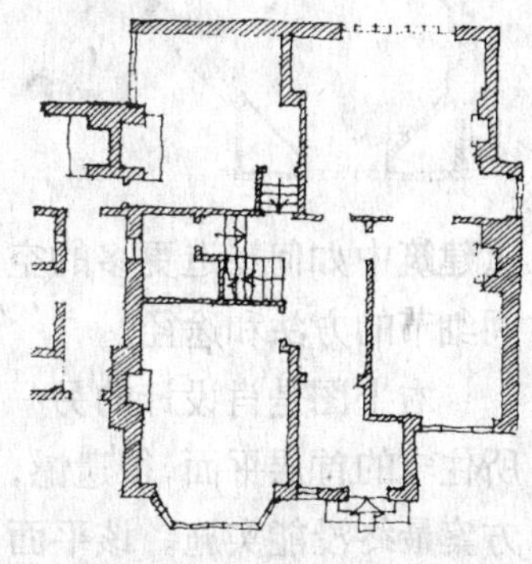

文学作家凯特·格林纳韦（Kate Greenaway）设计的住所。一、二层平面遵循了传统的布局方式，顶层主要用

作工作间。为了增大住宅东北方向的采光面积，肖打破了下部结构的限制，设计了一处45°斜置的空间。

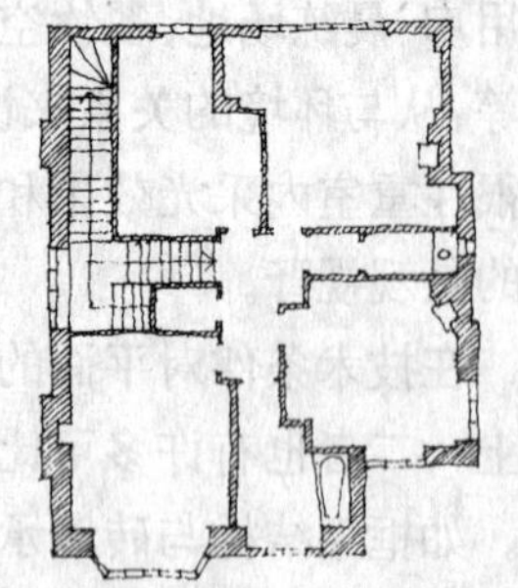

四道斜伸的墙面构成了这一空间，虽未与下部结构直接对齐，但斜置的墙面还是巧妙地借助了下侧的承重墙体，通过转角处的构造变化，形成了合理的支撑体系。

肖还通过其他一些住宅设计进一步探索了在砖石承

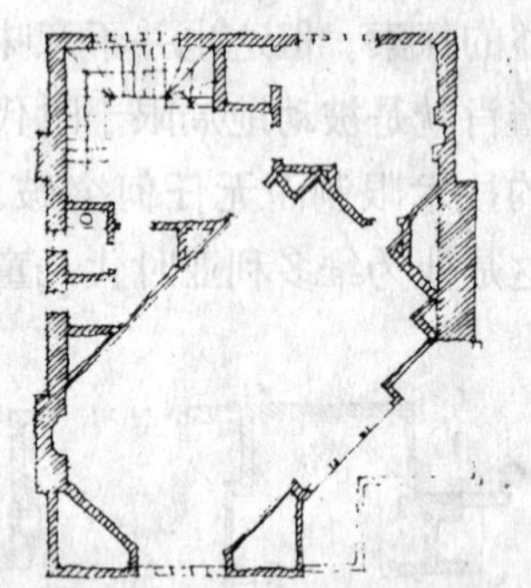

重建筑中如何塑造更多的空间细节的方法和途径。

右上图是肖设计的另一所住宅的首层平面，很遗憾，方案最终没能实施。该平面在入口门厅至豪华大堂间设置了一道通长的承重主墙（图中添黑的墙体），墙面虽然很长，但根据空间功能的具体安排，在不同位置上变化各异。墙体的起始部分用作隔墙，将门厅与佣人间分隔开，同时也是起居空间和服务空间的功能分区；墙面延伸入楼梯间后，既用作梯段的支撑结构，又塑造出了富于雕塑感的立体空间；延伸进豪华的大堂后，墙面上首先开启了两扇宽敞的直棂窗，紧接着向左90°拐弯，形成一处长方形的凹室，凹室内设有连续的角窗；最后，这道纵向的承重主墙在平面的尽端以厚重的墙墩形式结束。

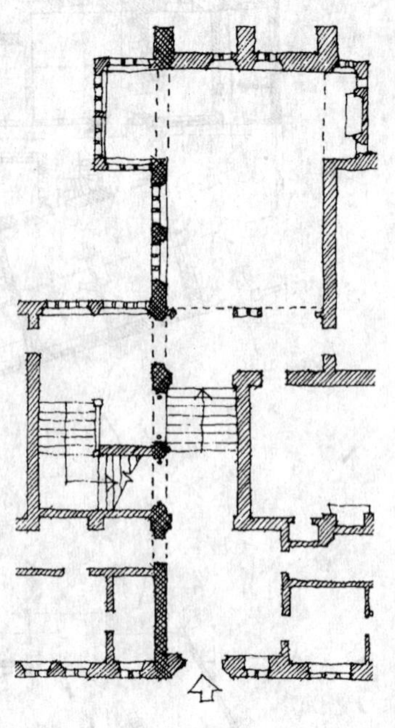

下图是肖于1882 年设计的道普尔住宅。他将局部的承重墙打断，设置了外凸的弧形窗，改善了矩形平面僵直呆板的空间感觉。同时，也打破了空间的封闭感，使内外环境有所衔接。

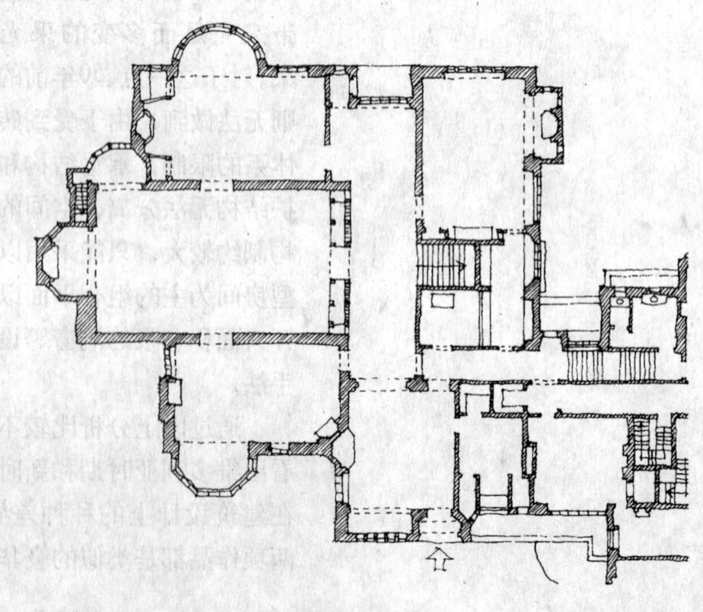

母亲住宅参见：

《文丘里·斯科特布朗及其合伙人：关于住宅和居住》建筑论文集第21篇，文丘里著，1992年，第24~29页。

实例研究：母亲住宅（VANNA VENTURI HOUSE）

这是文丘里为其母亲设计的住宅，又称作“母亲住宅”。1962年建于宾夕法尼亚州的栗子山庄。几乎在同一时期，即1966年，文丘里出版了他的名著《建筑的复杂性与矛盾性》(Complexity and Con tradiction in Architecture)，而母亲住宅就是对该书众多新观点的最好诠释。

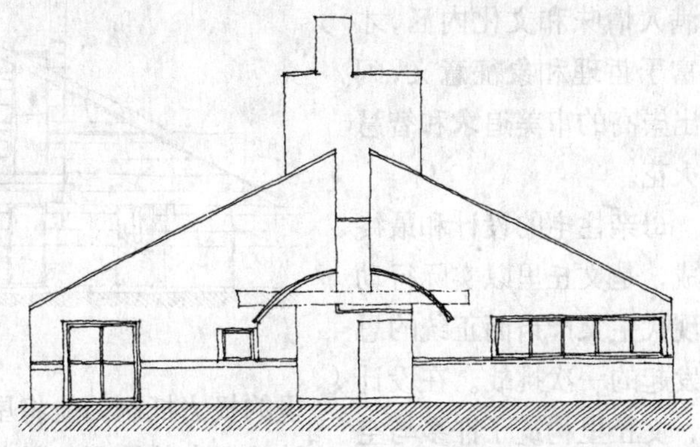

母亲住宅建于一块平正的基地上，四周由树林和篱笆围合而成。经过一段狭长的地段可到达建筑的主人口，它设立在建筑的山墙之中。

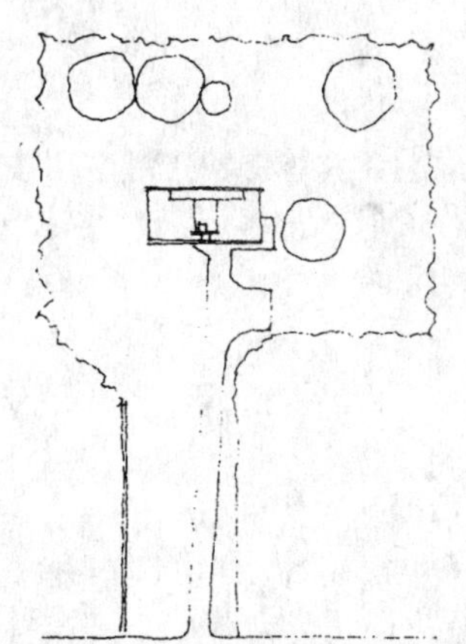

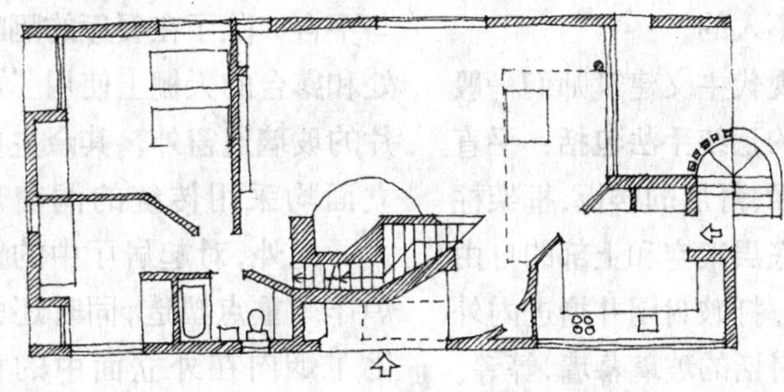

背景分析

在母亲住宅落成和这本轰动性著作出版之际，正值现代建筑思潮在实践与理论领域均居于绝对主导地位的时代。文丘里没有随波逐流，他在对现代建筑批判地审视中不断地质疑和思考，提出了自己的不同见解，并通过《建筑的复杂性与矛盾性》一书全面阐述了自己的理论体系。归结起来，就是彻底地反对现代派建筑师所推崇的程式化立面风格及功能至上主义思想。提出要采用折衷的装饰主义来修正国际主义风格的刻板面貌，特别要折衷地使用历史语汇和波普艺术的某些特征。他强调建筑应该不明确，形式应该含糊和复杂，提出要创造“杂乱的活力”来取代缺乏生气、趣味，单调和刻板的国际主义风格。这些风格和思想贯穿在赖特、密斯·凡·德·罗、路易斯·康等现代主义建筑大师们的作品和文集中，随处可见。文丘里认为，只有充分理解建筑中的各种矛盾关系和复杂因素，并合理地表达在设计之中，建筑才可能充满人情味和文化内涵，才能富于哲理和象征意义，闪烁出崇高的审美追求和智慧的火花。

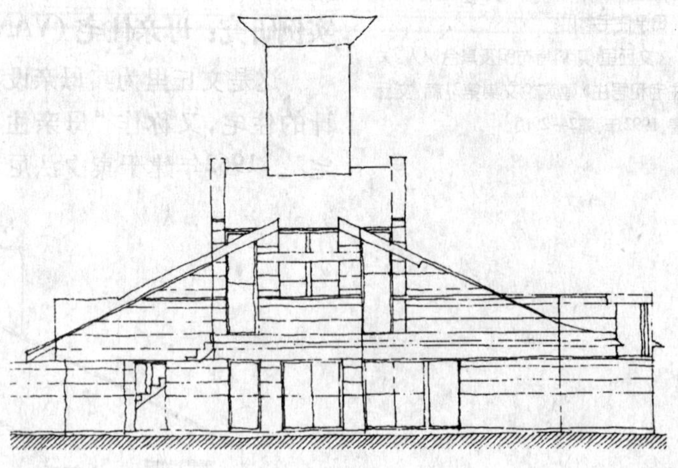

这是母亲住宅的早期方案，其烟囱要比实施方案中的更为巨大和显著。文丘里在设计中广泛借鉴了传统的建筑语汇，以烟囱为核心的构图手法源自于英国的建筑风格：如工艺美术运动时期，爱德华时期以及18世纪John Vanbrugh的建筑风格。此外，还参考了同类型美国建筑的风格。在设计中，文丘里还善用反常规的、矛盾的比例和尺度。如在本图中，相对于建筑的体量，烟囱的尺度显然是被“夸大了”；而在前页所示的实施方案中，从不同角度来看，烟囱既有“超尺度”的一面，也有“不足”的一面。

母亲住宅的设计和最终落成，是文丘里以实际行动对现代主义严肃而正统的思想发起的一次挑战。在设计中，文丘里构筑了许多与空间相冲突的混沌不清的建筑形式。他有意造成空间的模糊和不确定，而将空间的体味和思索留给使用者和批评家们。

建筑的基本元素

该建筑所选用的大量基本语汇同现代主义的手法是格格不入的。

现代主义建筑师们一般常用的正统手法包括：平直的屋面、舒展的楼板、框架柱网、底层架空和上部的自由平面、打破封闭并增进内外空间对话的玻璃幕墙，等等。此外，现代主义手法还有意弱化室内壁炉及室外烟囱的构图作用（这些元素的运用在夏隆设计的施明克住宅中都有不同程度的体现，如实例二所示）。

在母亲住宅中，现代派所惯用的上述元素受到文丘里的极力抵制。他将屋面设计为巨大的坡顶，竖向空间的层次感在立面上毫无体现，摆脱对承重墙的运用（注：母亲住宅仅在餐厅中设有一根立柱，用以承托上部屋面，在结构中不可缺少。许多有关该住宅平面的介绍中都将这根柱子忽略掉了，在此特作提示，以免误导读者），住宅直接坐落于地面之上，没有架空层或是基座与平台，除了在餐厅的隔断处和露台的天棚上使用了成片的玻璃通窗外，其余主要立面均采用传统的洞窗形式。此外，对起居厅中的壁炉作了重点塑造，同时还强化了烟囱在外立面中的构图作用。

空间组织与几何形式

住宅建成后便引起轰动，各种评论纷至沓来，毁誉交加。主要疑问有：山墙为何要设计成断裂的山花形式？门厅上方过梁的位置为何要加上拱形的装饰线角？楼下卧室内为何要设计内凹的角窗？餐厅的外立面为何要设计成凹阳台的形式？由二层向上继续爬升的梯段为何没有出口？如此等等。这些令人费解的手法并不是为了哗众取宠，而是文丘里在其独特思想指导下设计手法的自然表露。

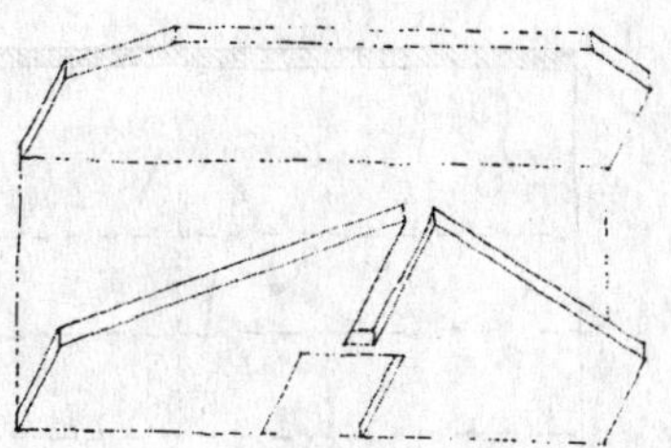

墙是位于建筑主朝向两侧的。

这所住宅完全是由两道伸展的平行墙形成的，其方向与地段的中轴向垂直。

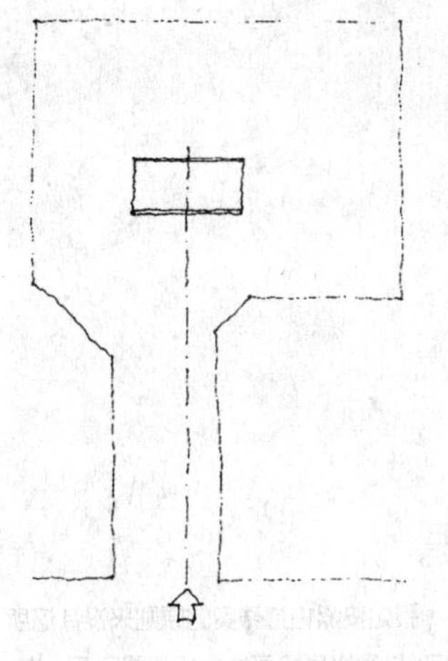

住宅的平面形成于两道平行墙体之间。正如“平行墙体”一章所讨论的那样，通常的做法是通过两道水平的主墙，确立出一条空间的纵轴，一方面形成住宅的主要朝向，另一方面建立起内外空间的秩序关系。而文丘里的做法却与上述传统思路不同。

首先，他将住宅的山墙面扭转90°，面对场地的主轴线垂直摆放，而一般情况下山墙是位于建筑主朝向两侧的。

然后，接下来的处理更不寻常。传统的砖石建筑，如古代的神庙一般都以矩形平面中较短的两边作为山墙，而母亲住宅却将建筑的长边当作山墙来处理，立面相应采用传统的山花形式。一般

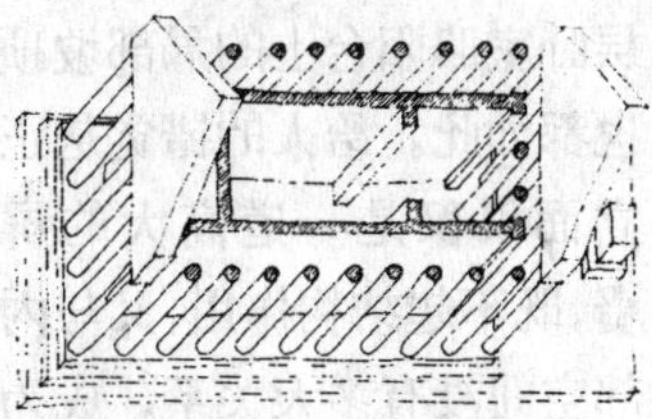

房屋是在进深小的方向两面起坡，形成屋顶。而文丘里恰恰相反，顺着长边起坡，正立面就是一个完整而纯粹的三角形山墙造型。建筑既无基座也无平台，屋顶显著的坡度直接与地面产生几何构图关系。

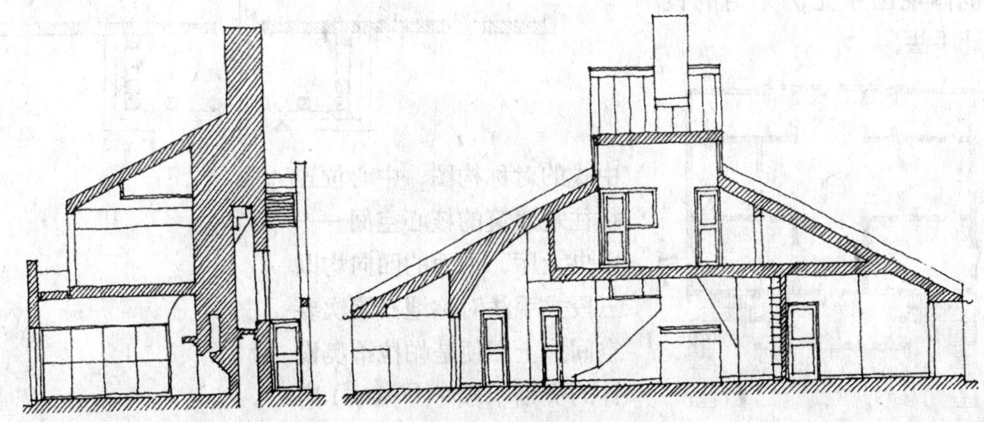

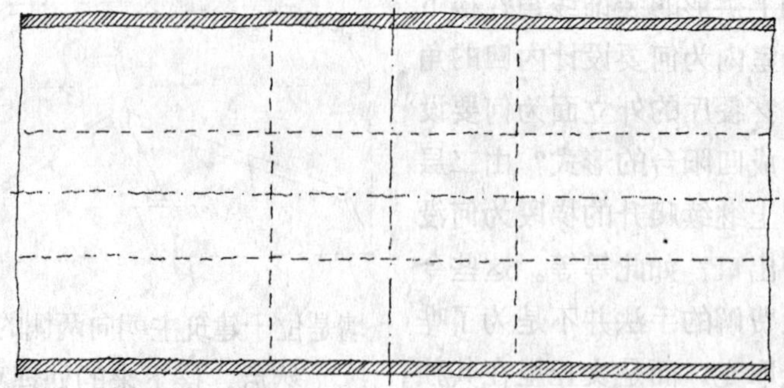

从下面的剖面图可以看出，母亲住宅的坡屋顶竖向几何关系较为复杂：屋顶从三个不同的方向同时起坡，而坡顶的收头也并没有全部落在承重墙上，门厅上及二层卧室凹阳台上的局部坡顶也都如此。给人的错觉是正立面仅仅是一道高大的屏墙，既不起结构作用，又与内部空间没有多大关系，成为纯形式主义的构件。在这一点也与现代派的设计手法格格不入，现代主义建筑师们认为一切非承重的，有碍于视线和采光通畅的外墙面都应该统统砍掉，以保持空间与结构的逻辑一致性。

母亲住宅的平面同样也体现出了充满矛盾的设计手法。

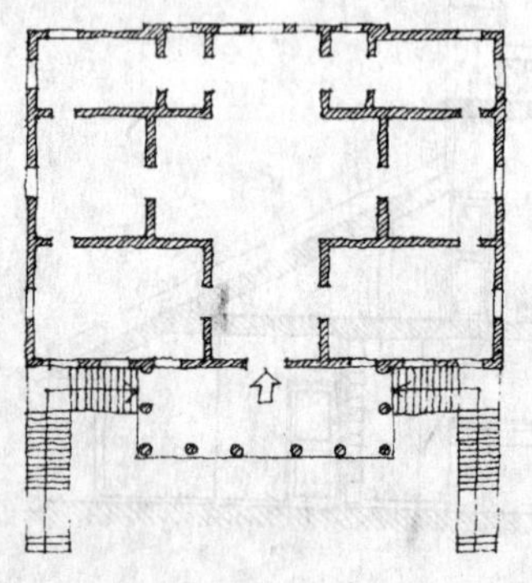

在《建筑的复杂性与矛盾性》一书中，文丘里对母亲住宅的平面自有一番解释。他认为自己的手法源自帕拉蒂奥，但经过演化和变通后，一改帕拉蒂奥式的严格空间限定和完全对称的几何关系，并逐渐形成了自己的特色。Rudolf Wittkower在《人性主义时代的建筑原则》一书中讲到，帕拉蒂奥在府邸设计中常常采用圆与方这两种理想几何形式和集中式的对称构图，中心位置往往是建筑的核心空间——中央大厅，平面的四向均以三段式手法对称地布置次要空间。上图便是帕拉蒂奥设计的夫斯卡瑞 (Foscari) 府

假如按照帕拉蒂奥的原则来设计这所房子，其最终形状可能会如本图所示一样。

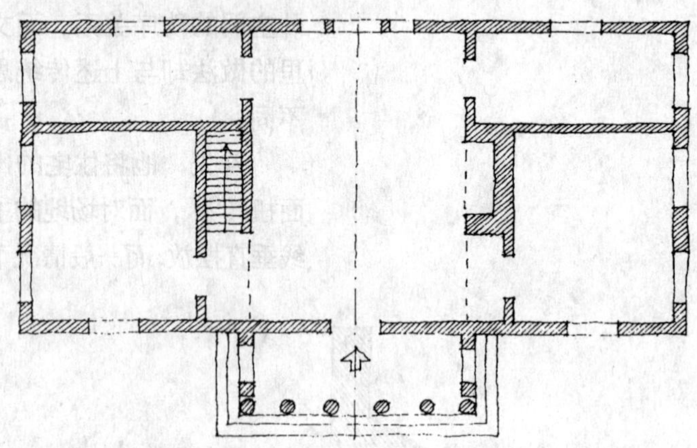

邸的平面。

如果完全按照帕拉蒂奥的设计手法将母亲住宅重新设计一番，其可能的样式如下:平面中央是起居厅,其他次要房间对称地布置左右，主入口前会加上一道柱廊，窗户尽量均匀对称地排布在外墙上，而楼梯和壁炉则会对称地布置在大厅的两侧。

实际上，文丘里在多处都打破了帕拉蒂奥的设计原则。母亲住宅中,他建立出某种对称关系，又通过空间变化尽量使之弱化；建立起轴线关系，又通过构造细节使之打断和模糊。这就是文丘里设计手法矛盾性与复杂性之所在。

首先采用的矛盾手法是将楼梯与壁炉结合为一体，置于主入口的正前方，打断房间的轴向感。在帕拉蒂奥的平面中，轴线必定是畅通无阻的，既是通向中央大厅的宽敞通道，又与笔直的视线同步而生。文丘里则是既创造着轴线又否定着轴线。

矛盾手法的运用还体现在门厅的设计中。通常,门厅总是突出与立面之外的过渡空间，而文丘里干净利索地将其退让回住宅之中。

门厅与楼梯间、壁炉紧密地组合在一起，尽可能地压缩在一块狭小的空间内，以为住宅的其余空间争取更多的面积。壁炉紧贴在轴线左侧，将更多的空间退让给楼梯间，壁炉上方是与之相连的烟囱，楼梯就环绕着烟道盘旋而上。门厅正对着主轴线，并将楼梯间的挡墙向内倾斜一定的角度，为门厅创造出导向感。

墙面的斜置还有助于缓和楼梯间对门厅的压抑感，加之将右侧盥洗室的墙面设计成近似四分之一圆的弧墙面，进一步增强了门厅的导向性。在此，帕拉蒂奥式的轴线演化为一处通向室内的廊道。

平面左半区的布局形式也是对帕拉蒂奥规则平面的发展和演化。起居厅和卧室

壁炉、楼梯、入口紧紧组合为一体，尽量地节省出空间。

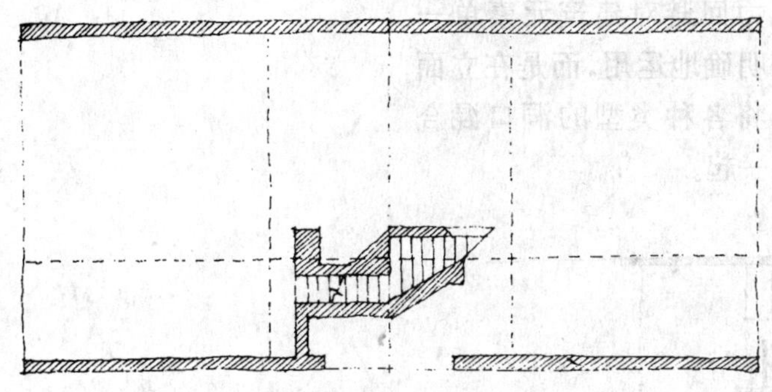

隔墙的划分改变了帕拉蒂奥式的几何构图,形成大小尺度不一的室内空间。

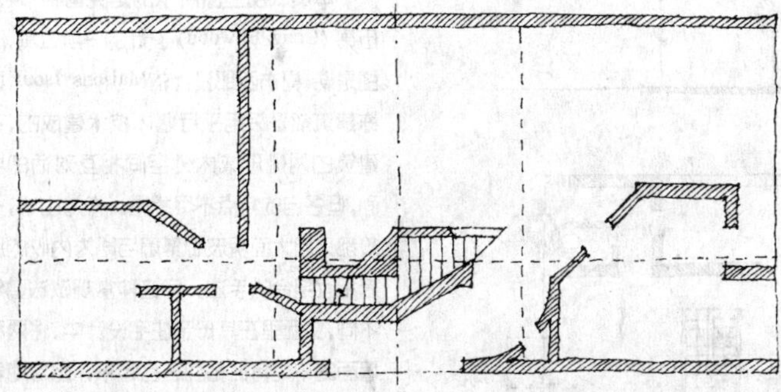

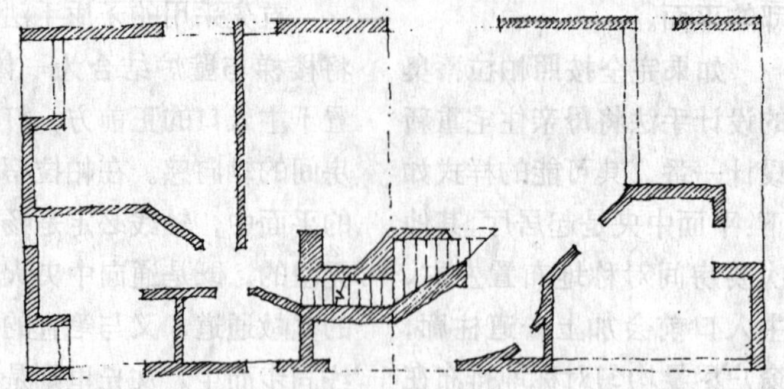

文丘里在住宅中设计了一扇大窗洞，窗的位置稍稍偏离于墙面的中心，它使窗子的边缘而非中线与建筑的中轴线对齐，手法非同寻常。在近旁的另一处窗洞中，让垂直的隔墙穿插进来，对窗面形成一种打断和分割。

之间的隔墙是平直的，其他几道隔墙则略有变化，这些墙体共同划分出卧室、浴室和走廊。厨房则由于受到近旁的楼梯和壁炉在空间方位上的影响，其平面略呈不规则状。

此外，门窗洞口的位置及式样也是文丘里运用矛盾手法的主要素材。

用平行墙体来组织空间，现代派建筑师一般都很注重发挥建筑的“侧墙”区别于“端墙”的不同特点。以埃尔沃德的设计为例，如下图所示，平面包括四个居住单元，每个单元的端面都设计为开敞的玻璃幕墙，而侧墙上则无任何洞口。又如勒·柯布西耶设计的 Maisons Jaoul，其侧墙上虽开有洞窗，但建筑的两端还是大玻璃通窗，如页底所示。

而文丘里在设计中则极力回避对建筑元素单一而明确地运用，而是在立面中将各种类型的洞口混合在一起。

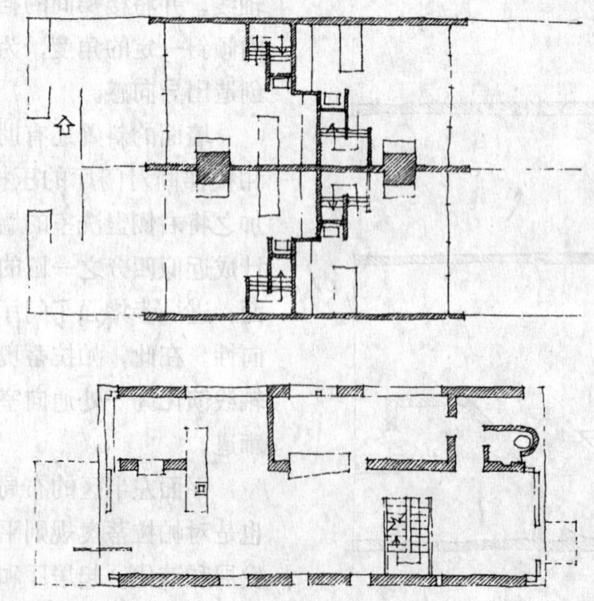

本页底部上图所示的是克雷格·埃尔伍德（Craig Ellwood）设计的一所公寓，下图是勒·柯布西耶设计的Maisons Jaoul，两栋建筑都是采用平行墙体技术建成的，在建筑的两侧形成内外空间相互对话的界面，但各自的特点不尽相同。作为山墙，一般都采用大面积玻璃幕墙与略为内收的片墙相互组合的手法。与这种常规做法截然不同，文丘里在其母亲住宅设计中，将两种墙面的不同特征相互融合起来，均匀地表达在建筑的四个立面中。

林地礼拜堂参见：

《林间墓地：直面精神世界》，卡罗琳·科斯唐(Caroline Costant)著，1994年。

实例研究：林地礼拜堂（THE WOODLAND CHAPEL）

林地礼拜堂建于斯德哥尔摩近郊，周围是一片广袤的林地。它于第一次世界大战结束后不久落成，是专为儿童举行葬礼的小教堂，设计者是阿斯普伦德（Erik Gunnar Asplund）。

礼拜堂的造型简洁朴实，毫无矫揉造作之处。乍看上去，就像是丛林之中沿用已久的一座古老棚屋。这正是建筑师所追求的场景，朴实无华、亲切安详，焕发出至深至切的感染力，宣泄出神圣的诗画意境。这诗化的情感，就是面对死亡之神的那一份坦然。

背景分析

在阿斯普伦德设计这座林地礼拜堂时，现代建筑运动在瑞典才刚刚兴起，建筑设计的主流思想更注重于对地域文化及传统风格的继承和弘扬。此时，设计中的浪漫主义情调弥漫着整个建筑界。

礼拜堂就建于林地火葬场附近，整个火葬场的扩建工程也是由阿斯普伦德主持完成的，礼拜堂是其中的一处附属设施。场地四周的视野十分开阔，起伏的草地和深远的蓝天组合成一幅优美的自然图卷。与之相对照，一步入树林间，光线霎时变得幽暗起来，礼拜堂就静静地独处于这一方远离喧嚣、没有嘈杂的净土上。

场所的标识

礼拜堂隶属于火葬场的一部分，在死者入葬前，供亲朋好友前来悼念，进行最后的告别。

建筑的基本元素

礼拜堂中，基本元素的运用简洁清晰，平整的地面、规则的柱列、平直的墙垣以及挺峭的屋宇。一条平直的廊道伸入建筑之中，正前方是一处灵台，用以安放死者的棺椁，再往前是颂经用的讲坛。房屋的结构再简单不过了，地板、墙壁和屋面构成了整个闭合空间。入口前方是一道宽敞的柱廊，右侧墙面在接近柱廊的转角处设计了一扇小窗。大厅正中是一片圆形的下沉地面，周围的底板比它高出两级踏步，圆形的下沉区就是礼拜堂的核心空间。

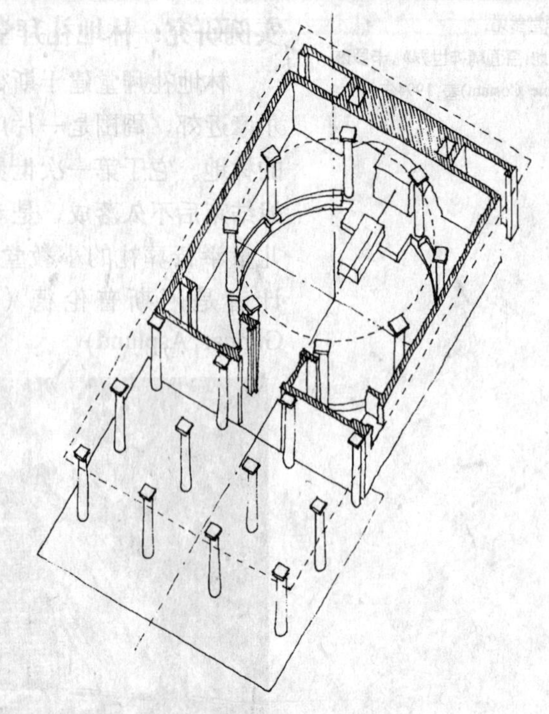

建筑的限定元素

礼拜堂四周，阳光从树林的枝叶间斑驳地洒落，浸润在松果的阵阵清香之中。脚下落英缤纷，厚厚的松叶铺满大地，缓缓的步履与树叶磨得沙沙作响，显得沉闷而抑郁，直到登上石块铺砌的平台，进入深远的柱廊之中，声音才渐渐平息。

进入室内，浅浅的微光从穹顶正中的天井中泛入，使礼拜堂的中心和四周的角落产生微妙的光影对比。教堂的四壁坚硬光滑，说话的余音在墙壁间振颤回响。

元素的多元作用

礼拜堂高耸的坡顶俨然像金字塔般庄严肃穆，成为建筑最突出的外部标志。柱廊支撑着出檐深远的屋顶，也形成了一处导向性很强的空间，来往的人流在此汇聚和离散。门厅内，左右各有一段片墙，与主要空间形成简单的分隔，并围合出两间附属用房。与这两道隔墙相比，教堂的四壁更显得厚重坚实、棱角分明，如峭立的岩洞般透射出几分肃杀的冰冷。墙面上窄浅的窗洞，摆放着灵台的壁龛因其强烈的雕塑感而进一步加强了这种置身于岩洞之中的感受。围绕下沉地面环列的一圈立柱支撑起巨大的穹顶，也直观地标识出礼拜堂的空间核心。

就地取材 因地制宜

阿斯普伦德利用浓密的丛林营造出一种凝重的场所

氛围。主入口与树木之间稍稍退让出一些距离，笔直的通道穿越在树林之间。门廊中森然有序地排布着几行柱列，布局虽然很规则，但与树林柱状的几何形式吻合如一，俨然是人造的石构“树林”，成为真实环境的自然延伸，形成了统一的空间氛围。

原始场所的类型

直观地看去，礼拜堂内的凹室不论从方位上还是造型上都形似传统的壁炉，其正上方拔起的烟囱增强了这一错觉，而实际上烟道与凹室没有任何联系，它是从凹室旁的地下室中升起的。凹室中摆放的当然也不是壁炉，而是灵台。不论是从功能的角度还是象征意义上来说，灵台就是一处祭坛。灵台之上安放的棺椁是人们祭祀的核心。而大厅内下沉的地面就如在林间开拓出的一片空地，加之环立的列柱及正上方高悬的穹顶，共同强化出灵台所在的中心空间。

建筑——形成框架

林地礼拜堂是暂时安放儿童尸体的场所，也是举行入葬告别仪式的空间。

从外观来看，该礼拜堂就像是丛林环抱中的一所普通的住宅。入口柱廊设计得十分宽敞，可以汇聚前来吊唁的人流；挺拔的石柱也仿佛是久已伫立的无言的悼念者，和一张张鲜活的面孔混杂在一起，共同寄托他们的哀思。

巨大屋宇之下，除了柱廊之外就是礼拜堂的建筑本身。下沉的地面和环列的石柱就像是远古的巨石阵，将一种神秘与庄严久久地凝固着。圆形地面凝固着灵台，灵台凝固着棺椁，棺椁凝固着即将永生的尸骨。显然，石阵、灵台、讲坛、棺椁和吊唁

者都处于特定框架的这种重重限定之中，从外望去，这是一幅生动的画面；对内来讲，空间的母体中孕育了一层层子空间，而这就是建筑。

神庙与村舍

就外观而言，林地礼拜堂是一座“神庙”而不是“村舍”。室内空间笼罩在凭吊死者的一种沉痛情绪中，造型则简洁凝重。建筑并没有基座或平台，但遵循了规致对称的几何布局。建筑用材朴实，造型凝练，规模适度，尺度宜人。

几何形式

林地礼拜堂中，阿斯普伦德运用了多种几何元素。空间的精彩之处是圆形的柱列以及由其围合而成的圆形下沉地面。柱列有如逝去的先辈，又如忠诚的卫士，永恒地守护着灵台上的棺椁，而悼念的人群也可慰藉一下沉痛的心情，在柱列之间的座椅上安坐片刻。

从入口通道到礼拜堂室内，路线和视线始终是同步的，不仅笔直而且同向。教堂就是这一轴线物质和精神上的终点。这一轴线又是无限延伸的，从富于象征意义的灵台凹室到西下的夕阳之间建立起永恒不变的秩序。

八根立柱阵列成圆圈，建立起另一条水平轴线。它与主轴线互相垂直，教堂的两道侧墙是其终点，两条轴线的垂直交叉同时确立出核心空间。大厅之下是礼拜堂的地下室；头顶上，越过穹顶正中的天井是空阔的蓝天白云。站在圆心上，不难感受到建筑竖向轴线的存在，它既属于建筑，更属于大地，二者的秩序在这一共轴中融会、同一。

灵台不是径直地摆放在圆心上的，而是略微退让于竖向轴线和凹室之间，棺柩中的魂灵在此暂时安歇，在吊唁仪式结束后，渺小的生命便会升华为永恒。

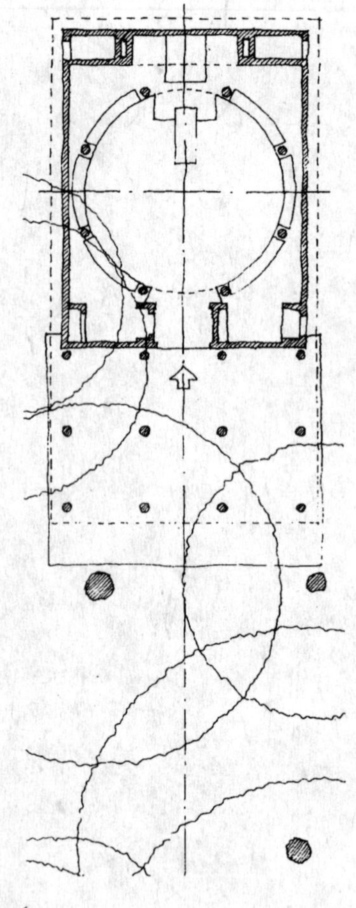

参考文献及书目

参考文献

乍看起来，这部分文字似与本书的主旨无关，但这些参考书目所体现出的原则与前文实际上是一脉相承的。这些参考文献既包括了与本书立论“建筑——标识性场所”这一主题相关的广泛论述，也包含着按照一定逻辑关系展开的有关建筑的解析方法，还探讨了相关的建筑理论问题。这些内容都与建筑师所关注的一切问题紧密相关，大可不必去质疑它们是不是当前这一领域的权威论著，在见仁见智中都可使我们受益匪浅。

当然，这些参考文献中的许多观点都是对前人理论的进一步发展，而本书所关注和引用的部分是针对建筑解析最关键最有价值的相关内容。

Alexander, Christopher and others –*A Pattern Language: Towns Buildings. Construction*, Oxford UP, New York, 1977.

Alexander, Christopher –The *Timeless Way of Building*, Oxford UP, New York, 1979.

Atkinson, Robert and Bagenal, Hope–*Theory and Elements of Architecture*, Ernest Benn, London, 1926.

Bachelard, Gaston, translated by Maria Jolas–*The Poetics of Space* (1958), Beacon Press, Boston, 1964.

Eliade, Mircea, translated by Sheed–*Patterns in Comparative Religion*, Sheed and Ward, London, 1958.

Frankl, Paul, translated by O' Gorman –*Principles of Architectural History* (1914), MIT Press, Cambridge, Mass., 1968.

Heidegger, Martin, translated by Hofstader – 'Building Dwelling Thinking' and '… poeticaliy man dwells …', in *Poetrv Language and Thought* (1971), Harper and Row, London and New York, 1975.

Hertzberger, Herman–*Lessons for Students in Architecture*, Uitgeverij Publishers, Amsterdam, 1991.

Hussey, Christopher–*The Picturesque, studies in a point of view*, G.P.Putnam' s Sons, London and New York, 1927.

Lawlor, Anthony –*The Temple in the House*, G.P.Putnam' s Sons, London and New York, 1994.

Le Corbusier, translated by de Francia and Bostock–*The Modulor, a harmonious measure to the human scale universally applicable to architecture and mechanics*, Faber and Faber, London, 1961.

Lethaby, William Richard-*Architecture: an introduction to the history and theory of the art of building*, Williams and Norgate, London, 1911.

Lynch, Kevin-*The Image of the City*, MIT Press, Cambridge, Mass., 1960.

Martienssen, R.D-*The Idea of Space in Greek Architecture*, Witwatersrand UP, Johannesburg, 1968.

Moore, Charles and others-*The Place of Houses*.Holt Rinehart and Winston, New York, 1974.

Norberg-Schulz, Christian-*Existence, Space and Architecture*, Studio Vista, London, 1971.

Parker, Barry and Unwin, Raymond-*The Art of Building a Home*, Longman, London, New York and Bombay, 1901.

Rapoport, Amos-*House Form and Culture*, Prenticc Hall, New Jersey, 1969.

Rasmussen, Steen Eiler -*Experiencing Architecture*, MIT Press, Cambridge, Mass., 1959.

Relph, Edward-*Place and Placelessness*, Pion, London, 1976.

Rowe, Colin- 'The Mathematics of the Idcal Villa' (1947), in *The Mathematics of the Ideal Villa and other essays*, MIT Press, Cambridge, Mass., 1976.

Ruskin, John-*The Poetry of Architecture*, George Allen, London, 1893.

Schmarsow, August, translated by Mallgrave and Ikonomou - 'The Essence of Architectural Creation' (1893), in Mallgrave and Ikonomou (editors) - *Empathy.Form, and Space*, The Getty Center for the History of Art and the Humanities, Santa Monica, Calif., 1994.

Scott, Geoffrey-*The Architecture of Humanism*, Constable, London, 1924.

Scully, Vincent -*The Earth, the Temple, and the Gods; Greek Sacred Architecture*, Yale UP, New Haven and London, 1962.

Semper, Gottfried, translated by Mallgrave and Hermann -*The Four Elements of Architecture* (1851), MIT Press, Cambridge, Mass., 1989.

Spengler, Oswald, translated by Atkinson-*The Decline of the West* (1918), Allen and Unwin, London, 1934.

Sucher, David-*City Comforts*, City Comforts Press, Seattle, 1995.

van der Laan, Dom H., translated by Padovan-*Architectonic Space: fifteen lessons on the disposition of the human habitat*, E.J.Brill, Leiden, 1983.

van Eyck Aldo– 'Labyrinthian Clarity', in Donat (editor) –World *Architecture3*, Studio Vista, London, 1966.

van Eyck, Aldo– 'Place and Occasion' (1962), in Hertzberger and others *Aldo van Eyck*, Stichting Wonen, Amsterdam, 1982.

Venturi, Robert –*Complexity and Contradiction in Architecture*, Museum of Modern Art, New York 1966.

Vitruvius, translated by Hickey Morgan–*The Ten Books on Architecture* (first century BC), Dover, New York, 1960.

Wittkower, Rudolf–*Architectural Principles in the Age of Humanism*, Tiranti, London, 1952.

Zevi, Bruno, translated by Gendel –*Architecture as Space:how to look at architecture*, Horizon, New York, 1957.

Zevi, Bruno– 'History as a Method of Teaching Architecture', in Whiffen (editor) –*The History, Theory and Criticism of Architecture*, MIT Press, Cambridge, Mass., 1965.

Zevi, Bruno–*The Modern Language of Architecture*, University of Washington Press, Seattle and London, 1978.

参考书目

下面是本书所涉及的参考书，它们主要是书中所引用实例的出处，从而读者可以从中了解更多的内容。另外，还有许多引用内容包含在参考文献中。

Ahlin, Janne –*Sigurd Lewerentz, architect 1885–1975*. MIT Press, Cambridge, Mass, 1987.

Blaser, Werner–*The Rock is My Home*, WEMA, Zurich.1976.

Blundell Jones, Peter – 'Dreams in Light', in *The Architectural Review*, April 1992, p.26.

Blundell Jones, Peter – 'Holy Vessel', in *The Architects Journal*, 1 July 1992, p.25.

Blundell Jones, Peter–*Hans Scharoun*, Phaidon, London, 1995.

Bosley, Edward –*First Church of Christ*, Scientist, Berkeley, Phaidon, London, 1994.

Brawne, Michael–*Jorgen Bo, Vilhelm Wohlert, Louisiana Museum, Humlebaek*, Wasmuth, Tubingen, 1993.

Christ-Janer, Albert and Mix Foley, Mary-*Modern Church Architecture*, McGraw Hill, New York, 1962.

Collins, Peter-*Concrete, the vision of a new architecture*, Faber and Faber, London, 1959.

Collymore, Peter-*The Architecture of Ralph Erskine*. *Architext*, London, 1985.

Constant, Caroline-*The Woodland Cemetery: towards a spiritual landscape*, Byggforlaget, Stockholm, 1994.

Crook, John Mordaunt-*William Burges and the High Victorian Dream*, John Murray, London, 1981.

(**Dewes and Puente**) - 'Maison à Santiago Tepetlapa', in *L' Architecture d'Aujourd' hui*, June 1991, p.86.

Drange, Aanensen and Brænne-*Gamle Trehus*, *Universitetsforlaget*, Oslo, 1980.

Edwards, I.E.S.-*The Pyramids of Egypt*, Penguin, London, 1971.

(**Foster, Norman**) - 'Foster Associates, BBC Radio Centre' in *Architectural Design 8*, 1986, pp.20~27.

(**Gehry, Frank**) - 'The American Center', in *Lotus International 84*, February 1995, pp.74~85.

Greene, Herb-*Mind and Image*, Granada, London, 1976.

Hawkes, Dean-*The Environmental Tradition*, Spon, London, 1996.

(**Hecker, Zvi**) - (Apartments in Tel Aviv), in L 'Architecture d' Aujourd' hui, June 1991.p.12.

Hewett, Cecil-*English Cathedral and Monastic Carpentry*, Phillimore, Chichester, 1985.

Johnson, Philip-*Mies van der Rohe*, Secker and Warburg, London, 1978.

(**Kocher and Frey**) - (House on Long Island), in Yorke, F.R.S. -*The Modern House*, Architectural Press, London, 1948.

(**Konstantinidis, Aris**) - (Summer House), in Donat, John (editor) -*World Architecture 2*, Studio Vista, London, 1965, p.128.

Lawrence, A.W.-*Greek Architecture*, Penguin Books, London, 1957.

Le Corbusier, translated by Etchells-*Towards a New Architecture* (1923), John Rodker, London, 1927.

Lethaby, W.R. and others –*Ernest Gimson, his life and work*, Ernest Benn Ltd, London, 1924.

Lim JeeYuan–*The Malay House*, Institut Masyarakat, Malaysia, 1987.

(**Mac Cormac, Richard**) – (Ruskin Library), in *Royal Institute of British Architects Journal*, January 1994, pp.24~29.

Macleod, Robert–*Charles Rennie Mackintosh, Architect and Artist*, Collins, London, 1968.

March, Lionel and Scheine, Judith–*R.M.Schindler*, Academy Editions, London, 1993.

(**Masieri, Angelo**) – (Casa Romanclli), in *The Architectural Review*, August 1983, p.64.

Murphy, Richard–*Carlo Scarpa and the Castelvecchio*, Butterworth Architecture, London, 1990.

Muthesius, Stefan–*The English Terraced House*, Yale UP, New Haven and London, 1982.

Nicolin, Pierluigi–*Mario Botta: Buildings and Projects* 1961~1982, Architectural Press, London, 1984.

Pevsner, Nikolaus –*A History of Building Types*, Thames and Hudson, London, 1976.

Pevsner, Nikolaus –*An Outline of European Architecture*, Penguin, London, 1945.

Robertson, D.S. –*Greek and Roman Architecture*, Cambridge UP, Cambridge, 1971.

Royal Commission on Ancient and Historical Monuments in Wales–*An Inventory of the Ancient Monuments in Glamorgan, Volume IV: Domestic Architecture from the Reformation to the Industrial Revolution, Part II: Farmhouses and Cottages*, H.M.S.O., London, 1988.

Rudofsky, Bernard – '*Architecture Without Architects*' Academy Editions, London, 1964.

Rudofsky, Bernard –*The Prodigious Builders*, Secker and Warburg, London, 1977.

Rykwert, Joseph (Introduction) –*Richard Meier Architect* 1964/84, Rizzoli, New York, 1984.

Saint, Andrew –*Richard Norman Shaw*, Yale UP, New Haven and London, 1976.

Schinkel, Karl Friedrich–*Collection of Architectural Designs* (1866), Butterworth, Guildford, 1989.

(**Schnebli, Dolf**) – (Lichtenhan House), in Donat, John (editor) –*World Architecture* 3, Studio Vista, London, 1966, p.112.

(**Scott, Michael**) – (Knockanure Church), in Donat, John (editor) –World *Architecture* 2, Studio Vista, London, 1965.p.74.

Semenzato, Camillo –*The Rotonda of Andrea Palladio*, Pennsylvania State UP, University Park, Penn., 1968.

Smith, Peter–*Houses of the Welsh Countryside*, H.M.S.O., London, 1975.

Summerson, John and others–*John Soane* (Architectural Monographs), Academy Editions, London, 1983.

Tempel, Egon–F*innish Architecture Today*, Otava, Helsinki, 1968.

(**Venturi, Robert**) –*Venturi, Scott Brown and Associates, on houses and housing*, Academy Editions, London, 1992.

Weaver, Lawrence–*Small Country Houses of To–day*, Country Life, London, 1912.

Weston.Richard–*Alvar Aalto*, Phaidon, London, 1995.

Weston.Richard–*Villa Mairea* (in the Buildings in Detail Series), Phaidon, London, 1992.

Yorke, F.R.S.–*The Modern House*, Architectural Press, London, 1948.

国外高等院校建筑学专业教材

建筑经典读本（中文导读版）

［美］杰伊·M.斯坦 肯特·F.斯普雷克尔迈耶 编

ISBN 978-7-5130-1347-5 16开 532页 定价：68元

本书精选了建筑中，特别是现代建筑中最经典的理论和实践论著，撷取其中的精华部分编辑成36个读本，全面涵盖了从建筑历史和理论、建筑文脉到建筑过程的方方面面，每个读本又配以中英文的导读介绍了每本书的背景和价值。

建筑 CAD 设计方略——建筑建模与分析原理

［英］彼得·沙拉帕伊 著 吉国华 译

ISBN 978-7-5130-1257-7 16开 220页 定价：33元

本书旨在帮助设计专业的学生和设计人员理解CAD是如何应用于建筑实践之中的。作者将常见CAD系统中的基本操作与建筑设计项目实践中的应用相联系，并且用插图的形式展示了CAD在几个前沿建筑设计项目之中的应用。

建筑平面及剖面表现方法 原书第二版

［美］托马斯·C.王 著 何华 译

ISBN 978-7-5130-1259-1 横16开 156页 定价：32元

本书不仅展示了大量的平面图和剖面图成果，更强调了平面图和剖面图绘制中“为什么这样做”和“怎样做”等问题。除了探讨绘图的基本技巧外，本书也讲述了一些在绘图中如何进行取舍的诀窍，并辩证地讨论了计算机绘图的利与弊。

建筑设计方略——形式的分析 原书第二版

［英］若弗雷·H.巴克 著 王玮 张宝林 王丽娟 译

ISBN 978-7-5130-1262-1 横16开 336页 定价：45元

本书运用形式分析的方法，分析了建筑展现与建筑的实现过程。第一部分在一个从几何学到象征主义很广的范围内讨论了建筑的性质和作用；第二部分通过引述和列举现代建筑大师——如阿尔托、迈耶和斯特林——的作品，论证了分析的方法。书中图解详尽，为读者更深入地理解建筑提供了帮助。

建筑初步 原书第二版

［美］爱德华·艾伦 著 戴维·斯沃博达 爱德华·艾伦 绘图 刘晓光 王丽华 林冠兴 译

ISBN 978-7-5130-1068-9 16开 232页 定价：38元

本书总结了作者60多座楼房的设计经验，通过简明的非技术性语言及生动的图画，抛开复杂的数学运算，详细讲述了建筑的功能、建筑工作的基本原理以及建筑与人之间的关系，有效地帮助人们深刻了解诸多建筑基本概念，展示了丰富的建筑文化和生动的建筑生命力。

建筑视觉原理——基于建筑概念的视觉思考

［美］内森·B.温特斯 著 李园 王华敏 译

ISBN 978-7-5130-1256-0 横16开 272页 定价：38元

本书是国内少见的启发式教材，着重于视觉思维能力的培养，对70余个重要概念作了生动的阐述，并配以紧密结合实际的多样化习题，是对建筑视觉教育的有益探索。本书曾荣获美国“历史遗产保护荣誉奖”。

建筑结构原理

［英］马尔科姆·米莱 著 童丽萍 陈治业 译

ISBN 978-7-5130-1261-4 16开 304页 定价：45元

本书试图通过建立一种概念体系，使任何一种建筑结构原理都能够容易被人理解。在由浅入深的探索过程中，建筑结构概念体系通过生动的描述和简单的图形而非数学概念得以建立，由此，复杂的结构设计过程变得十分清晰。

解析建筑

［英］西蒙·昂温 著 伍江 谢建军 译

ISBN 978-7-5130-1260-7 16开 204页 定价：35元

本书为建筑技法提供了一份独特的“笔记”，通篇贯穿着精辟的草图解析，所选实例跨越整部建筑史，从年代久远的原始场所到新近的20世纪现代建筑，以阐明大量的分析性主题，进而论述如何将图解剖析运用于建筑研究中。

学生作品集的设计和制作 原书第三版

［美］哈罗德·林顿 编著 柴援援 译

ISBN 7-80198-600-8 16开 188页 定价：39元

本书介绍了学生在设计和制作作品集时遇到的各类问题，通过300个实例全面展示了最新的学生和专业人士的作品集，图示了各式各样的平面设计，示范了如何设计和制作一个优秀的作品集，并增录了关于时下作品集的数字化和多媒体化趋势的基本内容。

结构与建筑 原书第二版

［英］安格斯·J.麦克唐纳 著 陈治业 童丽萍 译

ISBN 978-7-5130-1258-4 16开 144页 定价：26元

本书以当代的和历史上的建筑实例，详细讲述了结构的形式与特点，讨论了建筑形式与结构工程之间的关系，并将建筑设计中的结构部分在建筑视觉和风格范畴内予以阐述，使读者了解建筑结构如何发挥功能；同时，还给出了工程师研究荷载、材料和结构而建立起的数学模型，并将他们与建筑物的关系进行了概念化连接。